应用型本科院校规划教材/机械工程类

主　编　张晓辉
副主编　韩　旭　孙曙光　陈　雷
主　审　孟兆新

UGNX6.0三维机械设计

UGNX6.0 Three-dimensional Mechanical Design

哈爾濱工業大學出版社

内容简介

全书共分8章:第1章介绍了UGNX6.0软件的主要技术特点、主要应用模块、操作界面、默认参数设置、三维建模方法和一般步骤、鼠标的应用等,最后带领读者共同创建一个结构简单的透盖实体模型;第2章主要介绍UGNX6.0中常用工具以及一些基本操作;第3章主要对草图的定义、特点、应用场合和操作步骤进行了介绍,并通过3个典型实例详细介绍了草图功能的应用;第4章主要介绍单个实体的建模方法;第5章通过4个实例介绍常用基本零件的建模过程和方法,并且介绍了UGNX6.0中多种零件制作工具的使用;第6章通过4个实例介绍一些复杂零件的建模过程和方法;第7章通过3个实例详细介绍装配建模的过程和方法;第8章主要介绍UGNX6.0工程图的特点、一般绘制过程、制图参数预设置、视图和剖视图的创建、图纸标注及装配爆炸视图的创建。

本书主要面向初、中级读者,适合初、中级读者在入门与提高阶段使用。

图书在版编目(CIP)数据

UGNX6.0三维机械设计/张晓辉主编. —哈尔滨:哈尔滨工业大学出版社,2010.8(2016.1重印)
应用型本科院校规划教材
ISBN 978-7-5603-3062-4

Ⅰ.①U… Ⅱ.①张… Ⅲ.①机械设计:计算机辅助设计—应用软件,UGNX6.0-高等学校-教材
Ⅳ.①TH122

中国版本图书馆CIP数据核字(2010)第150396号

策划编辑 赵文斌 杜 燕
责任编辑 范业婷
出版发行 哈尔滨工业大学出版社
社 址 哈尔滨市南岗区复华四道街10号 邮编150006
传 真 0451-86414749
网 址 http://hitpress.hit.edu.cn
印 刷 哈尔滨工业大学印刷厂
开 本 787mm×1092mm 1/16 印张14 字数316千字
版 次 2010年8月第1版 2016年1月第2次印刷
书 号 ISBN 978-7-5603-3062-4
定 价 29.80元(赠光盘)

序

哈尔滨工业大学出版社策划的“应用型本科院校规划教材”即将付梓，诚可贺也。

该系列教材卷帙浩繁，凡百余种，涉及众多学科门类，定位准确，内容新颖，体系完整，实用性强，突出实践能力培养。不仅便于教师教学和学生学习，而且满足就业市场对应用型人才的迫切需求。

应用型本科院校的人才培养目标是面对现代社会生产、建设、管理、服务等一线岗位，培养能直接从事实际工作、解决具体问题、维持工作有效运行的高等应用型人才。应用型本科与研究型本科和高职高专院校在人才培养上有着明显的区别，其培养的人才特征是：①就业导向与社会需求高度吻合；②扎实的理论基础和过硬的实践能力紧密结合；③具备良好的人文素质和科学技术素质；④富于面对职业应用的创新精神。因此，应用型本科院校只有着力培养“进入角色快、业务水平高、动手能力强、综合素质好”的人才，才能在激烈的就业市场竞争中站稳脚跟。

目前国内应用型本科院校所采用的教材往往只是对理论性较强的本科院校教材的简单删减，针对性、应用性不够突出，因材施教的目的难以达到。因此亟须既有一定的理论深度又注重实践能力培养的系列教材，以满足应用型本科院校教学目标、培养方向和办学特色的需要。

哈尔滨工业大学出版社出版的“应用型本科院校规划教材”，在选题设计思路上认真贯彻教育部关于培养适应地方、区域经济和社会发展需要的“本科应用型高级专门人才”精神，根据黑龙江省委书记吉炳轩同志提出的关于加强应用型本科院校建设的意见，在应用型本科试点院校成功经验总结的基础上，特邀请黑龙江省9所知名的应用型本科院校的专家、学者联合编写。

本系列教材突出与办学定位、教学目标的一致性和适应性，既严格遵照学科体系的知识构成和教材编写的一般规律，又针对应用型本科人才培养目标及与之相适应的教学特点，精心设计写作体例，科学安排知识内容，围绕应用讲授理论，做到“基础知识够用、实践技能实用、专业理论管用”。同时注意适当融入新理论、新技术、新工艺、新成果，并且制作了与本书配套的PPT多媒体教学课件，形成立体化教材，供教师参考使用。

“应用型本科院校规划教材”的编辑出版，是适应“科教兴国”战略对复合型、应用型人才的需求，是推动相对滞后的应用型本科院校教材建设的一种有益尝试，在应用型创新人才培养方面是一件具有开创意义的工作，为应用型人才的培养提供了及时、可靠、坚实的保证。

希望本系列教材在使用过程中，通过编者、作者和读者的共同努力，厚积薄发、推陈出新、细上加细、精益求精，不断丰富、不断完善、不断创新，力争成为同类教材中的精品。

黑龙江省教育厅厅长

2010年元月于哈尔滨

前　言

Unigraphics（简称 UG）是美国 UGS 公司的主导产品，是全球应用最普遍的计算机辅助设计和辅助制造的系统软件之一。它广泛应用于汽车与交通、航空航天、日用品消费、通用机械、电子工业、模具、玩具等各领域。UG 是全方位的 3D 产品开发软件，集零件设计、装配设计、工程图、模具设计、钣金设计、NC 加工、动态仿真、协同设计开发等功能于一体，其模块众多，要全面、熟练地掌握其操作方法，学习起来并不容易。

本书针对应用型本科院校学生的特点，结合大量工程实例，由浅入深、循序渐进地介绍 UGNX6.0 软件的功能和具体操作方法，重点突出应用性、工程实践特色，因此具有很强的应用价值和指导意义。

全书共分 8 章，各章内容简要介绍如下：第 1 章介绍了 UGNX6.0 软件的主要技术特点、主要应用模块、操作界面、默认参数设置、三维建模方法和一般步骤、鼠标的应用等，最后带领读者共同创建一个结构简单的透盖实体模型；第 2 章主要介绍 UGNX6.0 中常用工具以及一些基本操作，包括 UGNX6.0 系统的文件操作、对象的编辑、图层管理、视图布局等；第 3 章主要对草图的定义、特点、应用场合和操作步骤进行了介绍，并通过 3 个典型实例详细介绍了草图功能的应用；第 4 章主要介绍单个实体的建模方法，包括由曲线建立实体、由体素特征建立实体、创建基准特征、创建设计特征、实体布尔操作、关联复制特征、创建细节特征和编辑模型等内容；第 5 章通过 4 个实例——内六角圆柱头螺钉、连杆、支座、弹簧，介绍常用基本零件的建模过程和方法，并且介绍了 UGNX6.0 中多种零件制作工具的使用；第 6 章通过 4 个实例——定位轴、齿轮、手轮、活塞，介绍一些复杂零件的建模过程和方法；第 7 章通过 3 个实例——汽缸、脚轮和密封阀，详细介绍装配建模的过程和方法；第 8 章主要介绍 UGNX6.0 工程图的特点、一般绘制过程、制图参数预设置、视图和剖视图的创建、图纸标注及装配爆炸视图的创建。

本书附光盘，光盘内容包括实例与练习题图形的源文件。

本书具有如下特色：

* 零点起航，特别适合没有学过三维设计软件的在校生。

* 内容编排上遵循了读者学习和使用 UG 软件的一般规律，便于短时间内掌握 UG 功能。

* 结合大量实例讲解难点，对解决实际问题具有很强的应用价值和指导意义。

* 图文并茂、深入浅出。

本书主要面向初、中级读者，适合初、中级读者在入门与提高阶段使用。

本书由张晓辉主编，孟兆新主审，第 1 章由孙曙光编写，第 2 章由陈雷编写，第 3 章由韩旭编写，第 4 ~ 8 章由张晓辉编写。

由于作者水平有限，编写时间仓促，书中难免存在疏漏和不当之处，恳请广大读者批评指正。

编　者

2010 年 5 月

目　　录

第 1 章

UGNX6.0 概述

Unigraphics NX 6.0(简称 UGNX6.0)是德国西门子自动化与驱动集团(Siemens A&D)分支机构 Unigraphics PLM Solutions 软件公司(简称 UGS 公司)于 2008 年 5 月推出的产品全生命周期管理(PLM)软件。该软件的功能覆盖了整个产品的开发过程,即覆盖了从概念设计、功能工程、工程分析、加工制造到产品发布的全过程,是当今世界最先进的计算机辅助设计、分析和制造软件。在汽车与交通、航空航天、日用品消费、通用机械、电子工业等各领域内,提供多极化的、集成的、企业级的、包括软件产品与服务在内的、完整的 MCAD 解决方案。

1.1 主要技术特点

1. 数字化产品设计(CAD)

数字化产品设计又称全面设计技术。作为通向整个产品工程的一个主要部分,UGNX 产品设计技术涉及了绝大部分设计方法,使得概念设计与详细设计的产品设计无缝组合。利用建模模块、装配模块和制图模块,可建立各种复杂结构的三维参数化实体装配模型和部件详细模型,自动生成平面工程图样(半自动标注尺寸);可应用于各行业和各种类型产品的设计,支持产品外观造型设计,工程师可以无限制地修改设计尺寸、零件或者整个部件,提高了工程师对整个产品和生产过程进行评估的能力。

2. 数字化仿真及性能分析(CAE)

UGNX 软件具有强大的产品特性虚拟仿真功能。传统的产品仿真往往意味着需要专门训练的工程师和昂贵的物理原型,随之出现的高级仿真工具则省掉了一些物理原型。而 UGNX 软件提供了专业的产品仿真应用模块,通过有限元分析模块,可以对产品模型进行结构强度分析、受热分析和产品模态分析。利用运动模块,对产品模型进行运动仿真,可分析产品的实际运动情况和干涉情况,并可对运动速度进行分析。

3. 数字化产品制造(CAM)

UGNX 的数字化制造应用模块为生成、模拟和验证数控加工路径提供了一套全面、易用的方式,利用加工模块,UGNX 软件可以在单机和多 CAD 或集成环境下有效地实施,也可以自动产生数控机床能接受的数控加工指令,以提高精密加工的技术和质量。

4. 并行工程

利用 Internet 技术,在设计过程中,不同的设计人员可以同时进行不同的设计工作,每个设计人员在设计过程中,随时可以获得整个产品的最新信息,以便于调整个人设计,满足整个产品的开发,也可以通过网络接口方便地将自己的设计传输给其他设计人员。

1.2 主要应用模块

UGNX6.0 由大量的功能模块组成,各项功能通过各自的应用模块实现。每个应用模块都是基础环境中的一部分,相对独立又相互联系。

下面对 UG 集成环境中与 CAD 技术直接相关的 4 个主要应用模块(基本环境、建模、装配和制图)及其功能作简单的介绍。

1. 基本环境(Gateway)

基本环境是所有其他应用环境的公共运行平台,是启动 UG 后自动运行的第一个模块。在该模块下可以打开已经存在的部件文件,新建部件文件,改变显示部件,分析部件,启动在线帮助,输出图纸,执行外部程序等。

如果系统暂时处于其他应用模块中,可以随时通过选择"开始→基本环境"返回到该模块。

2. 建模(Modeling)

建模是产品三维造型模块,利用该模块,设计师可以自由地表达设计思想和创造性地改进设计。建模方式包括实体建模、特征建模和自由曲面建模等,UG 软件所擅长的曲线功能和曲面功能在该模块中得到了充分体现,人性化的设计环境可以帮助设计师将主要精力放到产品设计上,灵活而又易于理解的工具不仅可以提高造型速度,而且可以减少用于熟悉软件的时间。

通过选择"开始→建模"进入到该模块。

3. 装配

装配是产品装配建模模块,利用该模块可以进行产品的虚拟装配。该模块提供了并行的、自上而下和自下而上的产品开发方法。在装配过程中,可以进行零部件的设计和编辑。零部件可灵活地配对和定位,并保持其关联性。装配件的参数化建模还可以描述各部件之间的配对关系。这种体系结构允许建立非常庞大的产品结构,并在各设计组之间共享,使产品开发组成员能够并行工作。

通过选择"开始→装配"进入到该模块。

4. 制图

制图是制作平面工程图模块,利用该模块可以实现制作平面工程图的所有功能。该模块可以使设计人员方便地获得与三维实体模型完全相关的二维工程图,并保证了在实体模型改变时,系统能同步更新工程图中的尺寸、消隐线和相关视图,减少了因三维模型的改变更新二维工程图所需的时间。自动视图布局功能可快速布局二维视图,包括正交投影视图、轴测视图、剖视图、辅助视图、局部放大视图等。另外,它还提供了一套基于工程图菜单的标注工具,利用模型数据,可以自动沿用相关模型的尺寸和公差,大大节省了标注的时间。UGNX6.0 工程图模块支持工业上颁布的主要制图标准，如 ANSI/ASME、ISO、DIN、JSIS 和我国的 GB 等。UG 也可以利用其曲线功能直接绘制平面工程图。当然，如果用 UG 直接绘制产品的平面工程图，则失去了用 UG 开发产品的意义，并且其速度与效果也不佳。

通过选择"开始→制图"进入到该模块。

1.3　UGNX6.0 操作界面

UGNX6.0 的主要界面元素沿用了 UG 先前版本一贯的图形用户界面，在此基础上增加了一些新的特色，总体来说，它的界面在设计上简单易懂，用户只要了解各部分的位置与用途，就可以充分运用系统的操作功能，给自己的设计工作带来方便。在 Windows 2000、WindowsXP 平台上使用 UG，选择"开始→所有程序→UGS NX6.0→NX6.0"命令，即可进入 UGNX6.0 微机版的欢迎页面，如图 1.1 所示。此时还不能进行实际操作。

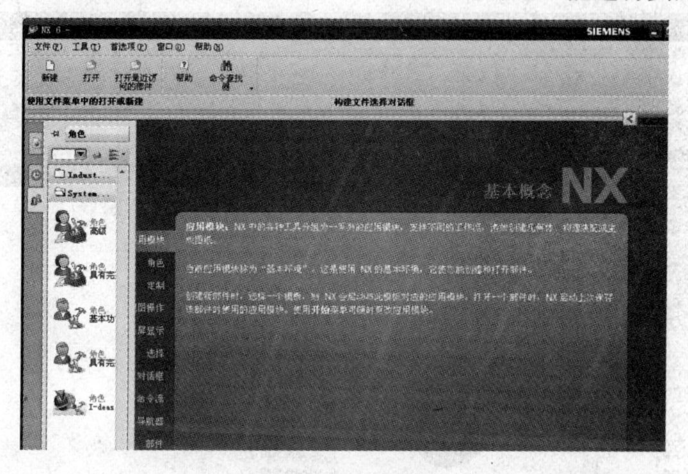

图 1.1　欢迎页面

建立一个新文件或打开一个已存文件后，系统进入基本环境模块，如图 1.2 所示。

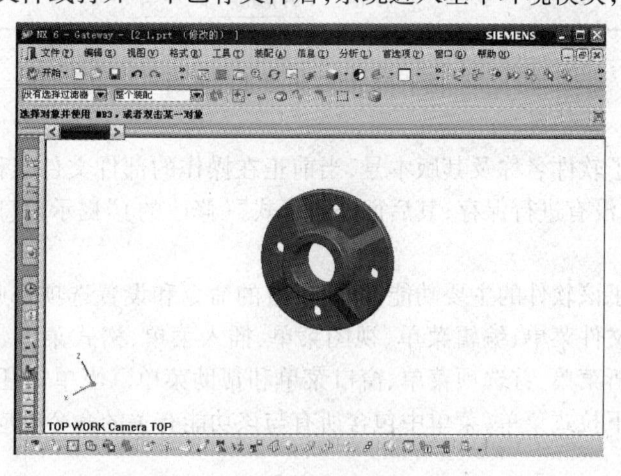

图 1.2　基本环境

基本环境模块是其他应用模块的基础平台，通过选择“开始”下拉菜单上的命令（见图 1.3），可以进入相关应用模块。

下面通过“建模”模块的工作界面具体介绍 UG 主工作界面的组成。

当选择菜单命令“开始→建模”时，系统进入“建模”模块，其工作界面如图 1.4 所示，该工作界面主要包括：标题栏、菜单栏、工具条、提示栏、状态栏、坐标系、工作区、轨道条、资源条 9 个部分，下面简要介绍它们的主要功能。

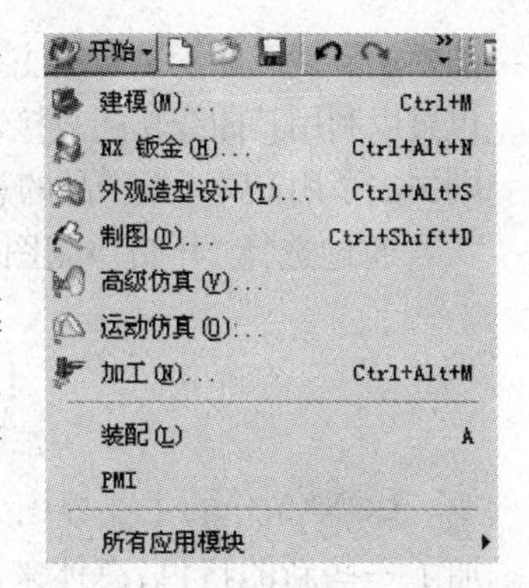

图 1.3 “开始”下拉菜单

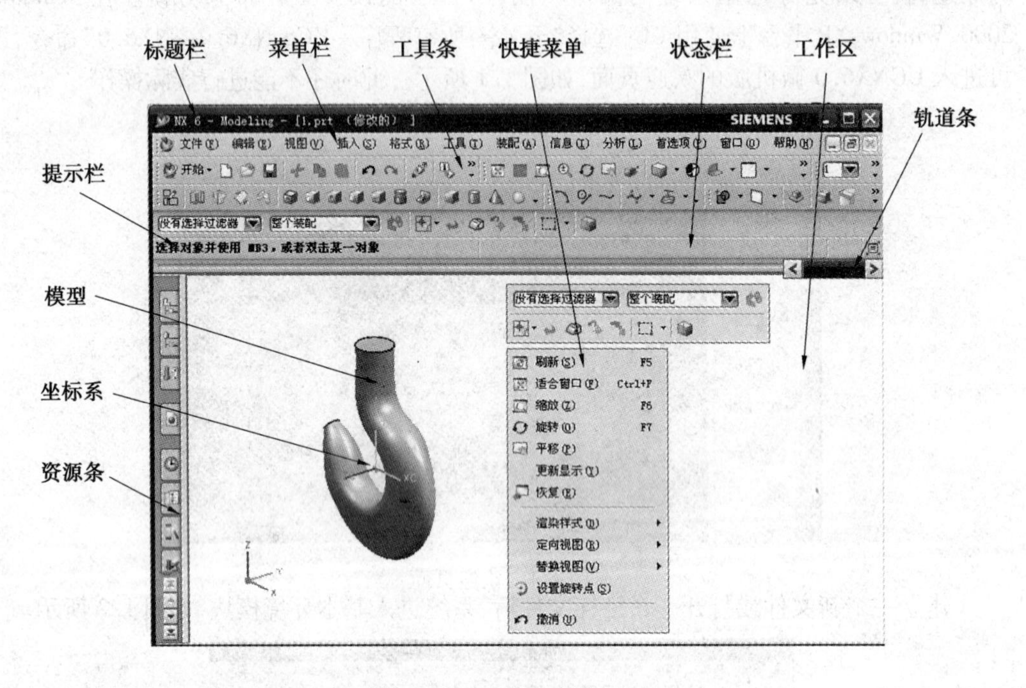

图 1.4 UGNX6.0 工作界面

1. 标题栏

标题栏显示了软件名称及其版本号，当前正在操作的部件文件名称。如果对部件已经作了修改，但还没有进行保存，其后面还会显式“（修改的）”提示信息。

2. 菜单栏

菜单栏包含了该软件的主要功能，系统所有的命令和设置选项都归属到不同的菜单下，它们分别是：文件菜单、编辑菜单、视图菜单、插入菜单、格式菜单、工具菜单、装配菜单、信息菜单、分析菜单、首选项菜单、窗口菜单和帮助菜单。当单击任何一个菜单时，系统都会展开一个下拉式菜单，菜单中包含所有与该功能有关的命令响应。

3. 工具条

工具条中的按钮都对应着不同的命令，而且工具条中的命令都以图标的方式形象地表示出命令的功能，这样可以免去用户在菜单中查找命令的繁琐工作，方便用户使用。

4. 提示栏

提示栏固定在工作面的左上方，主要用来提示用户如何操作。

5. 状态栏

状态栏固定在提示栏的右方，主要用来显式系统或图元的状态。

6. 坐标系

坐标系表示了建模的方位。

7. 工作区

工作区就是工作的主要区域，又称为图形窗口。

8. 轨道条

轨道条用于驻留各种对话框。

9. 资源条

资源条为用户提供了一种快捷的操作导航工具，它包含了装配导航器、部件导航器、重用库、历史记录、系统材料、加工向导等导航器，用户通过该导航条可以方便地进行操作。

1.4　UGNX6.0 的默认参数设置

在 UGNX6.0 环境中，它的操作参数一般都可以进行修改。大多数操作参数如尺寸的单位、尺寸的标注方式、字体的大小、对象的颜色等都有默认值，而参数的默认值都保存在默认参数设置文件中。当 UGNX6.0 启动时，会自动调用默认参数设置文件中的默认参数。但在这些操作参数中，很多默认值是根据美国的标准和习惯制定的，对中国用户来说，使用起来不方便。因此，按我国的习惯预先设置默认参数设置文件中各参数的默认值，可显著提高设计效率。

UGNX6.0 不使用配置文件定义系统默认参数，而是使用可视化方法进行默认参数设置，通过选择菜单命令“文件→实用工具→用户默认设置”，弹出“用户默认设置”对话框，如图1.5所示，进行系统默认参数设置。

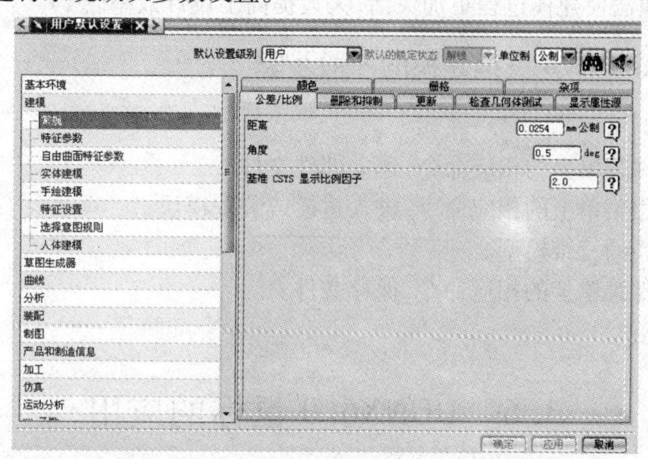

图1.5　“用户默认设置”对话框

需要注意的是，改变选项设置后，需要重新启动 UGNX6.0 才能使新设置生效。

1.5 UGNX6.0 三维建模方法和步骤

1.5.1 UGNX6.0 三维建模方法

零件的三维建模方法目前主要是基于实体特征的建模。从技术基础上看，有参数化技术和变量化技术两种，而 UG 则是两种技术的综合。

1. 曲线建模法

用户可以先在草图截面上创建模型的轮廓曲线，再将曲线进行“形状约束”和“尺寸约束”。形状约束通过几何对象之间的几何位置关系来确定，而尺寸约束通过几何对象之间的尺寸位置关系来确定。用这种方法直接对所有的模型建立几何约束和尺寸约束来捕捉设计意图，而无需顾及模型的初始形状。这种技术还具有更好的灵活性，可以针对特定的工作环境或眼前的工作，制定出合适的建模方案。

2. 积木组合法

UG 的积木组合建模方法是基于特征的实体建模方法，它是通过对图形进行详细的分析，把图形分解成一个个独立的特征，然后将这些特征按照顺序像堆积木一样叠加在一起，构成零件的一种三维建模方法。该方法比较形象直观，容易被初学者接受，是一种快速建模的方法，并被广泛使用。

3. 布尔操作法

通过布尔操作求和的方法可以将两个或更多个实体合并为一个单个体；也可以通过求差的方法从一个实体中减去一部分，留下一个空体；还可以通过求交的方法创建一个体，它包含两个不同的体共享的体。该方法操作灵活，能够得到比较复杂的结构。

4. 复合建模法

通过将曲线建模、积木建模和布尔操作建模组合在一起建立模型的方法称为复合建模法。对一个较复杂模型，通常一种方法不能完全解决问题，必须结合其他方法共同完成，所以复合建模法使建模过程更加灵活，大大提高了设计效率。

1.5.2 UGNX6.0 三维建模的一般步骤

(1)启动 UG。

(2)选择文件菜单上的相应命令，建立部件文件。

(3)选择应用菜单上的相应命令，进入建模或装配模块。

(4)建立产品的三维模型。

(5)选择文件菜单上的相应命令，保存文件。

(6)退出 UG。

1.6 UGNX6.0 鼠标的应用

在 UGNX6.0 系统中，系统默认支持的是三键鼠标，如果用户使用的是两键鼠标，这时键盘中的回车键就相当于三键鼠标的中键。在设计过程中,鼠标键同 Ctrl、Shirt、Alt 等功能键配合使用,可以快速地执行某类功能,大大提高设计效率。

下面以标准三键鼠标为例,介绍其常用的一些使用方式。

鼠标三键的功能如下:

①MB1 表示鼠标左键,通常用于在系统中选择菜单命令或操作对象。

②MB2 表示鼠标中键,确定操作。

③MB3 表示鼠标右键,通常用于显示快捷菜单。

④按住 MB3 两秒,弹出如图 1.6 所示的快捷菜单。

图 1.6　显示方式快捷菜单

1.7　实例——透盖的设计

本节将带领读者共同创建自己的第一个 UG 实体模型——结构简单的透盖的设计,其中具体的特征创建方法在后续章节中详细介绍,本节的目的是使读者直观地了解使用 UGNX6.0 软件进行零部件设计的操作流程。透盖效果如图 1.7 所示。

操作步骤如下:

(1)新建文件

选择“开始→所有程序→UGS NX6.0→NX6.0”命令,即可进入 UGNX6.0 微机版的欢迎页面,如图 1.1 所示。在“资源条”中选择“角色”图标按钮,在弹出的“角色”级联菜单中选择“具有完整菜单的高级功能”角色选项,如图 1.8 所示。

图 1.7　透盖

图 1.8　“角色”选项

加载完“角色”后,单击工具栏上的“新建”图标按钮,系统弹出“新建”对话框,在“模板”选项卡中默认“建模”选项,设置新文件名称为“tougai. prt”,文件存放路径为“F: \”,如图 1.9 所示。单击“确定”按钮,系统进入“建模”模块。

(2)背景设置

单击“首选项→背景”,弹出“编辑背景”对话框,着色视图选择“普通”,单击“普通颜色”按钮,如图 1.10 所示。在弹出的“颜色”选项卡中选择自定义颜色任一色块,单击“确定”按钮,完成背景设置。

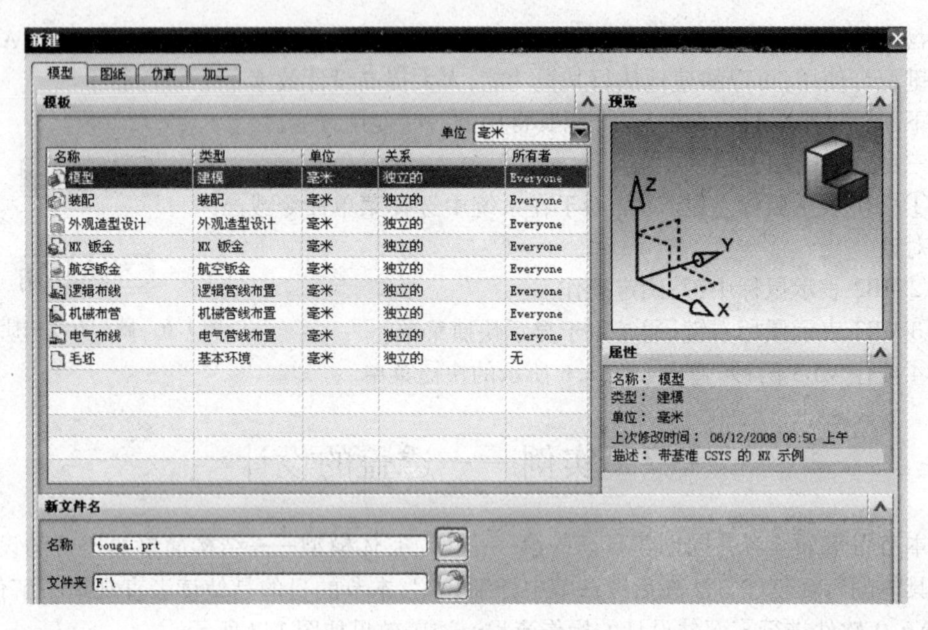

图 1.9 “新建”对话框

(3)创建长方体

单击“插入→设计特征→长方体”，弹出“长方体”对话框，默认长方体“类型”为原点和边长，设置长度、宽度、高度分别为“100、20、100”，如图 1.11 所示。单击“确定”按钮，完成长方体的创建。

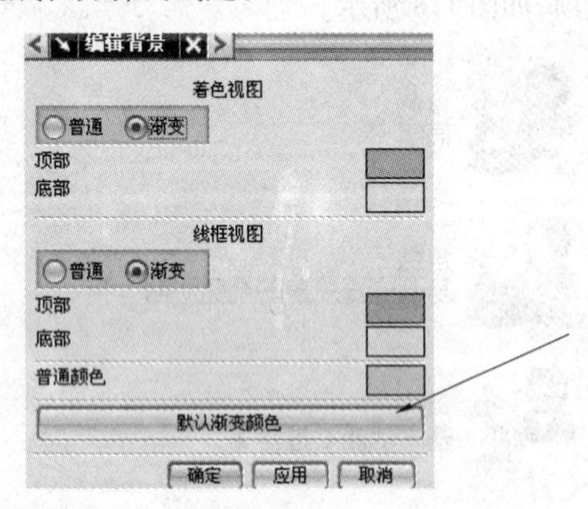

图 1.10 “编辑背景”对话框

图 1.11 “长方体”对话框

(4)创建凸台

单击“插入→设计特征→凸台”，弹出“凸台”对话框，设置直径、高度分别为“62、4”，选择凸台放置面，如图 1.12 所示。

单击“确定”按钮，弹出“定位”对话框，选择“垂直”图标按钮，选择目标边 1，编辑定位值为“50”，如图 1.13 所示。

单击“应用”按钮，继续选择“垂直”图标按钮，选择目标边 2，编辑定位值为“50”，如图 1.14 所示。

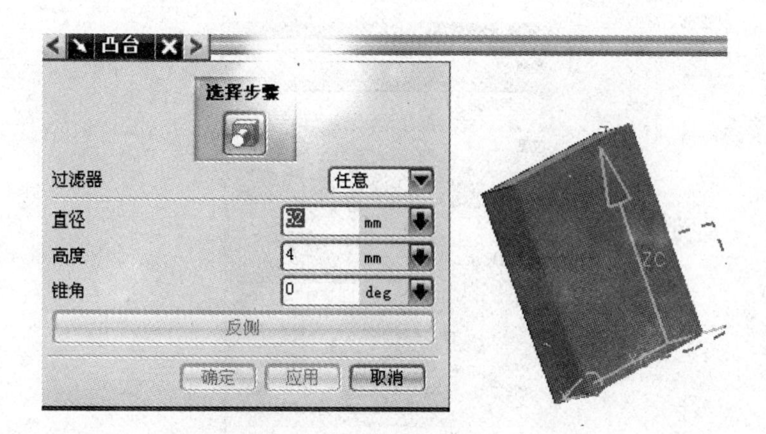

图 1.12　“凸台”对话框

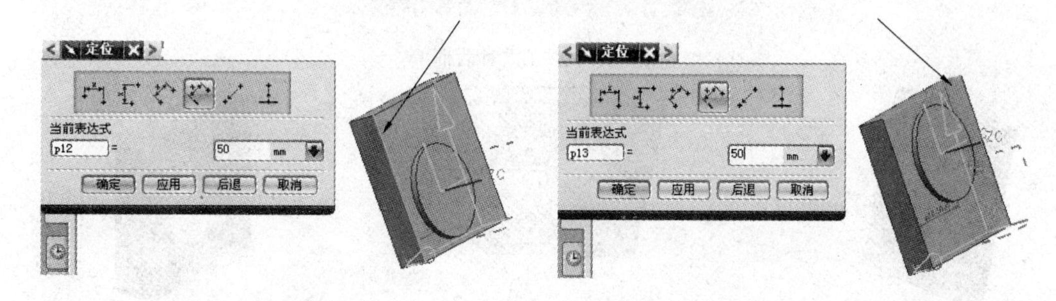

图 1.13　“定位”对话框 1　　　　图 1.14　“定位”对话框 2

单击“确定”按钮,完成凸台的创建,如图 1.15 所示。

(5)创建孔

单击“插入→设计特征→孔”,弹出“孔”对话框,默认孔“类型”为“常规孔”,选择凸台圆弧中心作为孔指定点,如图 1.16 所示。

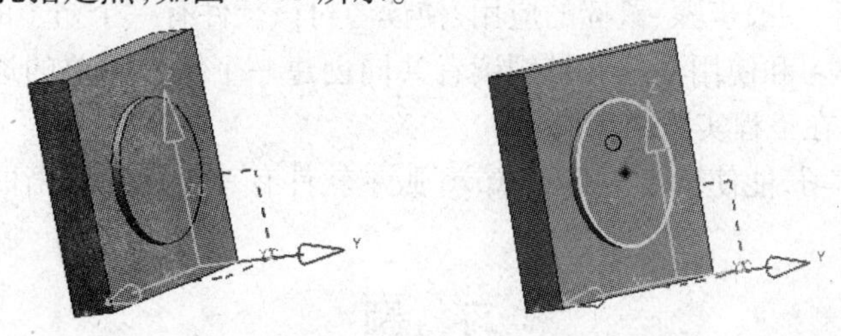

图 1.15　生成凸台特征　　　　图 1.16　选择“孔”指定点

设置孔成形类型为“简单”,尺寸“直径”为“52”,“深度限制”为“直至下一个”,“布尔”运算为“求差”,如图 1.17 所示。

单击“确定”按钮,完成孔的创建,如图 1.18 所示。

(6)创建边倒圆

单击“插入→细节特征→边倒圆”,弹出“边倒圆”对话框,设置圆角“半径”为“10”,选择边,选择要倒圆的四个边,如图 1.19 所示。

单击“确定”按钮,完成边倒圆的创建,如图 1.20 所示,透盖建模结束。

图 1.17 “孔”对话框

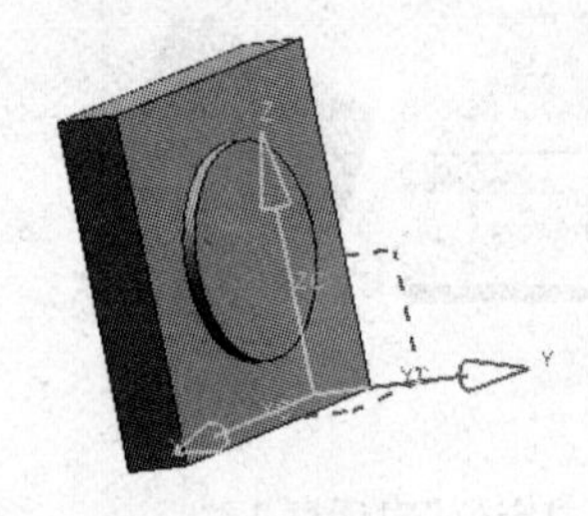

图 1.18 生成孔特征

图 1.19 选择边

图 1.20 生成边倒圆特征

本章小结

本章介绍了 UGNX6.0 软件的主要技术特点、主要应用模块、操作界面、默认参数设置、三维建模方法和一般步骤、鼠标的应用，使读者对该软件有一个初步的认识，以便从总体上把握软件的学习和使用。最后带领读者共同创建一个结构简单的透盖实体模型，以帮助读者熟悉 UG 在工程实践中的应用。

通过本章的学习，能使读者对 UGNX6.0 版本软件有一个比较清晰的认识，进而激发学习的兴趣。

习　题

1. UGNX6.0 软件的主要技术特点是什么？
2. UGNX6.0 软件与 CAD 技术直接相关的主要应用模块有哪些，其主要功能是什么？
3. UGNX6.0 软件的三维建模方法和一般步骤有哪些？
4. 试述 UGNX6.0 软件的鼠标使用方式及含义。

第 2 章

建模基础

本章主要介绍 UGNX6.0 中常用工具以及一些基本操作，包括 UGNX6.0 系统的文件操作、对象的编辑、图层管理、视图布局。

2.1 文件操作

文件操作具体包括新建文件、打开和关闭文件、导入和导出文件，如图 2.1 所示。

2.1.1 新建文件

启动 UGNX6.0 后，单击“新建”按钮 或者选择“文件→新建”命令，弹出“文件”对话框，选择“模型”选项卡。在“模型”模板中选择模板名称，单位设置为“毫米”，如软件安装的是简体中文版，则系统默认单位为“毫米”。在“新文件名”选项卡下设置文件名称及保存路径，如图 2.2 所示。单击“确定”按钮，完成文件的创建。

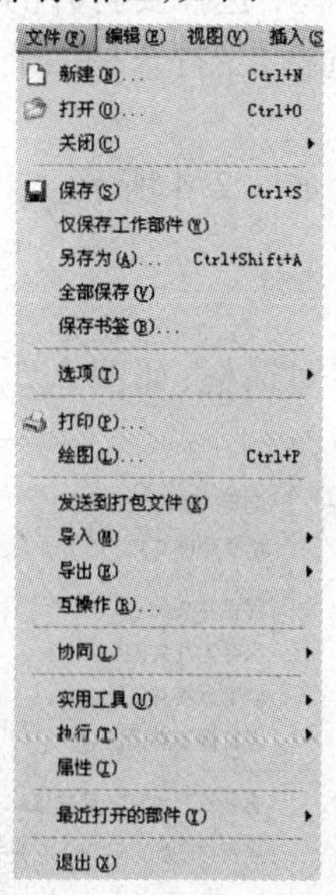

2.1 “文件”下拉菜单

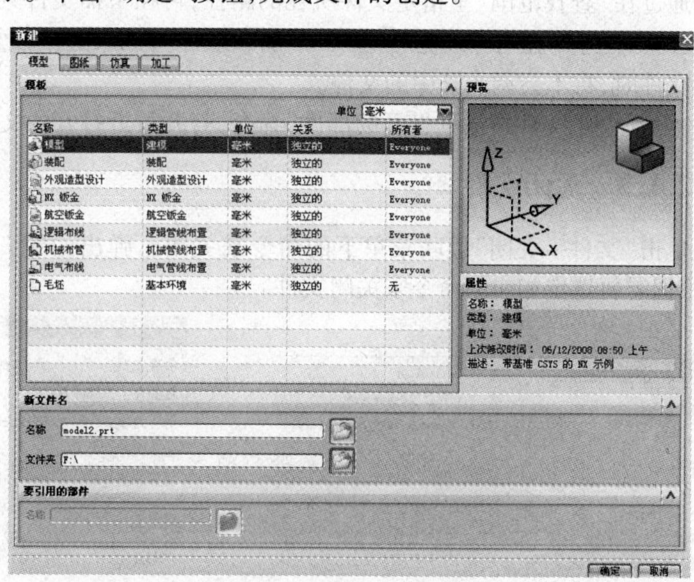

图 2.2 “新建”对话框

提示:在 UG 各版本中为文件命名时不支持中文名,只能把文件名称设置为字母或数字组成的名称。另外,为文件夹设置的名称也需要是由字母或数字组成的,否则会提示出现错误信息。

2.1.2 打开文件

单击“打开”按钮或者选择“文件→打开”命令,弹出“打开”对话框,如图 2.3 所示。

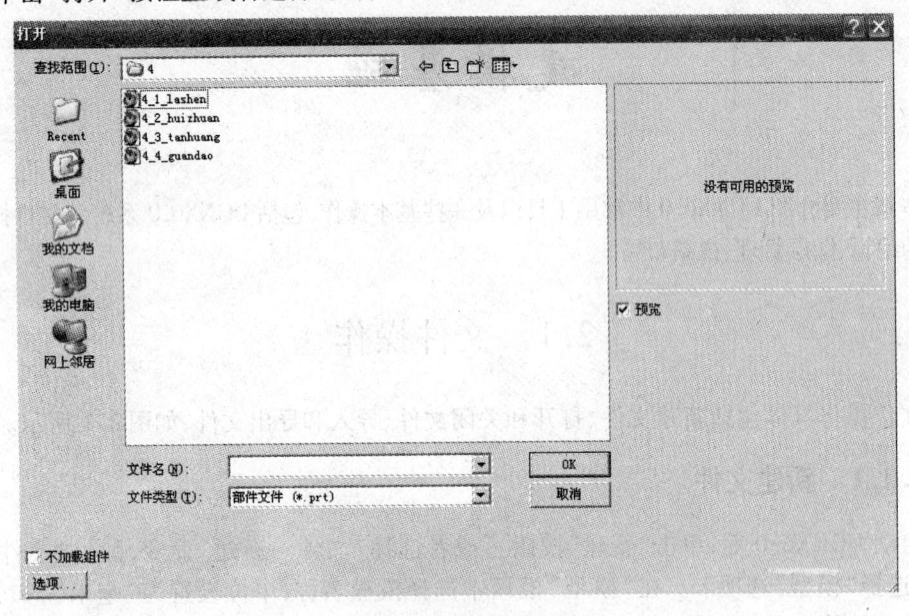

图 2.3 “打开”对话框

通过在“查找范围”里指定文件所在的路径,再在下面文件列表框中选择要打开的文件,在对话框左下角有个复选框选项“不加载组件”,如果选中该复选框,当打开是一个装配体文件时,将不会调入其中的文件。

也可通过“文件→最近打开的部件”命令,打开最近打开的文件,如图 2.4 所示。

2.1.3 关闭文件

单击“文件→关闭”级联菜单下的命令来关闭已弹出的“打开”对话框,如图 2.5 所示,根据需要选定相应的命令来关闭文件。

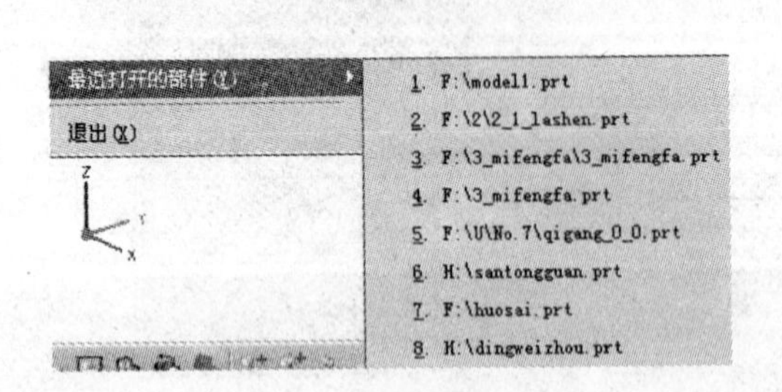

图 2.4 最近打开的文件

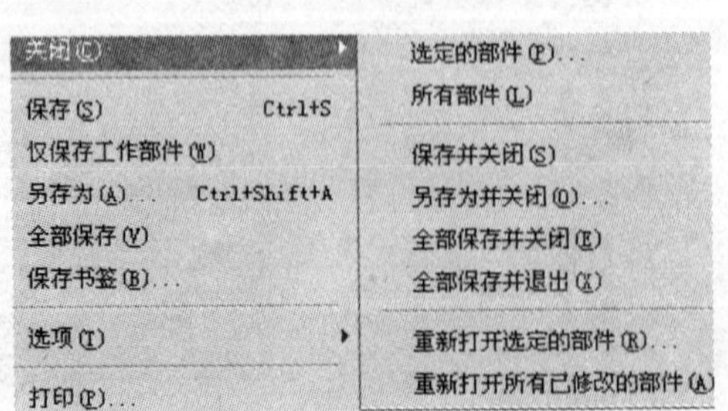

图 2.5 “关闭”级联菜单

2.1.4 导入导出文件

UGNX6.0 软件具有与其他相关软件交换数据的功能，其文件导入功能允许用户将一个符合 UG 文件格式规定的部件导入到当前打开的工作文件中，或导入 IGES、STEP203、STEP214、DXF/DWG 等格式的文件到当前工作文件中，输入 Pro/E、CATIA、AutoCAD 等软件建立的模型数据供自己使用。也可以输出模型数据供其他软件使用。

1. “导入”文件

单击“文件→导入”，弹出如图 2.6 所示的级联菜单。其中常用的格式有：部件——UG 文件、Parasolid——Solidworks 文件、IGES——Pro/E 文件、DXF/DWG——AutoCAD 文件等。

2. “导出”文件

UGNX6.0 的文件导出功能允许系统按照用户指定的数据格式输出相应的文件到计算机的指定文件目录中。单击“文件→导出”，弹出如图 2.7 所示的级联菜单。菜单上列出了可以输出的各种文件格式，用户可以根据需要选择相应格式进行操作。

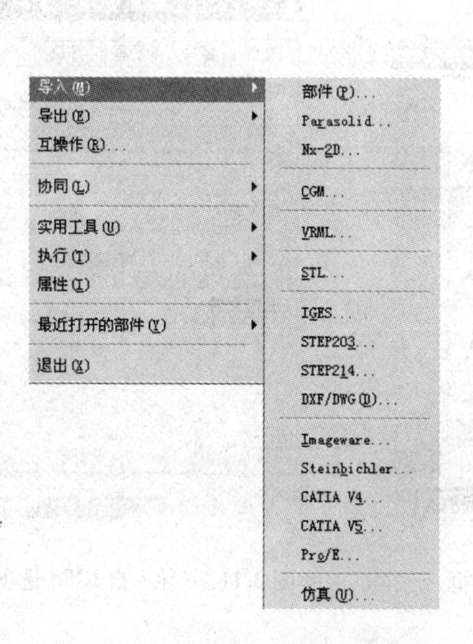

图 2.6 “导入”文件级联菜单

部件(P)...
Parasolid...
用户定义特征(U)...
PDF...
CGM...
STL...
多边形文件(O)...
编创 HTML...
JT...
VRML...
PNG...
JPEG...
GIF...
TIFF...
BMP...
IGES...
STEP203...
STEP214...
DXF/DWG...
2D Exchange...
修复几何体(Y)...
CATIA V4...
CATIA V5...

图 2.7 “导出”文件级联菜单

3. 实例 2.1：文件的导入和导出

要求：素材文件如图 2.8 所示，首先导出该文件的“JPEG”格式的图片和“IGES”格式的文件。再新建一个 UG 文件，导入前面生成的“IGES”格式文件。

操作步骤:

①打开光盘文件“2→2_1. prt”。

②单击“文件→导出→JPEG”,系统弹出“JPEG 图像文件”对话框,如图 2.9 所示。

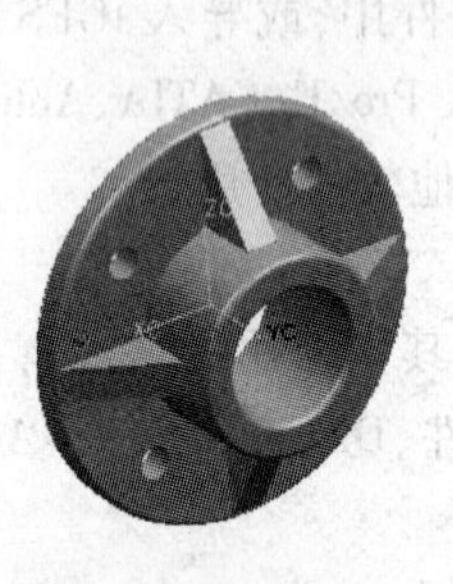

图 2.8　素材文件

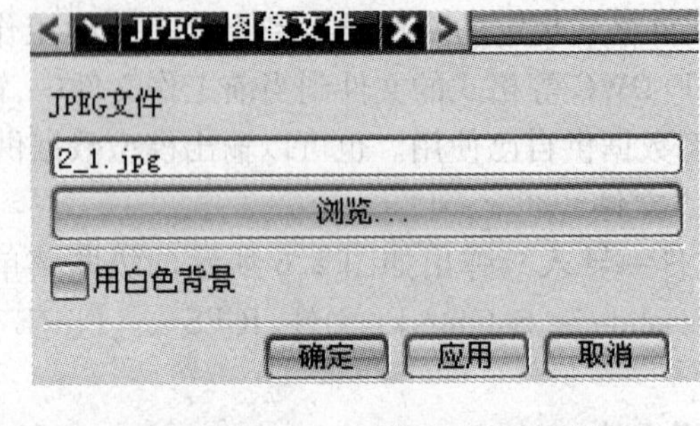

图 2.9　“JPEG 图像文件”对话框

③单击“浏览”按钮,指定图片文件的生成位置和文件名称,单击“确定”按钮,完成文件导出操作。

④单击“文件→导出→IGES”,系统弹出“导出至 IGES 选项”对话框,如图 2.10 所示。

⑤在“文件”选项卡中指定文件生成位置。在“要导出的数据”选项卡中去掉“图纸”复选框,单击“确定”按钮,完成文件导出操作。

⑥新建一个 UG 文件,单击“文件→导入→IGES”,系统弹出“导入自 IGES 选项”对话框,如图 2.11 所示。单击“浏览”图标按钮,选择第三步中导出的“IGES”文件作为操作文件,单击“确定”按钮,完成 IGES 格式文件导入操作。

图 2.10　“导出至 IGES 选项”对话框

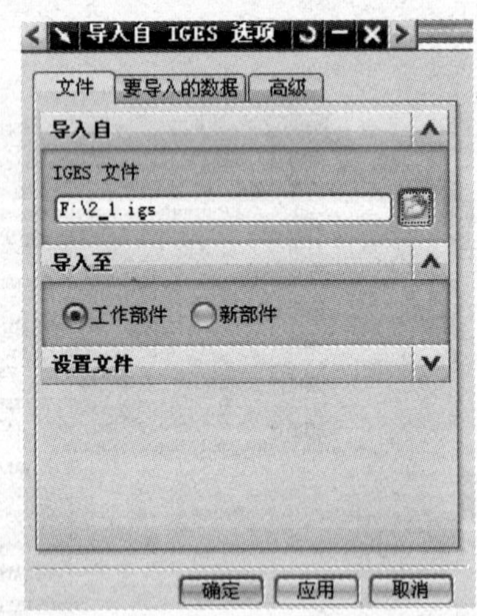

图 2.11　“导入自 IGES 选项”对话框

2.2　对象的编辑

在 UG 建模过程中创建的点、线、面、实体甚至图层等都被称为对象。通过分析和检查后,零部件的模型有时需要进行修改,修改的内容可能是模型本身的特征数据,也可能是模型的外在特性。前者需要修改模型本身的定义数据,如相关的特征参数等;后者就是修改如模型显示颜色、是否隐藏和位置变换等外在特性。

2.2.1　对象的显示和隐藏

在操作过程中,如果在绘图区中显示的对象太多,有时会显得很凌乱。为了便于操作,可将某些暂时不使用的对象,如创建模型的辅助曲线、草图、基准平面、基准轴等对象隐藏,使其不可见,需要时再将其还原出来。

在绘图区中控制模型对象的可见与不可见,一般可分为两种操作形式:

①在不同图层上的对象可以用层的可见性控制,以实现其可见或不可见。

②对于不同图层或同一图层上的对象,控制其可见性可通过对象的相关隐藏操作和还原操作功能实现,主要有以下一些可见性控制操作命令:显示和隐藏、隐藏、颠倒显示和隐藏、显示、显示所有此类型的、全部显示、按名称显示。

用户在对模型进行相关的可见性控制操作时,可单击"编辑→显示和隐藏",弹出如图 2.12 所示的级联菜单。

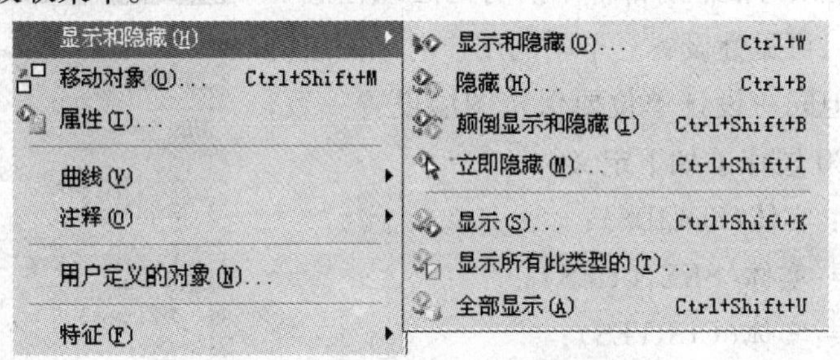

图 2.12　"显示和隐藏"文件级联菜单

2.2.2　对象的变换

在产品的设计过程中,可能特征对象的位置或形式并不能达到设计的要求,用户可以通过对对象进行各种变换操作,如矩形阵列、圆周阵列、通过一直线镜像、通过一平面镜像、刻度尺(比例缩放)等来实现对对象的修改。这种变换操作不同于视图观察的变换,它是针对模型本身的变换,例如平移变换操作是使特征相对坐标系改变了位置。需要说明的是,在执行圆周阵列时,对象本身不旋转。

图 2.13　"变换"对话框

可单击"编辑→变换",在操作时系统会先提示用户选取需要进行变换操作的对象,确定变换操作对象后,弹出"变换"对话框,如图 2.13 所示。

在“变换”对话框中选取相应的变换方式，并指定操作的相关参数、参考点等对象，系统即可按照用户的设置来对模型进行变换操作。

2.3 图层管理

在 UG 建模过程中将产生大量的图形对象，如草图、曲线、基准特征、标注尺寸、实体等。为了方便有效地管理图形对象，UG 软件引入了“图层”概念。

图层可以看做零厚度透明图纸，使用图层相当于在多个透明覆盖层上建立模型，一个层相当于一个覆盖层，不同的是层上的对象可以是三维的。UGNX6.0 提供了 256 个图层供用户使用，每个层上可包含任意数量的对象，因此一个层上可以包含部件中的所有对象，而部件中的对象也可以分布在一个或多个层上。但在一个部件的所有层中，只有一个层是工作层，用户所做的任何工作都发生在工作层上。图层的应用对用户的绘图工作将会有很大的帮助。用户可以设置图层的名称、分类、属性和状态等，还可以进行有关图层的一些编辑操作。

2.3.1 层的设置

可单击“格式→图层设置”，系统弹出“图层设置”对话框，如图 2.14 所示。

用户可利用该对话框对部件中所有的层或任意一个层进行工作层、可见性设置。不同的用户对于图层的使用习惯不同，但同一设计单位要保持图层设置一致，UGNX6.0 对前 80 层作了如下定义：

①1 ~20 层：实体(SOLIDS)；

②21 ~40 层：实体(SKETCHES)；

③41 ~60 层：实体(CURVES)；

④61 ~80 层：实体(DATUMS)。

图 2.14 “图层设置”对话框

2.3.2 在视图中可见

单击“格式→在视图中可见”，系统弹出“视图中的可见图层”对话框，如图 2.15 所示。

在视图列表框中选择操作的视图，单击“确定”按钮，系统弹出“视图中的可见图层”对话框，如图 2.16 所示。在图层列表框中选取图层后，单击按钮“可见”，则使指定的图层可见。

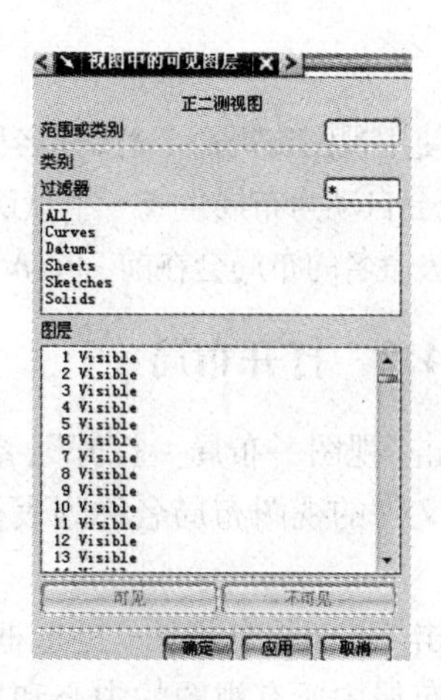

图 2.15 “视图中的可见图层”对话框 1　　图 2.16 “视图中的可见图层”对话框 2

2.3.3 移动至图层

单击“格式→移动至图层”,系统弹出“类选择”对话框,提示用户选择要移动的对象。确定对象后,单击“确定”按钮,系统又弹出“图层移动”按钮。输入目标图层或类别,或在图层列表框中选中某层,则系统会将所选对象移动到指定图层上。

2.4 视图布局

视图布局是指按用户定义的方式排列在绘图工作区的视图集合。一个视图的名称或由系统命名,或由用户命名,可随部件文件一起被保存。UG 的视图布局功能主要用于控制视图布局的状态和各视图的显示角度。用户可将绘图工作区设置为多个视图,并且可以任意切换视图的显示,以方便对实体对象的细节进行编辑和观测。用户可以根据需要进行打开、创建或删除部件等操作。

视图布局功能主要通过级联菜单“视图→布局”中的命令来实现,下面介绍该级联菜单中各视图布局命令的使用方法。

2.4.1 新建布局

单击“视图→布局→新建”,系统弹出“新建布局”对话框,如图 2.17 所示。系统提示用户选择新布局中的视图。在“名称”文本框中输入新的视图布局名称,在新建布局“布置”下拉列表框中选择布局格式,系统提供了六种布局格式,每种布局格式都是由一组默认视图组成的,下面的九个按钮,根据布局的格式而定,可选

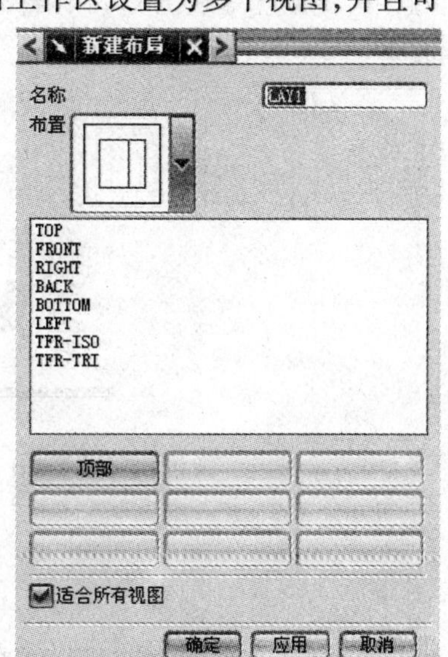

图 2.17 “新建布局”对话框

可不选。

在使用视图布局命令时,其名称最多可包含 30 个字符。如果用户不输入视图布局的名称,系统会自动为布局生成一个默认的名称 LAYn。其中 n 为一个整数,它从 1 开始,每个利用默认方法命名的布局会在前一个 n 的基础上加 1。

2.4.2 打开布局

单击"视图→布局→打开",系统弹出"打开布局"对话框,如图 2.18 所示。提示用户在当前文件的视图布局名称列表框中选择要打开的布局,系统会按该布局的方式来显示图形。

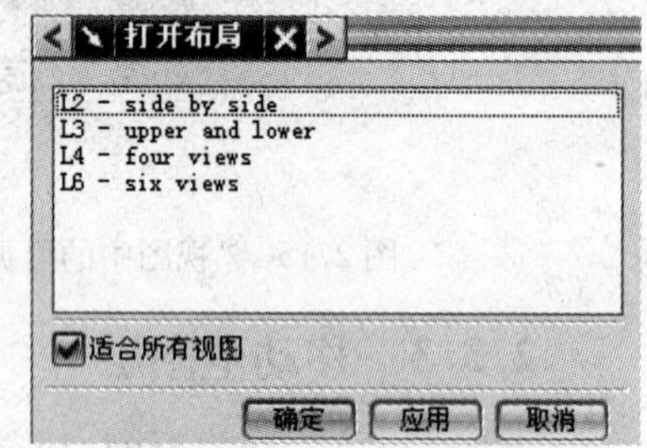

图 2.18 "打开布局"对话框

单击"适合所有视图"复选框,该功能用于调整当前视图布局中所有视图的中心和比例,使实体模型最大限度地吻合在每个视图边界内。当用户选择菜单命令"视图→布局→打开",系统就会自动地进行拟合操作。在建立新的布局或打开一个布局时,均可利用相应对话框中的"适合所有视图"复选框来实现此功能。图 2.19 所示为视图吻合前后的对比。

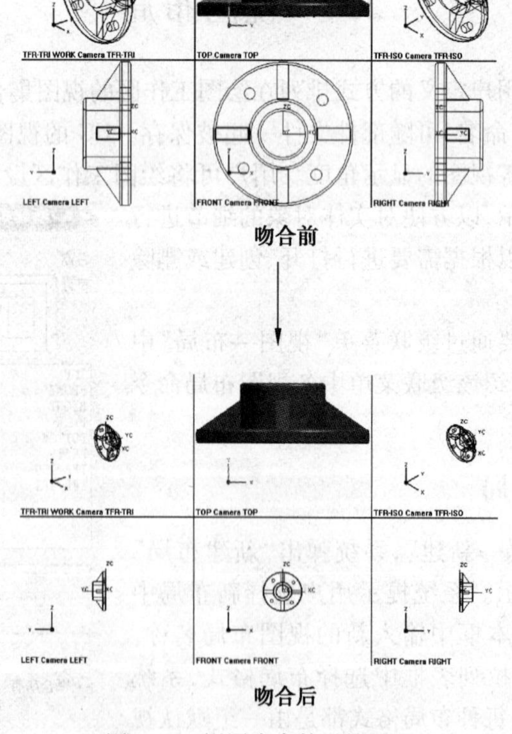

图 2.19 视图吻合前后的对比

2.4.3　删除布局

用户可以删除不需要的自定义布局，单击“视图→布局→删除”，可以删除用户自定义的视图，但是不能删除系统默认的视图形式。如要同时删除多个布局，在选择时需按下 Shift 键。

本章小结

本章介绍了 UGNX6.0 软件中的常用工具及一些基本操作，包括 UG 系统的文件操作、对象的编辑、图层管理、视图布局等。这些内容都是 UG 建模的基础知识，通过本章的学习，读者应该熟练地掌握这些功能的操作方法及相关参数选项的意义。

习　题

1. 文件操作具体包括哪些内容？

2. UG 常用的导入导出文件格式有哪些？

3. 图层的定义是什么？系统提供了多少个图层供用户使用？

4. 创建一个立方体，其为长 100、宽 80、高 60 的部件文件，并将其输出为 *. dwg 格式，然后用 AutoCAD 软件打开，并进行相关编辑。

第 3 章 草图的绘制

草图是 UG 三维建模的基础,能否准确快速地应用草图的绘制功能,直接影响建模的质量和效率。另外,用户在参数化建模时,灵活地应用草图功能,会很方便。因此,读者应认真地学习本章内容。

3.1 草图概述

3.1.1 草图定义

草图是组成一个轮廓曲线的集合,是可以进行尺寸驱动的平面图形,并用于定义特征的截面形状和尺寸位置。

3.1.2 草图的特点

草图具有曲线所没有的一些特征,具体如下:

①草图在特征树上显示为一个特征,具有参数化和便于编辑修改的特点。

②可以快速绘出大概的结构形状,通过添加尺寸和约束完成轮廓的设计,能够较好地表达设计意图。

③草图和其生成的实体是相互关联的,当设计项目需要优化修改时,修改草图上的尺寸和替换线条可以方便地更新最终的设计。

④草图可以方便地管理曲线。

3.1.3 草图应用的场合

①需要参数化地控制曲线。

②UG 的成型特征无法构造形状。

③使用一组特征去建立希望的形状,而该形状不容易编辑修改。

④从部件到部件尺寸改变但有一共同的形状,应考虑把草图作为一个用户定义特征的一部分。

⑤模型形状容易由拉伸、旋转或扫掠等操作建立。

3.1.4　草图操作

1. 草图操作步骤

(1)建立草图平面。通过菜单“插入→草图”或单击特征工具条上的“草图”图标按钮，系统弹出“创建草图”对话框，如图3.1所示。指定草图平面后，则完成草图平面的创建。

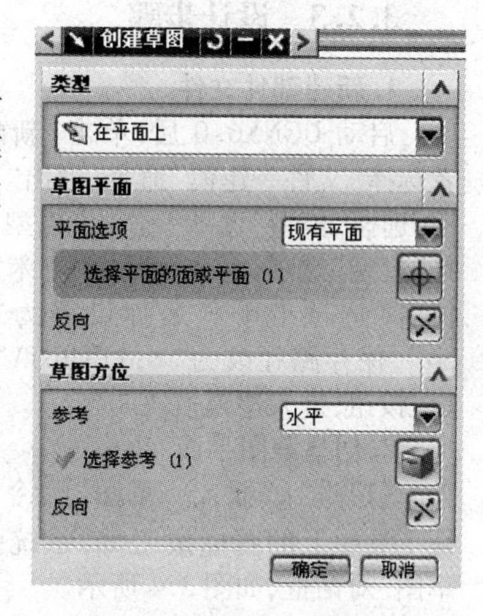

图3.1　“创建草图”对话框

(2)绘制草图。在草图平面内直接利用各种绘图命令绘制草图。

(3)草图的约束。在完成草图绘制后对草图进行合理的约束，是实现草图参数化的关键所在。草图的约束包括三种类型：几何约束、尺寸约束和定位约束。

①几何约束的作用在于限制草图对象的形状，确定草图对象之间的相互位置关系。

②尺寸约束的作用在于限制草图对象的大小。

③定位约束的作用在于确定草图相对于实体边缘线或特征点的位置。

先对草图进行几何约束，然后添加尽可能少的尺寸，即以几何约束为主，尺寸约束尽可能地少。

(4)根据建模的情况编辑草图，最终得到所需的模型。

2. 示例3.1：拉伸练习

(1)打开光盘文件“4→4_1_lashen. prt”。

(2)通过菜单“插入→设计特征→拉伸”或单击特征工具条上的“拉伸”图标按钮，系统弹出“拉伸”对话框。

(3)系统提示选择曲线，选择草绘平面，默认拉伸方向，设置结束距离为“25”，设置“体类型”为“实体”，单击“确定”按钮，结果如图3.2所示。

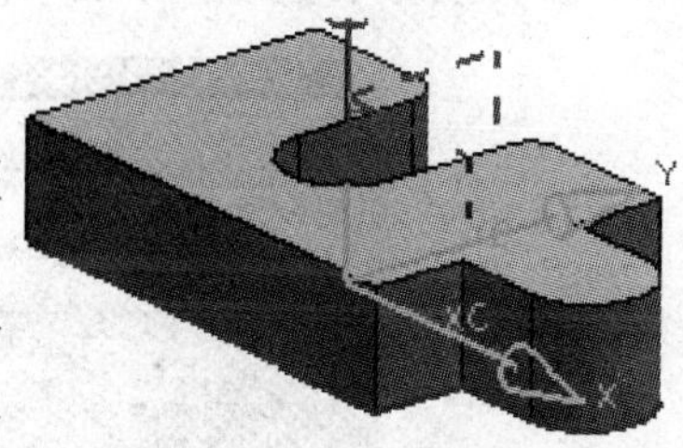

图3.2　拉伸练习

(4)保存。

3.2　实例1——固定夹的草绘设计

3.2.1　设计要求

在本例中，我们将利用草图曲线功能建立一个固定夹的平面图形，如图3.3所示。

3.2.2　设计分析

图3.2中图形是左右对称结构的。先选择合适的草图放置平面，进入草图模式。选择直径28圆心作为坐标原点，大致绘制图形轮廓。绘制孔$\phi 18$及其同心圆R16，绘制圆R18，对图形轮廓进行几何约束和尺寸约束，对多余曲线进行修剪，通过草图的镜像功能

完成草图。

3.2.3 设计步骤

1. 新建部件文件

启动 UGNX6.0 后,单击“新建”按钮或者选择“文件→建模”命令,弹出“文件”对话框,选择“模型”选项卡。在“模型”模板中选择“模型”选项,单位设置为“毫米”,在“新文件名”选项卡下将名称设置为“gudingjia.prt”,保存路径改为“F:\UGlixi\”,单击“确定”按钮,进入建模模块。

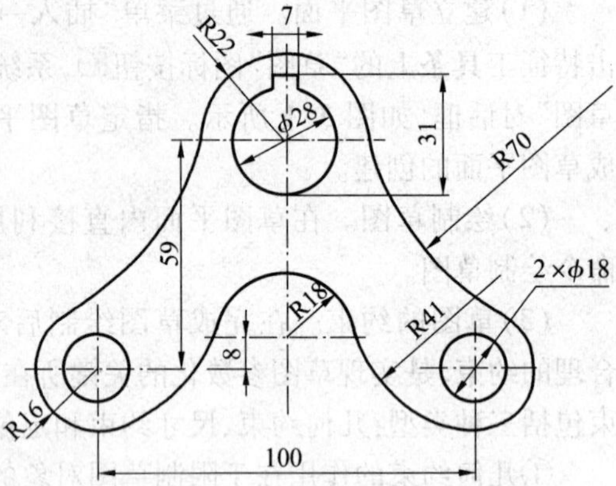

图 3.3 固定夹的平面草图

2. 创建草图平面

(1)选择“插入→草图”命令,或单击特征工具栏上的图标按钮,系统弹出“创建草图”对话框,如图 3.4 所示。

(2)将创建草图“类型”设置为“在平面上”选项。选择草图“平面选项”下拉列表框中的“现有平面”作为草图平面,系统默认为坐标系的 X－Y 平面。

(3)单击“确定”按钮,完成创建草图平面的操作。

3. 设置“草图首选项”

(1)选择“首选项→草图”命令,系统弹出“草图首选项”对话框,如图 3.5 所示。

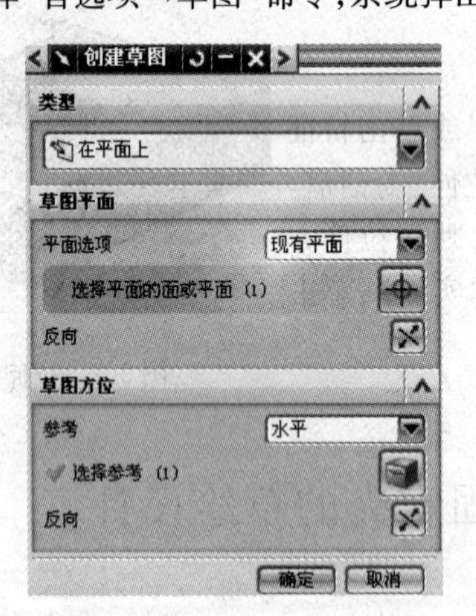

图 3.4 “创建草图”对话框

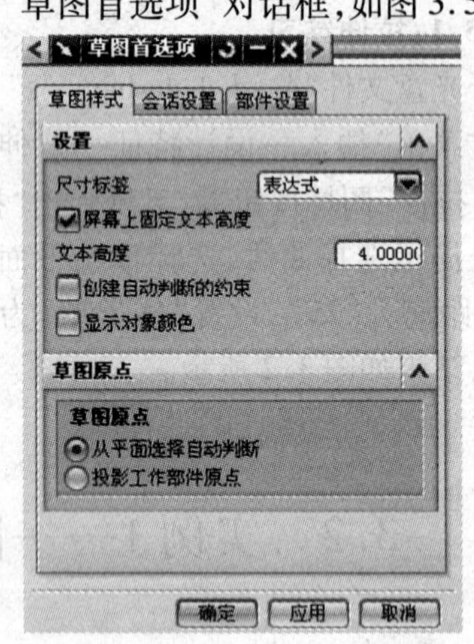

图 3.5 “草图首选项”对话框

(2)选择“草图样式”选项卡,设置“尺寸标签”下拉列表框为“值”;设置“文本高度”为“4”。

(3)单击“确定”按钮,完成“草图首选项”的设置。

4. 草图设计

(1)绘制毂孔 ϕ28.0 及键槽。在草图工具栏上选择“圆”图标按钮,系统弹出“圆”对话框,如图 3.6 所示。

将鼠标中心放在坐标原点上,选择圆的中心点,然后在圆上选择一个点,直径大约为

28,如图3.7所示。

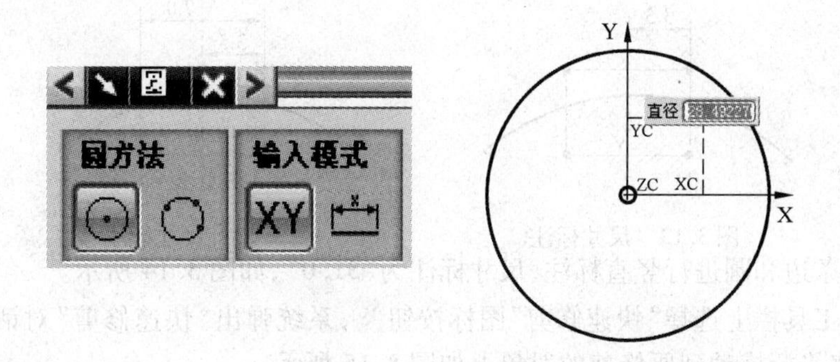

图3.6　“圆”对话框　　　　图3.7　在圆上选择一个点

单击草图约束工具栏上“自动约束”图标按钮，系统弹出“尺寸”对话框,如图3.8所示。

选择圆的边线,编辑圆直径尺寸为28.0,单击鼠标中键结束,如图3.9所示。

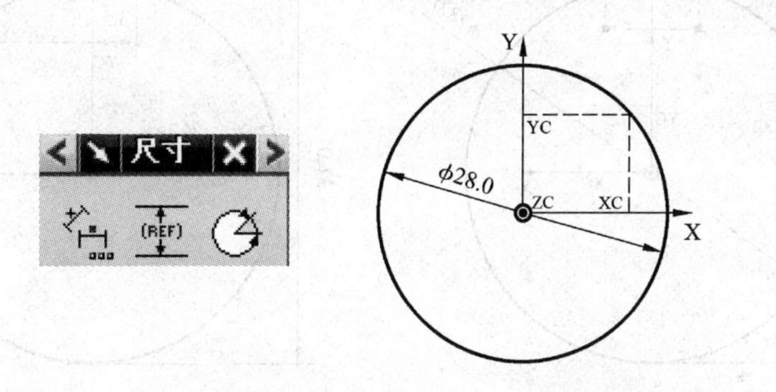

图3.8　“尺寸”对话框　　　　图3.9　编辑圆直径尺寸

(2)绘制毂孔ϕ28.0的键槽。在草图工具栏上选择“矩形”图标按钮，系统弹出“矩形”对话框,如图3.10所示。

矩形方法默认“用2点”图标按钮，指定两个对角点确定宽度和高度,在绘图区创建矩形,如图3.11所示。

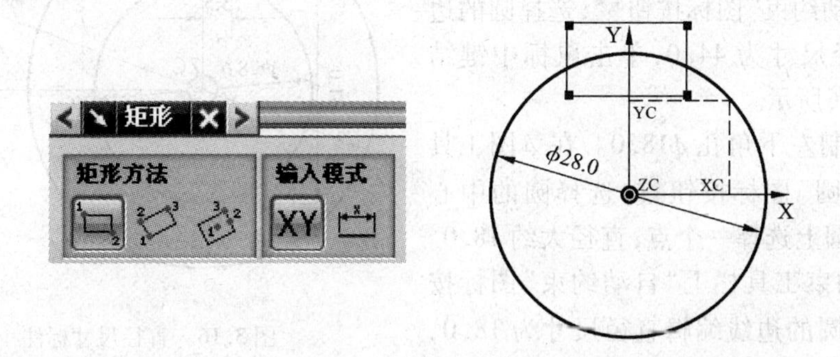

图3.10　“矩形”对话框　　　　图3.11　创建矩形

单击草图约束工具栏上“自动约束”图标按钮，系统弹出“尺寸”对话框,依次选择YC轴和一条边,尺寸标注为“3.5”,如图3.12所示。

选择一条边进行水平标注,尺寸标注为“7.0”,如图 3.13 所示。

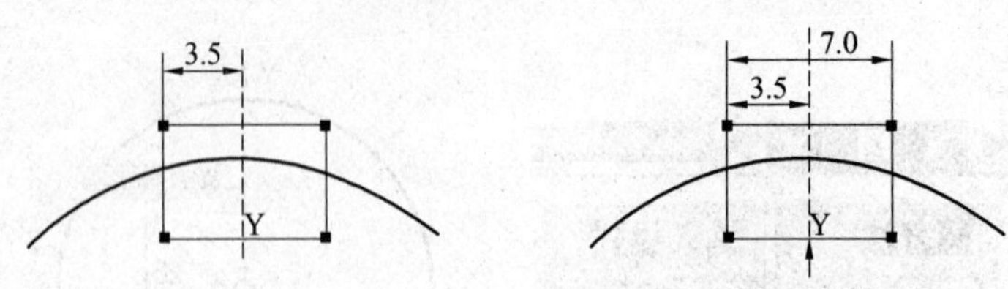

图 3.12　尺寸标注　　　　图 3.13　尺寸标注

选择一条边和圆进行竖直标注,尺寸标注为“31.0”,如图 3.14 所示。

在草图工具栏上选择“快速修剪”图标按钮,系统弹出“快速修剪”对话框,按住鼠标左键,并将光标拖动到要修剪的对象上如图 3.15 所示。

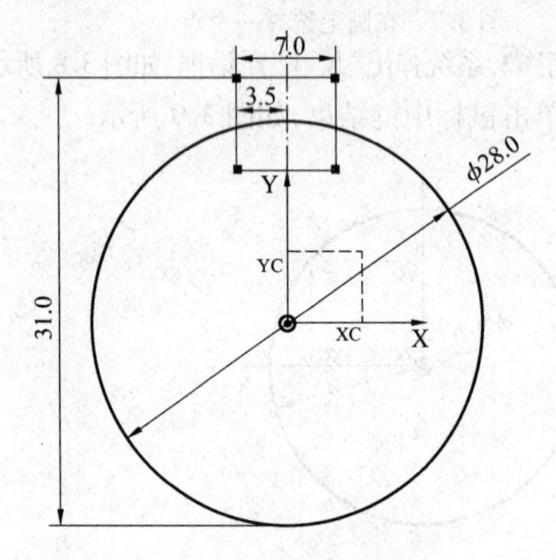

图 3.14　竖直尺寸标注　　　　图 3.15　快速修剪

(3)绘制轮毂的同心圆 R22.0。在草图工具栏上选择“圆”图标按钮,同时激活点捕捉“圆弧中心”图标按钮,绘制 ϕ28.0 的同心圆,直径大约为 44.0,单击草图约束工具栏上“自动约束”图标按钮,选择圆的边线编辑直径尺寸为 44.0,单击鼠标中键结束,如图3.16所示。

(4)绘制左下角孔 ϕ18.0。在草图工具栏上选择“圆”图标按钮,选择圆的中心点,然后在圆上选择一个点,直径大约 18.0。单击草图约束工具栏上“自动约束”图标按钮,选择圆的边线编辑直径尺寸为 18.0,单击鼠标中键结束,如图 3.17 所示。

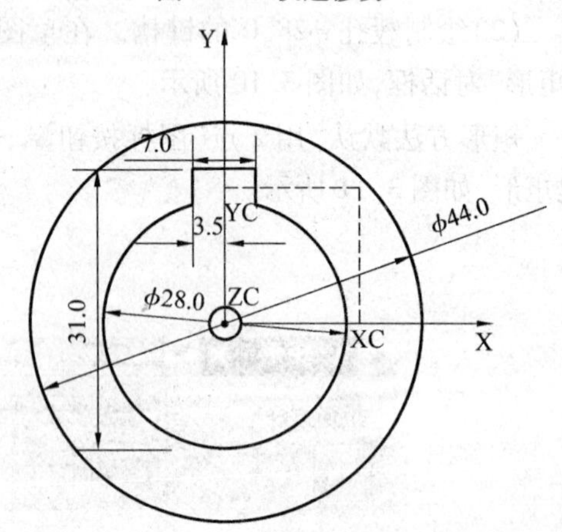

图 3.16　直径尺寸标注

单击草图约束工具栏上“自动约束”图标按钮,依次选择 XC 轴和 ϕ18.0 圆心,尺寸标注为“59.0”,如图 3.18 所示。

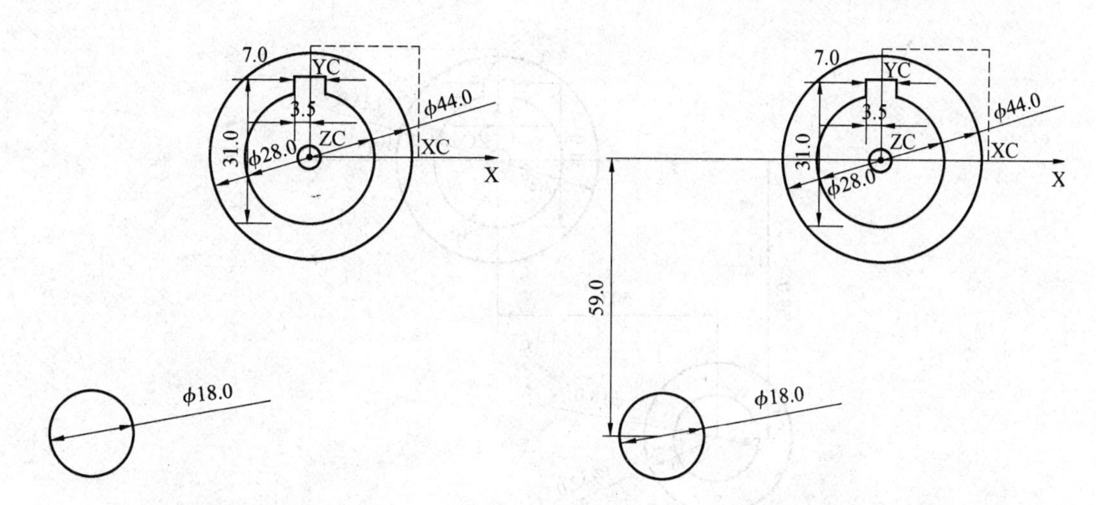

图3.17　编辑直径尺寸　　　　图3.18　竖直尺寸标注

单击草图约束工具栏上“自动约束”图标按钮，依次选择YC轴和ϕ18.0圆心，尺寸标注为“50.0”，如图3.19所示。

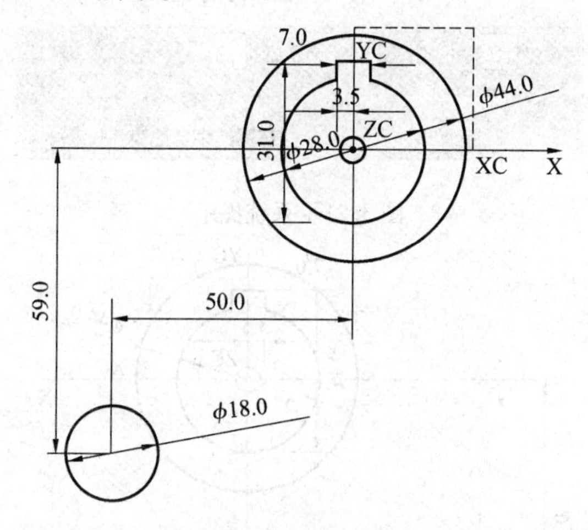

图3.19　水平尺寸标注

在草图工具栏上选择“圆”图标按钮，同时激活点捕捉“圆弧中心”图标按钮，绘制ϕ18.0的同心圆，直径大约为32，单击草图约束工具栏上“自动约束”图标按钮，选择圆的边线编辑直径尺寸为32，单击鼠标中键结束，如图3.20所示。

单击草图约束工具栏上“约束”图标按钮，此时系统提示栏提示“草图已完全约束”，如图3.21所示。

(5)绘制圆R18.0。在草图工具栏上选择“圆”图标按钮，在毂孔ϕ28.0下方选择圆的中心点，然后在圆上选择一个点，直径大约为36。单击草图约束工具栏上“自动约束”图标按钮，选择圆的边线编辑直径尺寸为36，单击鼠标中键结束，如图3.22所示。

单击草图约束工具栏上“约束”图标按钮，此时系统提示栏提示“草图需要两个约束”。选择YC轴，再选择圆R18.0的圆心，系统弹出“约束”对话框，单击“点在曲线上”的图标按钮，将圆心约束到Y坐标轴上，如图3.23所示。

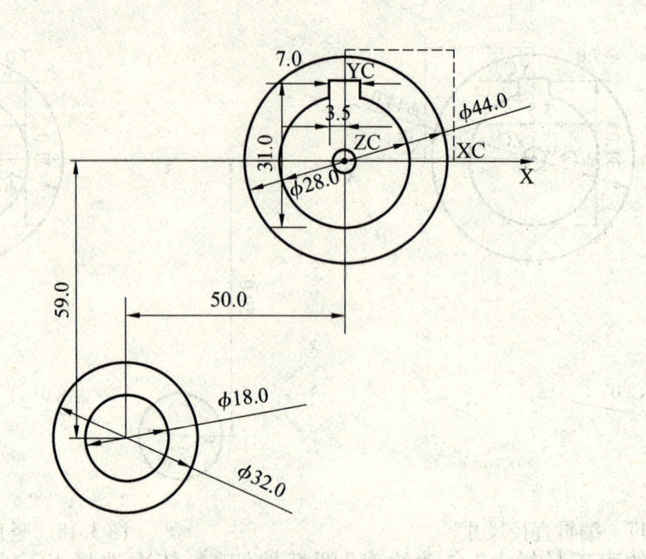

图 3.20 直径尺寸标注

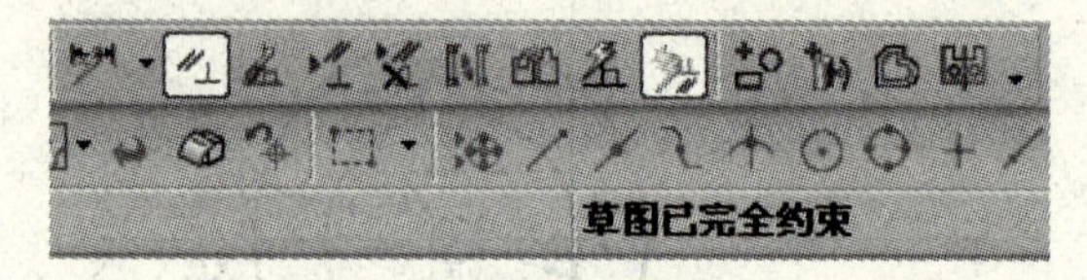

图 3.21 系统提示

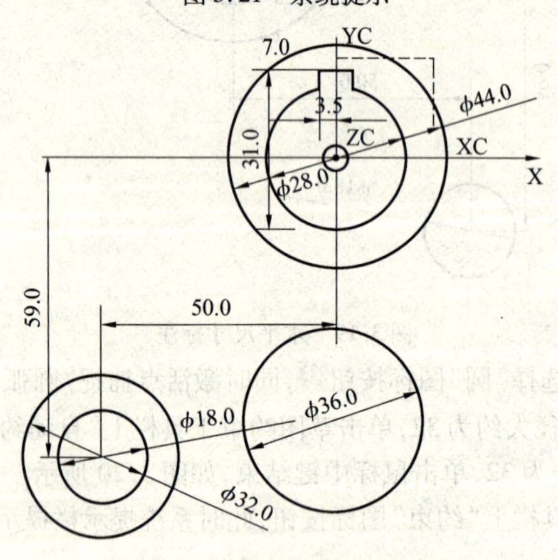

图 3.22 编辑直径尺寸

单击草图约束工具栏上“自动约束”图标按钮，依次选择圆 ϕ18.0 轴和圆 R18.0 的圆心，尺寸标注为“8”，如图 3.24 所示，圆 R18.0 绘制结束，草图已完全约束。

（6）绘制弧 R70.0。在草图工具栏上选择“圆弧”图标按钮，弹出“圆弧”对话框，同时激活点捕捉“点在曲线上”图标按钮，选择曲线上点 1，如图 3.25 所示。再选择曲线上点 2，如图 3.26 所示。

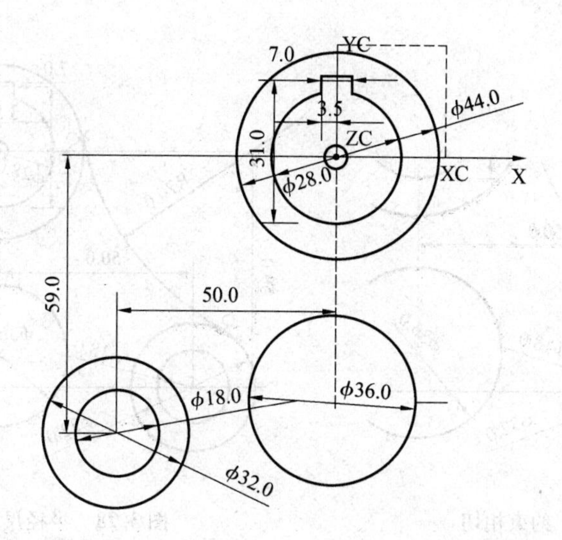

图 3.23　几何约束

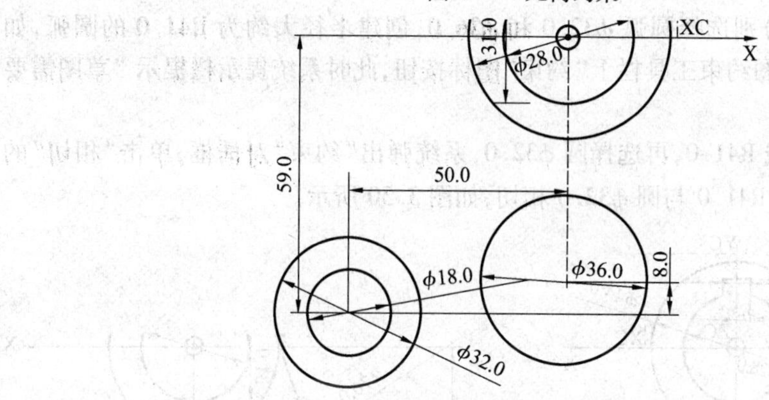

图 3.24　竖直尺寸标注

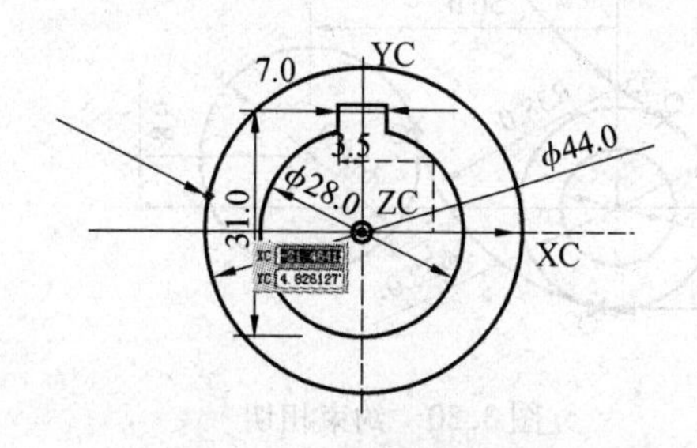

图 3.25　选择曲线上点 1

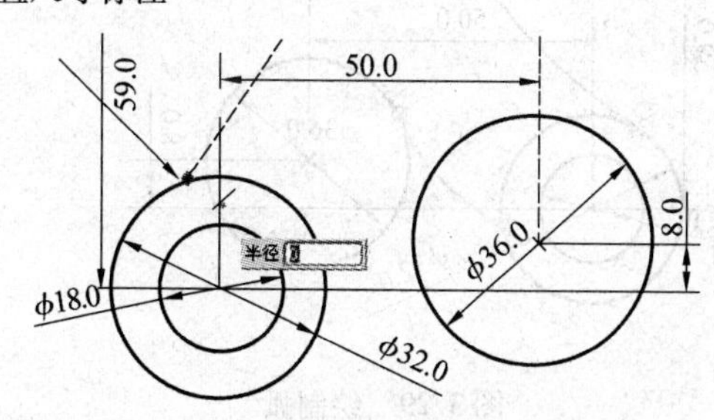

图 3.26　选择曲线上点 2

选择圆弧的一点，圆弧半径大约为 70。单击草图约束工具栏上“约束”图标按钮，此时系统提示栏提示“草图需要两个约束”。选择要约束的曲线 R70.0，再选择圆 ϕ32.0，系统弹出“约束”对话框，单击“相切”的图标按钮，约束曲线 R70.0 与圆 ϕ32.0 相切，如图3.27所示。

单击草图约束工具栏上“自动约束”图标按钮，选择圆弧 R70.0，尺寸标注为“70.0”，如图 3.28 所示，圆弧 R70.0 绘制结束，草图已完全约束。

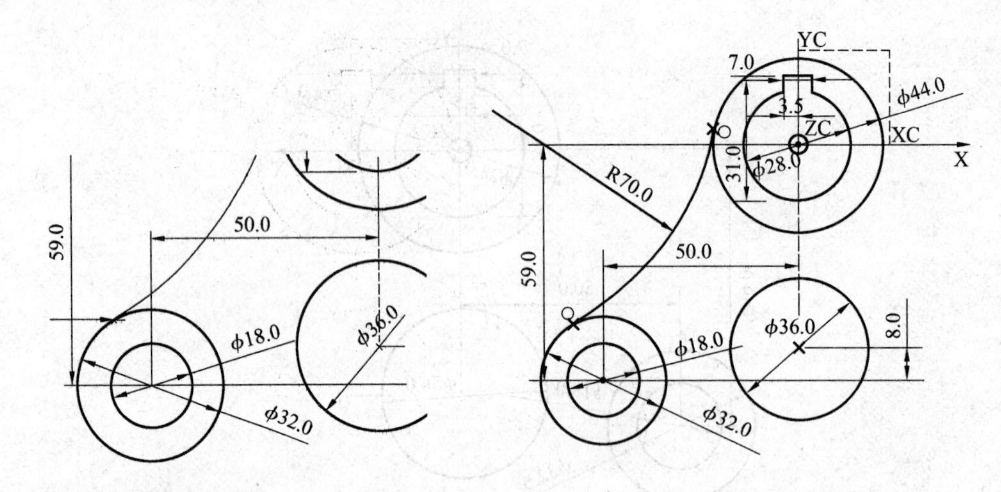

图 3.27　约束相切　　　　图 3.28　半径尺寸标注

(7)绘制弧 R41.0。在草图工具栏上选择"圆弧"图标按钮，同时激活点捕捉"点在曲线上"图标按钮，分别选择圆弧 ϕ32.0 和 ϕ36.0，创建半径大约为 R41.0 的圆弧，如图 3.29 所示。单击草图约束工具栏上"约束"图标按钮，此时系统提示栏提示"草图需要两个约束"。

选择要约束的曲线 R41.0，再选择圆 ϕ32.0，系统弹出"约束"对话框，单击"相切"的图标按钮，约束曲线 R41.0 与圆 ϕ32.0 相切，如图 3.30 所示。

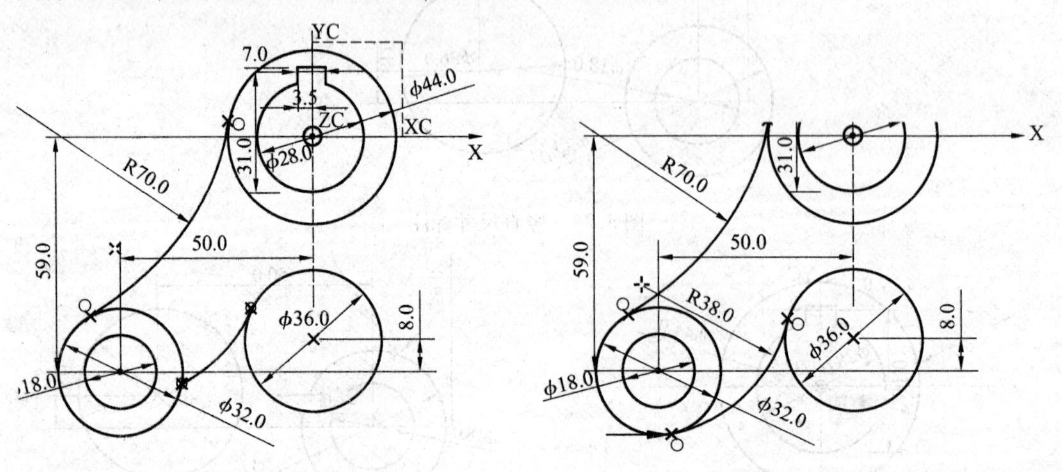

图 3.29　绘制弧　　　　图 3.30　约束相切

单击草图约束工具栏上"自动约束"图标按钮，选择圆弧 R41.0，尺寸标注为"41.0"，如图 3.31 所示，圆弧 R41.0 绘制结束，草图已完全约束。

(8)镜像曲线。单击草图约束工具栏上"镜像曲线"图标按钮，系统弹出"镜像曲线"对话框，选择 YC 轴作为镜像中心线，再选择要镜像的曲线，如图 3.32 所示。

单击"确定"按钮，结果如图 3.33 所示。

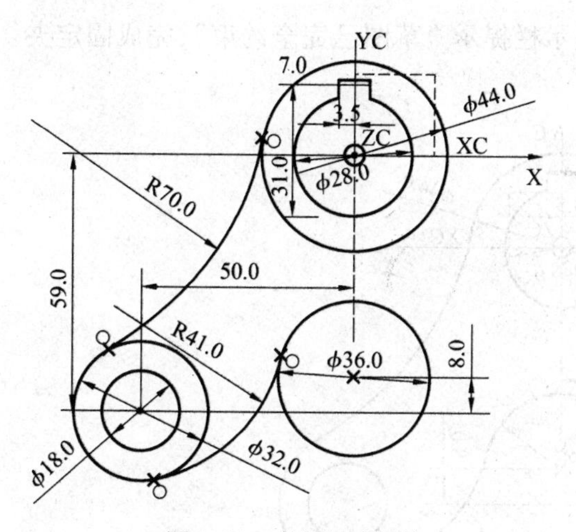

图3.31　半径尺寸标注

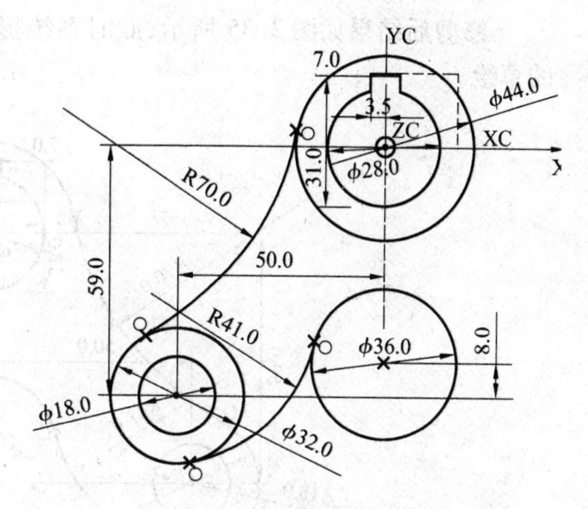

图3.32　选择要镜像的曲线

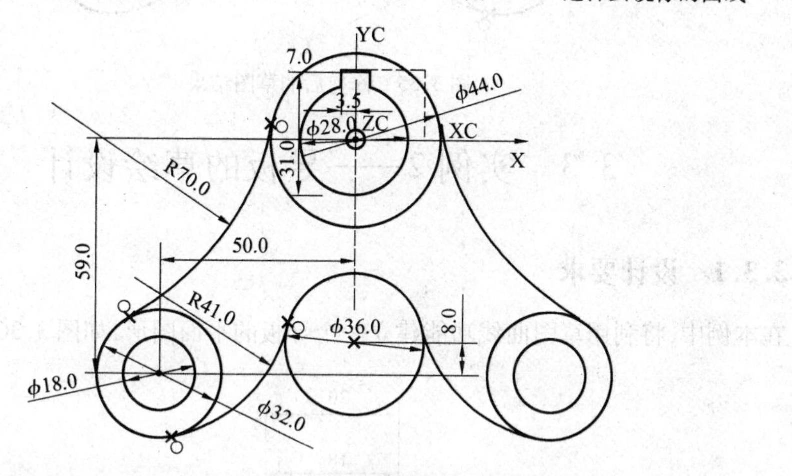

图3.33　生成镜像曲线

(9)修剪曲线。在草图工具栏上选择“快速修剪”图标按钮，系统弹出“快速修剪”对话框，按住鼠标左键，并将光标拖动到要修剪的对象上，修剪顺序如图3.34所示。

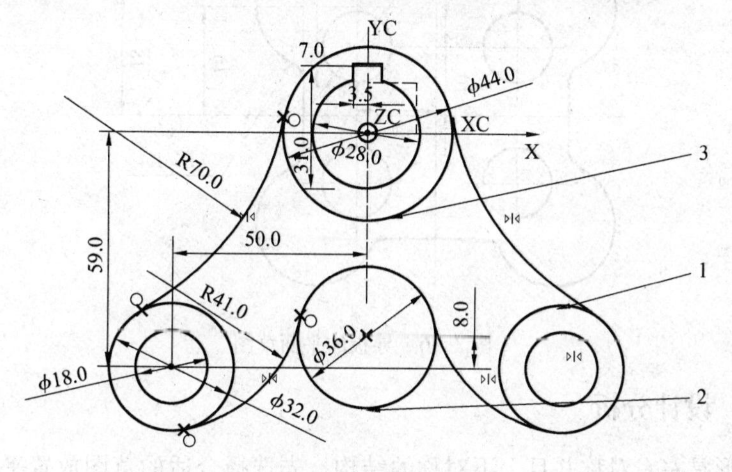

图3.34　修剪曲线

修剪后结果如图 3.35 所示,此时系统提示栏提示“草图已完全约束”,完成固定夹的草绘。

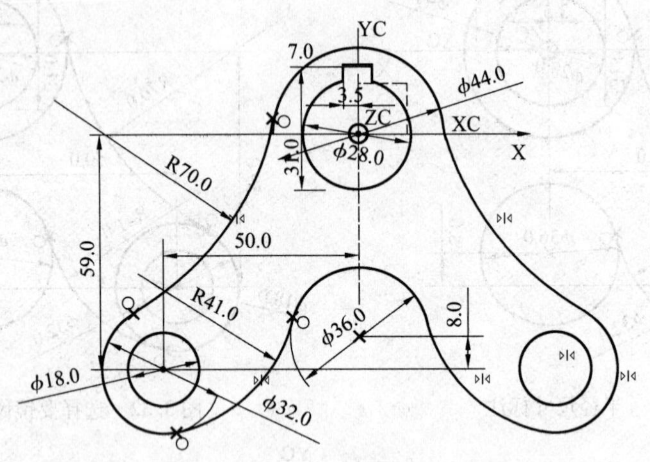

图 3.35　修剪后的草图结果

3.3　实例 2——导板的草绘设计

3.3.1　设计要求

在本例中,将利用草图曲线功能建立一个导板的平面图形,如图 3.36 所示。

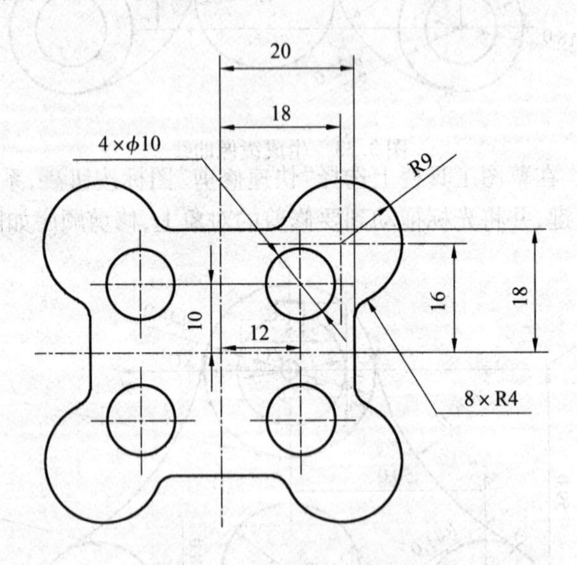

图 3.36　导板的平面草图

3.3.2　设计分析

导板图形是左右对称并且上下对称的结构。先选择合适的草图放置平面,进入草图模式。先绘制矩形，再绘制圆 R9，大致绘制图形轮廓，对图形轮廓进行几何约束和尺寸约束，通过草图的镜像功能完成草图。

3.3.3　设计步骤

1. 新建部件文件

启动 UGNX6.0 后，单击“新建”按钮或者选择“文件→建模”命令，弹出“文件”对话框，选择“模型”选项卡。在“模型”模板中选择“模型”选项，单位设置为“毫米”，在“新文件名”选项卡下将名称设置为“daoban. prt”，保存路径改为“F:\UGlixi\”，单击“确定”按钮，进入建模模块。

2. 创建草图平面

(1)选择“插入→草图”命令，或单击特征工具栏上的图标按钮，系统弹出“创建草图”对话框。默认创建草图“类型”为“在平面上”选项。

(2)单击“确定”按钮，完成创建草图平面的操作。

3. 设置“草图首选项”

(1)选择“首选项→草图”命令，系统弹出“草图首选项”对话框。选择“草图样式”选项卡，设置“尺寸标签”下拉列表框为“值”；设置“文本高度”为“3”。

(2)单击“确定”按钮，完成“草图首选项”的设置。

4. 草图设计

(1)绘制矩形。在草图工具栏上选择“矩形”图标按钮，系统弹出“矩形”对话框，通过选择两点创建一个矩形，长×宽尺寸大约为 20×18，如图 3.37 所示。

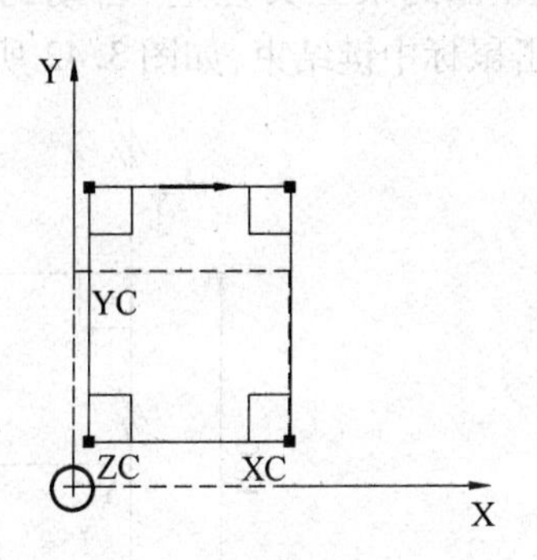

图 3.37　绘制矩形

单击草图约束工具栏上“约束”图标按钮，选择 YC 轴，再选择矩形左侧的竖边，系统弹出“约束”对话框，单击“点在曲线上”的图标按钮，将矩形的左侧竖边约束到 Y 坐标轴上，如图 3.38 所示。

按上述操作方法将矩形的底边约束到 X 坐标轴上，如图 3.39 所示。

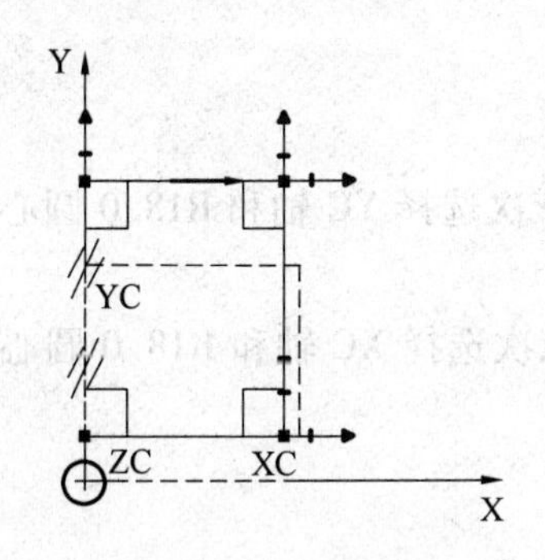

图 3.38　约束矩形侧边

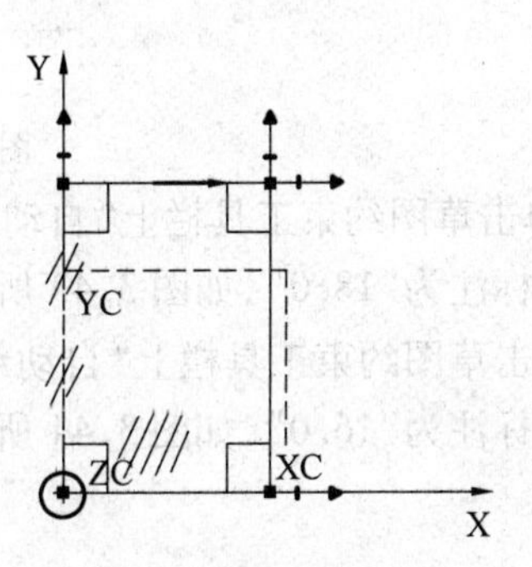

图 3.39　约束矩形底边

单击草图约束工具栏上“自动约束”图标按钮，系统弹出“尺寸”对话框，选择矩形的两条边线，编辑尺寸分别为 20.0、18.0，如图 3.40 所示。此时草图处于完全约束状态。

(2)绘制弧 R9。在草图工具栏上选择“圆”图标按钮，绘制 $\phi18.0$ 的同心圆，圆心位于矩形的左上角内侧，直径大约为 18.0，如图 3.41 所示。

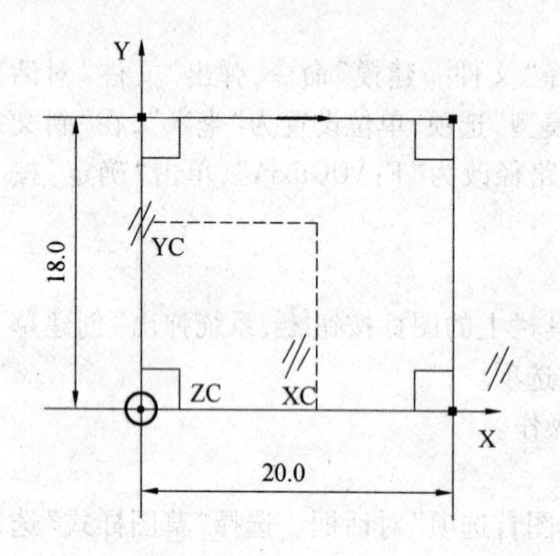

图 3.40 编辑水平尺寸

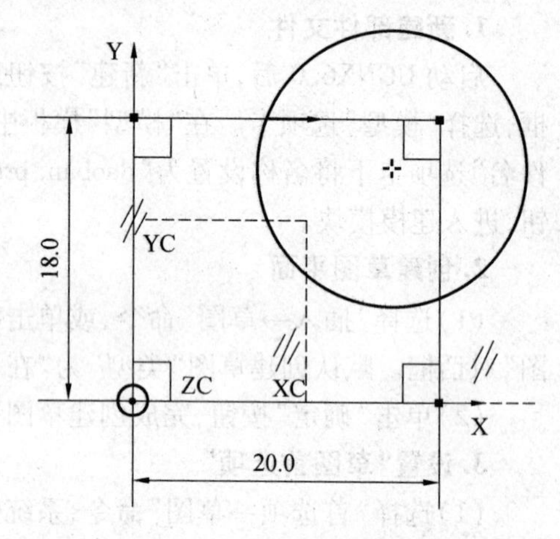

图 3.41 绘制圆

单击草图约束工具栏上“自动约束”图标按钮，选择圆的边线编辑直径尺寸为 18.0，单击鼠标中键结束，如图 3.42 所示。

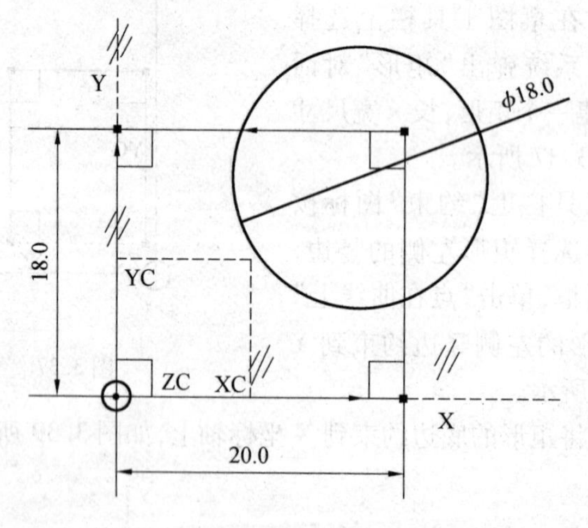

图 3.42 编辑圆直径尺寸

单击草图约束工具栏上“自动约束”图标按钮，依次选择 YC 轴和 R18.0 圆心，水平尺寸标注为“18.0”，如图 3.43 所示。

单击草图约束工具栏上“自动约束”图标按钮，依次选择 XC 轴和 R18.0 圆心，竖直尺寸标注为“16.0”，如图 3.44 所示。

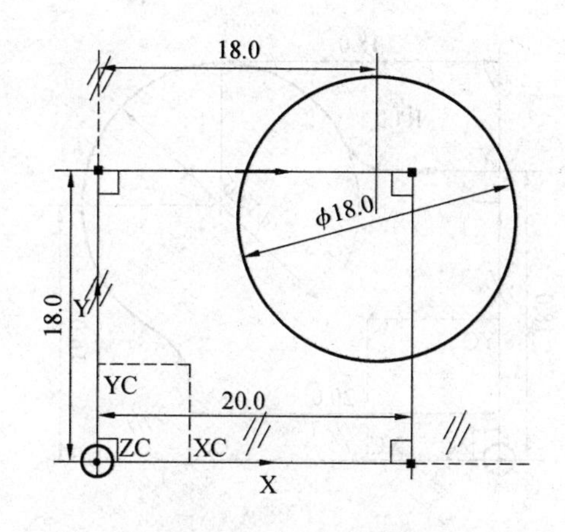

图 3.43　水平尺寸标注

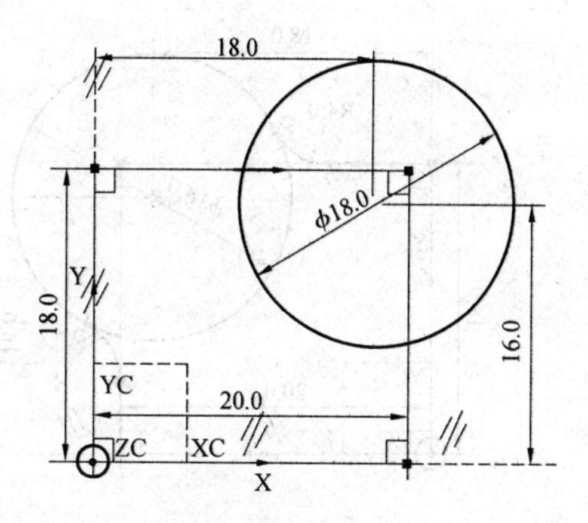

图 3.44　竖直尺寸标注

(3)绘制圆角 R4.0。在草图工具栏上选择“圆角”图标按钮，系统弹出“创建圆角”对话框，创建圆角方法默认“修剪”，依次选取直线和圆，拾取点如图 3.45 所示。

单击鼠标左键，生成圆角。单击草图约束工具栏上“自动约束”图标按钮，选择圆角，编辑半径尺寸为“4.0”，如图 3.46 所示。

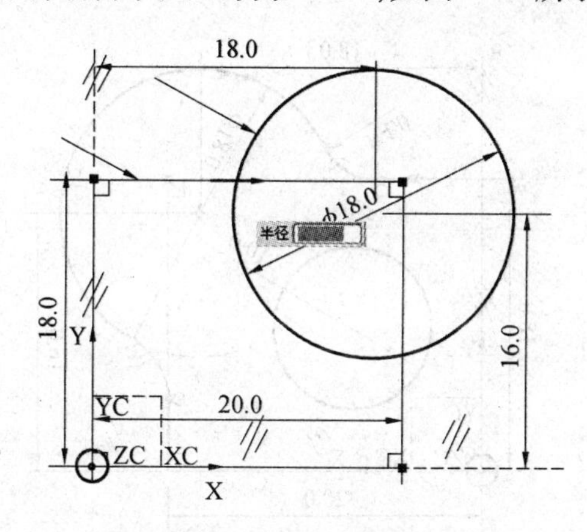

图 3.45　选取直线和圆

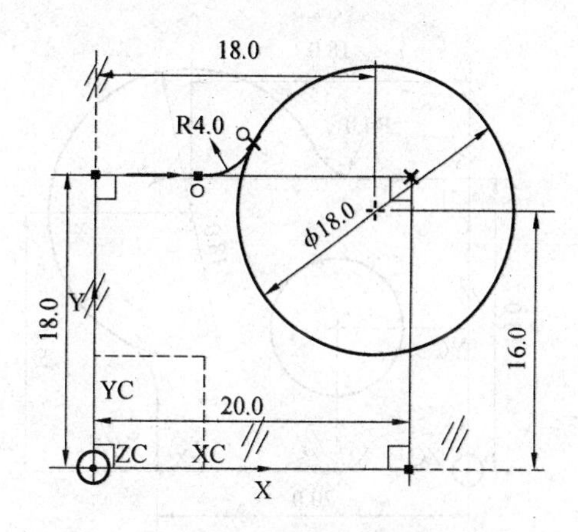

图 3.46　编辑圆角尺寸

同理，用上述方法创建另一侧圆角，并约束两圆角“等半径”，结果如图 3.47 所示。

在草图工具栏上选择“快速修剪”图标按钮，系统弹出“快速修剪”对话框，按住鼠标左键，并将光标拖动到要修剪的对象上，结果如图 3.48 所示。

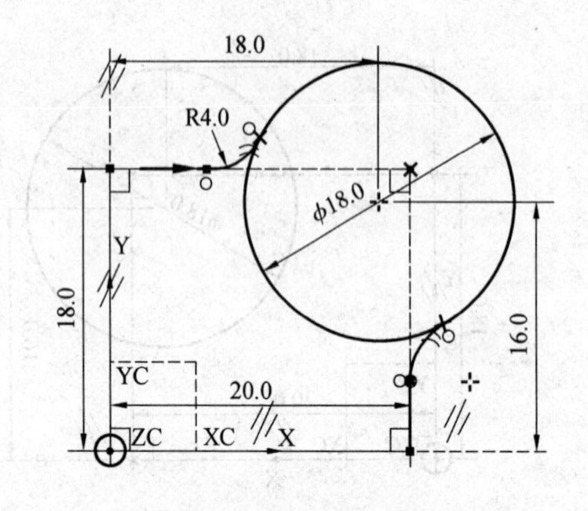

图 3.47　创建另一侧圆角

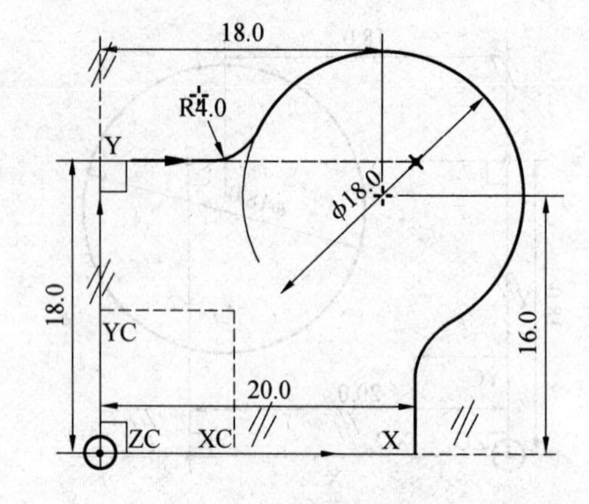

图 3.48　修剪曲线

(4)绘制圆 $\phi 10.0$。在草图工具栏上选择"圆"图标按钮，绘制直径为 10.0 的圆，如图 3.49 所示。

单击草图约束工具栏上"自动约束"图标按钮，选择圆的边线编辑直径尺寸为 10.0，单击鼠标中键结束，如图 3.50 所示。

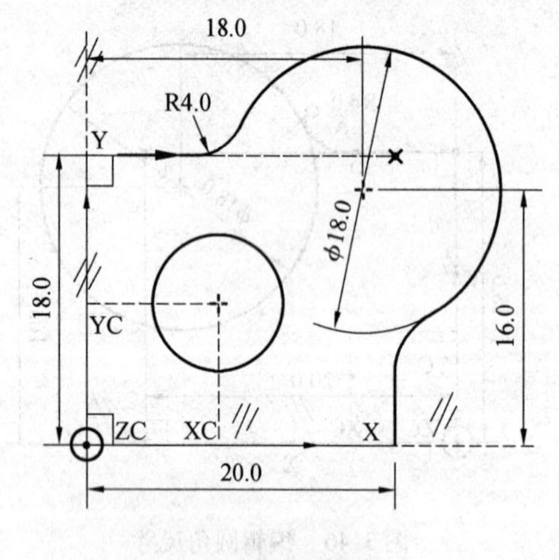

图 3.49　绘制圆

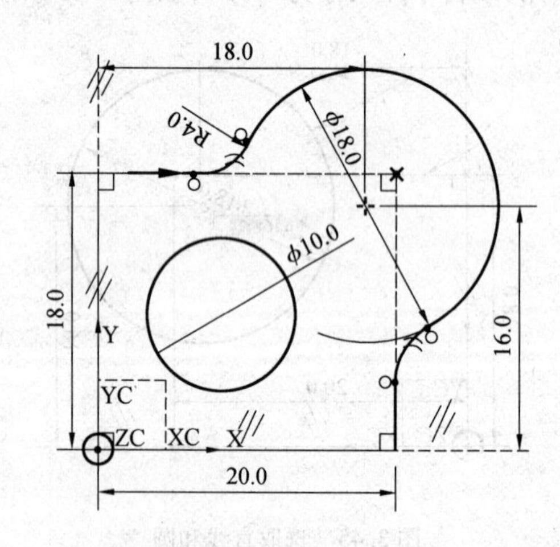

图 3.50　编辑圆直径尺寸

单击草图约束工具栏上"自动约束"图标按钮，依次选择 YC 轴和 $\phi 10.0$ 圆心，水平尺寸标注为"12.0"，如图 3.51 所示。

单击草图约束工具栏上"自动约束"图标按钮，依次选择 XC 轴和 $\phi 10.0$ 圆心，竖直尺寸标注为"10.0"，如图 3.52 所示。此时系统提示栏提示"草图已完全约束"。

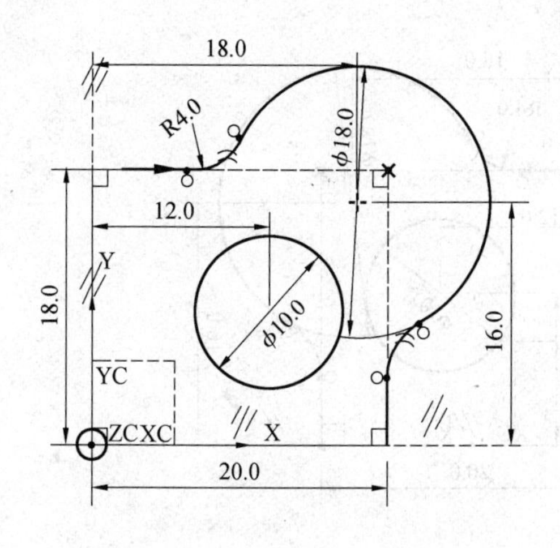

图 3.51　水平尺寸标注

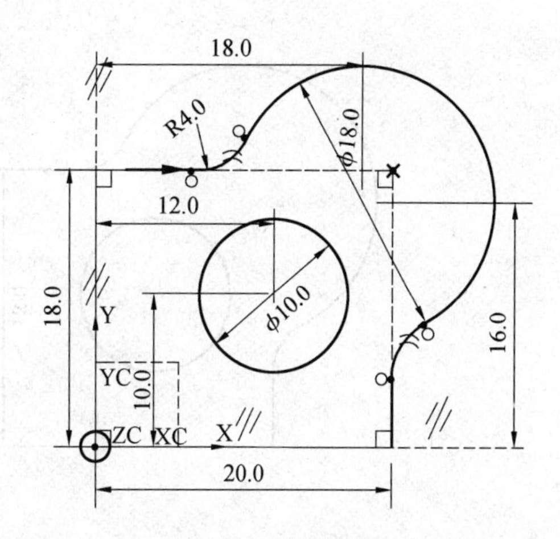

图 3.52　竖直尺寸标注

(5)将草图对象转换至参考对象。单击草图约束工具栏上“转换至/自参考对象”图标按钮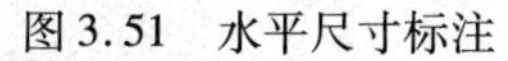,系统弹出“转换至/自参考对象”对话框,依次选择直线 1 和直线 2 作为要转换的对象,如图 3.53 所示。单击“确定”按钮,两直线被转换为参考直线。

(6)镜像曲线。单击草图约束工具栏上“镜像曲线”图标按钮,系统弹出“镜像曲线”对话框,选择 YC 轴作为镜像中心线,再选择要镜像的曲线,如图 3.54 所示。

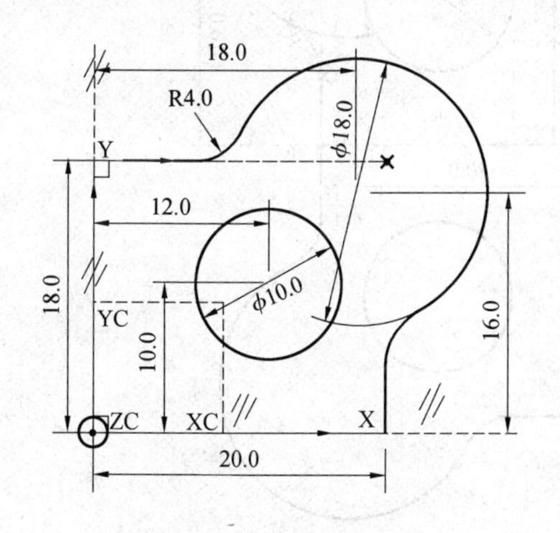

图 3.53　选择要转换的对象

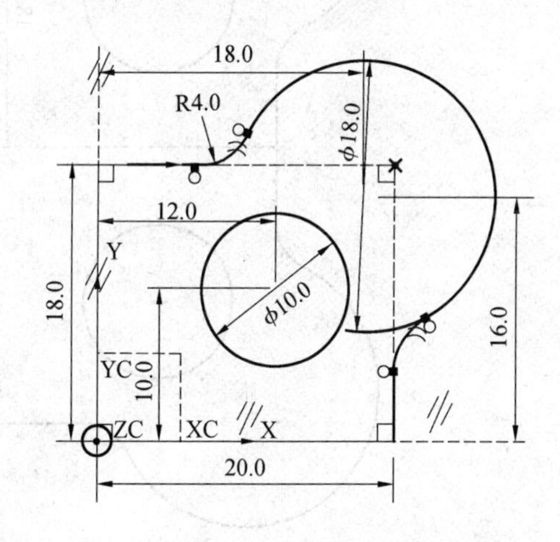

图 3.54　选择要镜像的曲线

单击“确定”按钮,结果如图 3.55 所示。

同理,用上述方法镜像另一半曲线,镜像后结果如图 3.56 所示,此时系统提示栏提示“草图已完全约束”,完成导板的草绘。

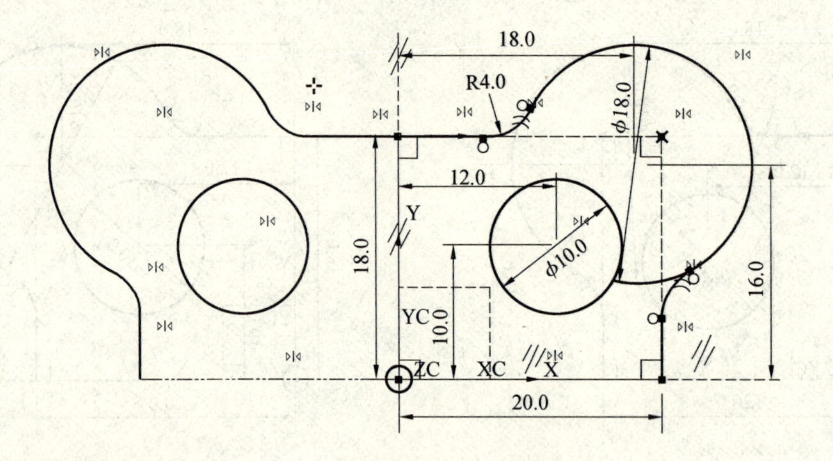

图 3.55 生成镜像曲线

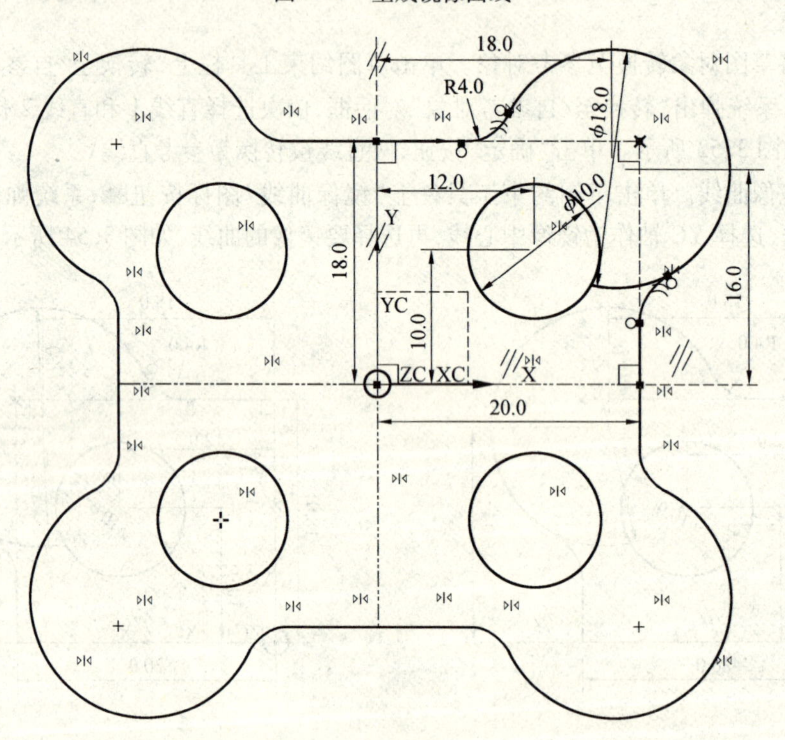

图 3.56 生成镜像曲线

3.4 实例 3——垫片的草绘设计

3.4.1 设计要求

在本例中,将利用草图曲线功能建立一个垫片的平面图形,如图 3.57 所示。

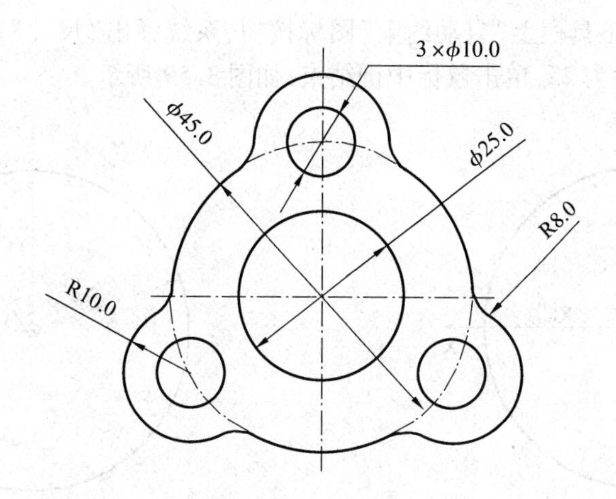

图3.57　垫片的平面草图

3.4.2　设计分析

该图形是圆周阵列结构。先选择合适的草图放置平面，进入草图模式。选择 $\phi25$ 圆心作为坐标原点，大致绘制图形轮廓。绘制孔 $\phi10$ 及其同心圆 R10，绘制圆 $\phi45$，对图形轮廓进行几何约束尺寸约束，对多余曲线进行修剪，作一条参考线，绘制孔 $\phi10$ 及其同心圆 R10，通过草图的镜像曲线功能完成草图。

3.4.3　设计步骤

1. 新建部件文件

（1）启动 UGNX6.0 后，单击“新建”按钮或者选择“文件→建模”命令，弹出“文件”对话框，选择“模型”选项卡。在“模型”模板中选择“模型”选项，单位设置为“毫米”，在“新文件名”选项卡下将名称设置为“dianpian.prt”，保存路径改为“F:\UGlixi\”，单击“确定”按钮，进入建模模块。

2. 创建草图平面

（1）选择“插入→草图”命令，或单击特征工具栏上的图标按钮，系统弹出“创建草图”对话框。默认创建草图“类型”为“在平面上”选项。

（2）单击“确定”按钮，完成创建草图平面的操作。

3. 设置“草图首选项”

（1）选择“首选项→草图”命令，系统弹出“草图首选项”对话框。选择“草图样式”选项卡，设置“尺寸标签”下拉列表框为“值”；设置“文本高度”为“3”。

（2）单击“确定”按钮，完成“草图首选项”的设置。

4. 草图设计

（1）绘制圆 $\phi25.0$。在草图工具栏上选择“圆”图标按钮，系统弹出“圆”对话框，将鼠标中心放在坐标原点上，选择圆的中心点，然后在圆上选择一个点，直径大约为25，如图3.58所示。

单击草图约束工具栏上"自动约束"图标按钮,系统弹出"尺寸"对话框,选择圆的边线,编辑圆直径尺寸为25,单击鼠标中键结束,如图3.59所示。

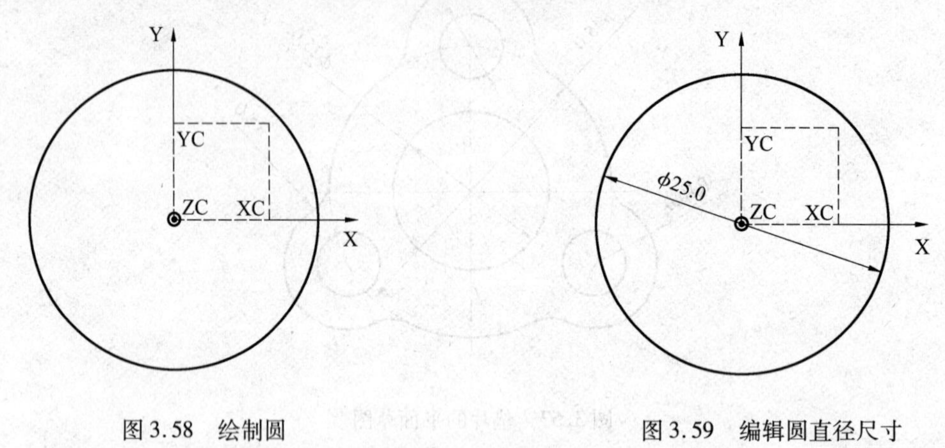

图3.58　绘制圆　　图3.59　编辑圆直径尺寸

(2)绘制圆 ϕ10.0 及同心圆 R10.0。在草图工具栏上选择"圆"图标按钮,系统弹出"圆"对话框,将鼠标中心放在坐标原点上方,选择圆的中心点,然后在圆上选择一个点,直径大约为10,如图3.60所示。

单击草图约束工具栏上"自动约束"图标按钮,系统弹出"尺寸"对话框,选择圆的边线,编辑圆直径尺寸为10,单击鼠标中键结束,如图3.61所示。

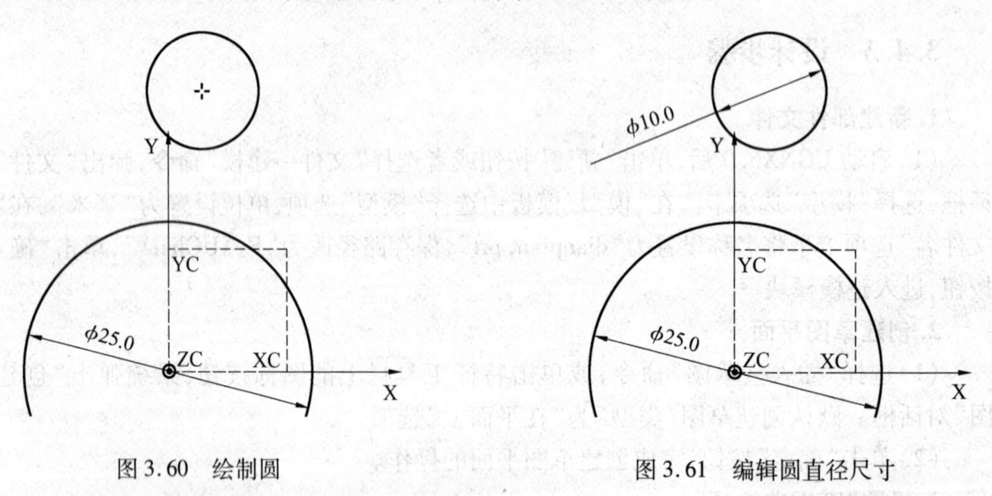

图3.60　绘制圆　　图3.61　编辑圆直径尺寸

单击草图约束工具栏上"约束"图标按钮,选择YC轴,再选择圆 ϕ10.0 的圆心,系统弹出"约束"对话框,单击"点在曲线上"的图标按钮,将圆 ϕ10.0 的圆心约束到Y坐标轴上,如图3.62所示。

单击草图约束工具栏上"自动约束"图标按钮,依次选择XC轴和 ϕ10.0 圆心,竖直尺寸标注为"10.0",如图3.63所示。此时系统提示栏提示"草图已完全约束"。

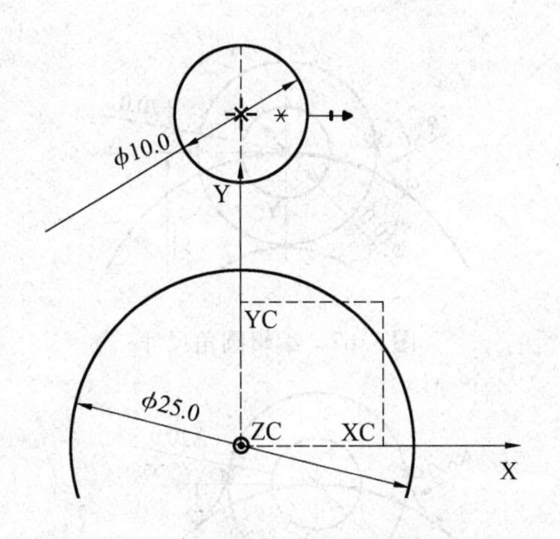

图 3.62　约束圆心到 Y 坐标轴

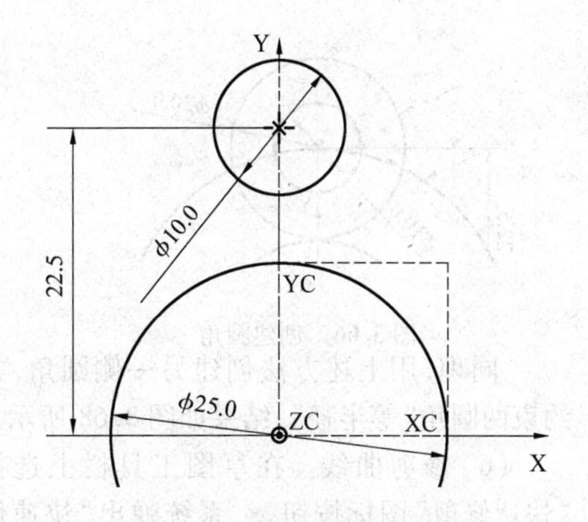

图 3.63　竖直尺寸标注

(3)绘制圆 φ10.0 的同心圆 R10.0。在草图工具栏上选择“圆”图标按钮，同时激活点捕捉“圆弧中心”图标按钮，绘制圆 φ10.0 的同心圆，直径大约为 20.0，单击草图约束工具栏上“自动约束”图标按钮，选择圆的边线编辑直径尺寸为 20.0，单击鼠标中键结束，如图 3.64 所示。

(4)绘制圆 φ25.0 的同心圆 φ45.0。在草图工具栏上选择“圆”图标按钮，同时激活点捕捉“圆弧中心”图标按钮，绘制圆 φ25.0 的同心圆，直径大约为 45.0，单击草图约束工具栏上“自动约束”图标按钮，选择圆的边线编辑直径尺寸为 45.0，单击鼠标中键结束，如图 3.65 所示。

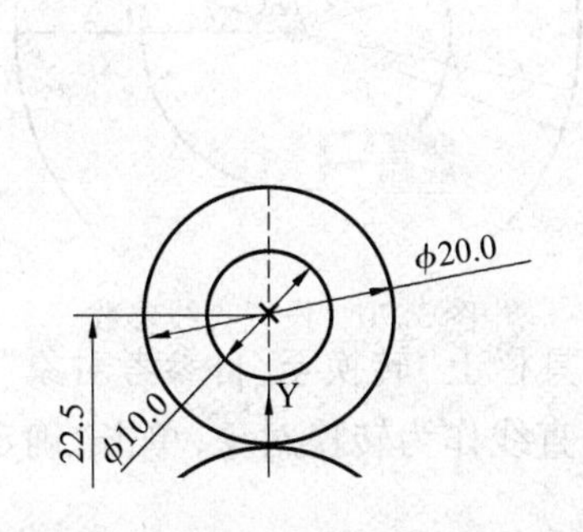

图 3.64　直径尺寸标注 1

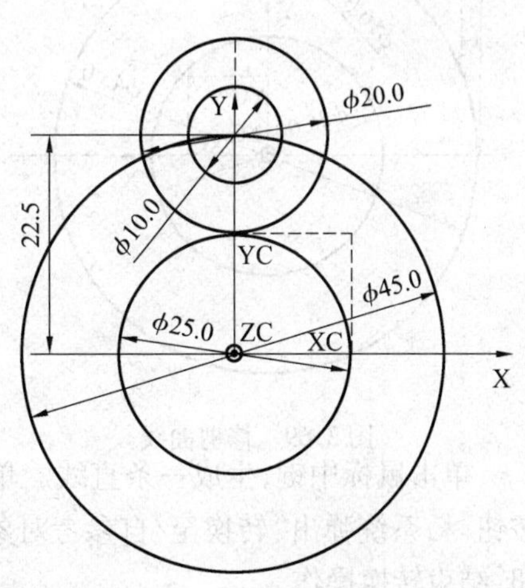

图 3.65　直径尺寸标注 2

(5)绘制圆角 R8.0。在草图工具栏上选择“圆角”图标按钮，系统弹出“创建圆角”对话框，创建圆角方法默认“修剪”，依次选取圆 φ45.0 和圆 φ20.0，拾取点如图 3.66 所示。

单击鼠标左键，生成圆角。单击草图约束工具栏上“自动约束”图标按钮，选择圆角，编辑半径尺寸为 8.0，如图 3.67 所示。

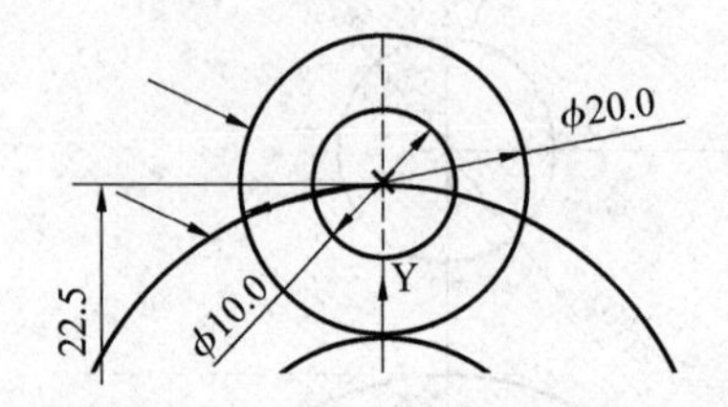

图 3.66　创建圆角

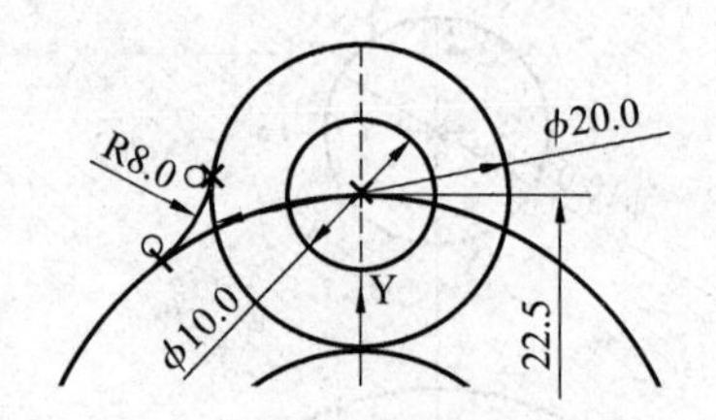

图 3.67　编辑圆角尺寸

同理,用上述方法创建另一侧圆角,并约束两圆角"等半径",结果如图 3.68 所示。

(6)修剪曲线。在草图工具栏上选择"快速修剪"图标按钮,系统弹出"快速修剪"对话框,按住鼠标左键,并将光标拖动到要修剪的对象上,修剪后结果如图 3.69 所示。

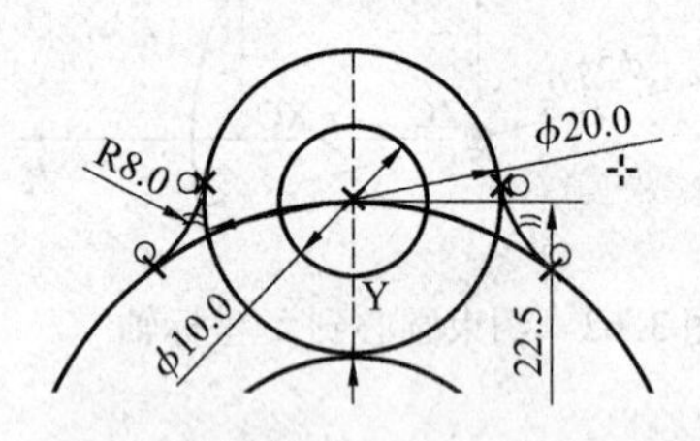

图 3.68　创建另一侧圆角

(7)创建参考线。在草图工具栏上选择"直线"图标按钮,系统弹出"直线"对话框,选择原点作为起始点,在活动文本框中设置"长度"值为"22.5","角度"值为"210",如图 3.70 所示。

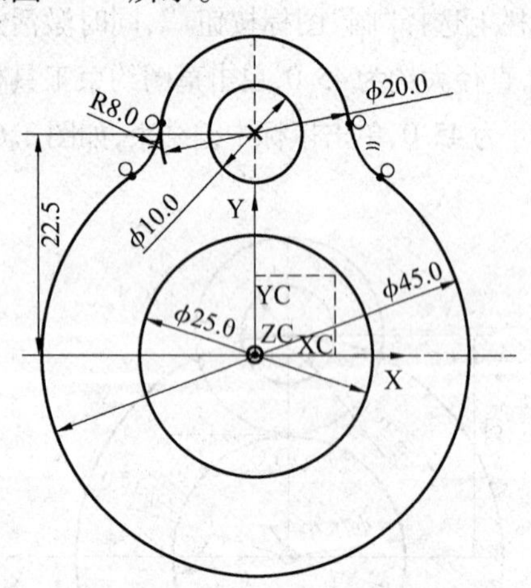

图 3.69　修剪曲线

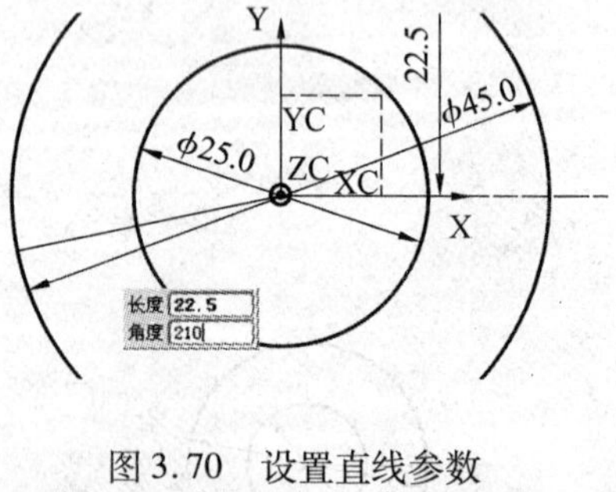

图 3.70　设置直线参数

单击鼠标中键,生成一条直线。单击草图约束工具栏上"转换至/自参考对象"图标按钮,系统弹出"转换至/自参考对象"对话框,选择直线作为转换对象,单击"确定"按钮,结束转换操作。

单击草图约束工具栏上"约束"图标按钮,选择参考直线,系统弹出"约束"对话框,单击"完全固定"的图标按钮,将参考线完全固定,如图 3.71 所示。

(8)绘制圆 ϕ10.0 及其同心圆 R10.0、圆角 R8.0。在参考线端点处绘制圆 ϕ10.0 及其同心圆 R10.0、圆角 R8.0,具体操作步骤同第(5)步,并将尺寸 ϕ45.0 转化为参考尺寸,结果如图 3.72 所示,此时系统提示栏提示"草图已完全约束"。

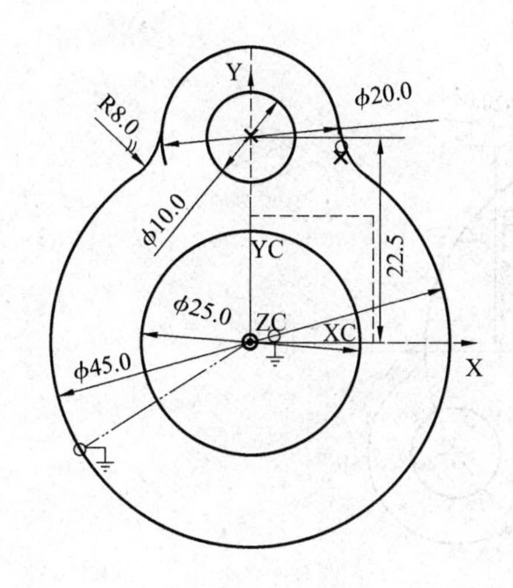

图 3.71　约束参考线

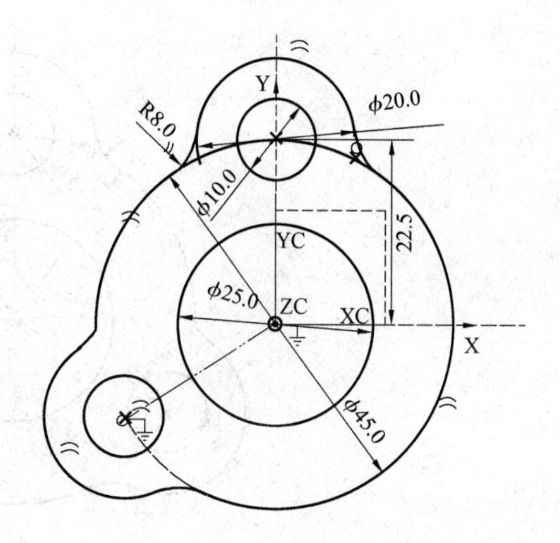

图 3.72　编辑曲线

(9)镜像曲线。单击草图约束工具栏上“镜像曲线”图标按钮，系统弹出“镜像曲线”对话框，选择 YC 轴作为镜像中心线，再选择要镜像的曲线，如图 3.73 所示。单击“确定”按钮，结果如图 3.74 所示。

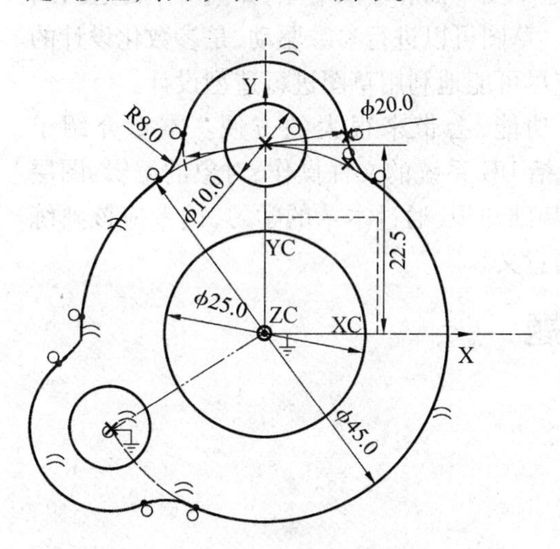

图 3.73　选择要镜像的曲线

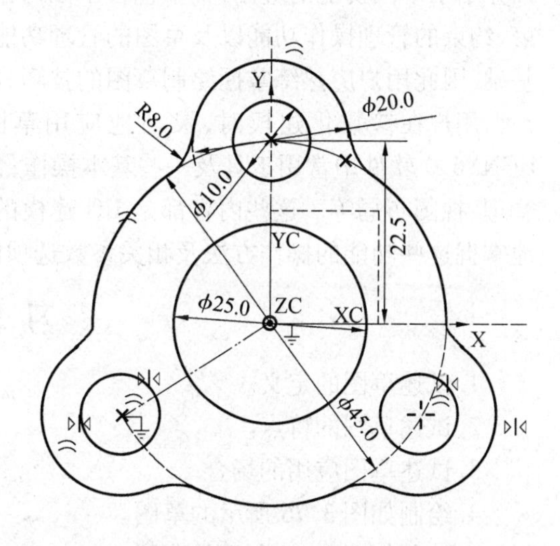

图 3.74　生成镜像曲线

(10)修剪曲线。在草图工具栏上选择“快速修剪”图标按钮，系统弹出“快速修剪”对话框，按住鼠标左键，并将光标拖动到要修剪的对象上，修剪后结果如图 3.75 所示，此时系统提示栏提示 “草图已完全约束”，完成垫片的草绘。

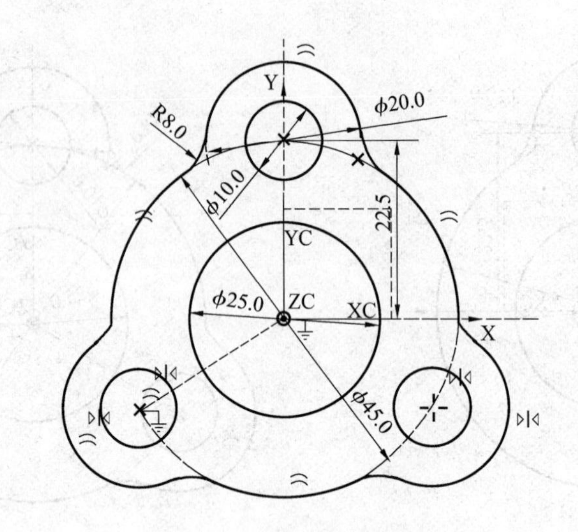

图 3.75　修剪后的草图结果

本章小结

本章对草图的定义、特点、应用场合和操作步骤进行了介绍,并通过 3 个典型实例详细介绍了草图功能的应用,其中包含了如何创建草图平面和草图对象,如何对草图进行约束、约束的管理操作功能以及草图的管理功能。草图可以进行参数驱动,是参数化设计的基础,因此用户应熟练掌握绘制草图的技巧,应尽可能地利用草图进行造型设计。

用户在参数化建模时,灵活地应用草图功能,会带来很大的方便。本章介绍了 UGNX6.0 软件中常用工具及一些基本操作,包括 UG 系统的文件操作、对象的编辑、图层管理、视图布局等。这些内容都是 UG 建模的基础知识,通过本章的学习,读者应该熟练地掌握这些功能的操作方法及相关参数选项的意义。

习　题

1. 试述草图的定义。
2. 试述草图的特点。
3. 试述草图应用的场合。
4. 绘制如图 3.76 所示的草图。
5. 绘制如图 3.77 所示的草图。
6. 绘制如图 3.78 所示的草图。
7. 绘制如图 3.79 所示的草图,其中 *A*、*B*、*C*、*D* 分别为 116、50、18、17。

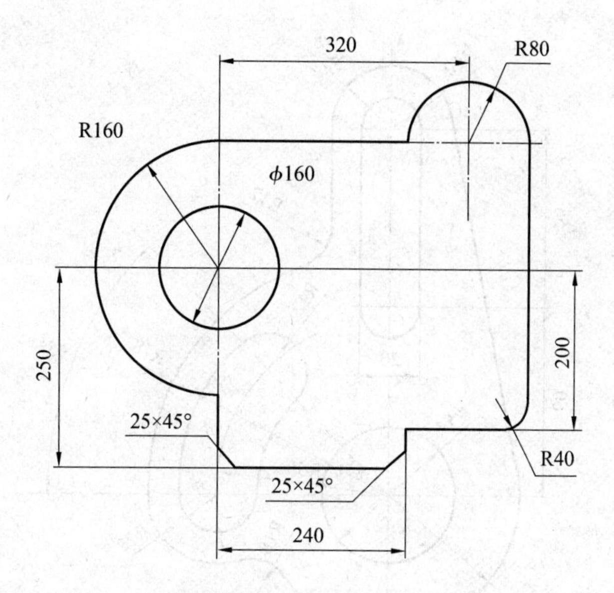

图 3.76　草图练习 1

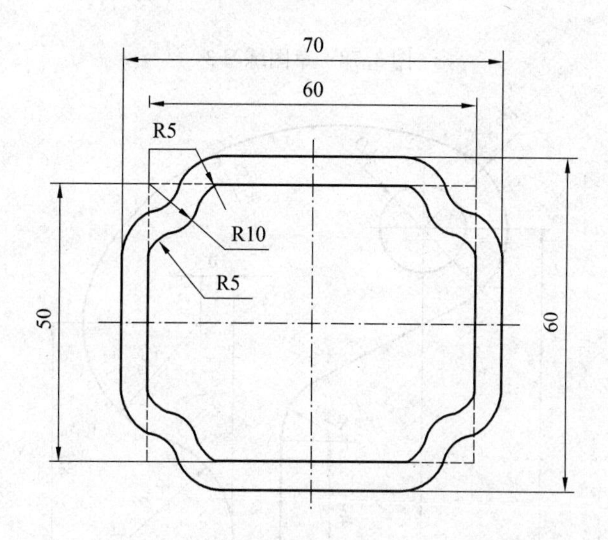

图 3.77　草图练习 2

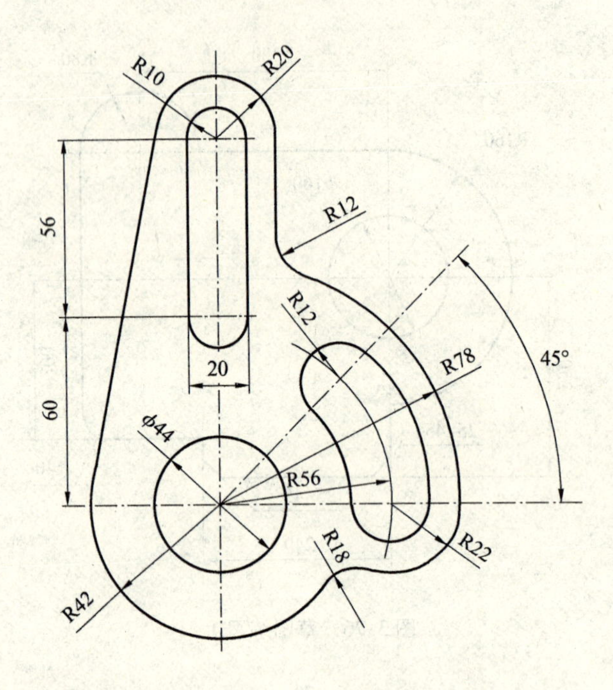

图 3.78　草图练习 3

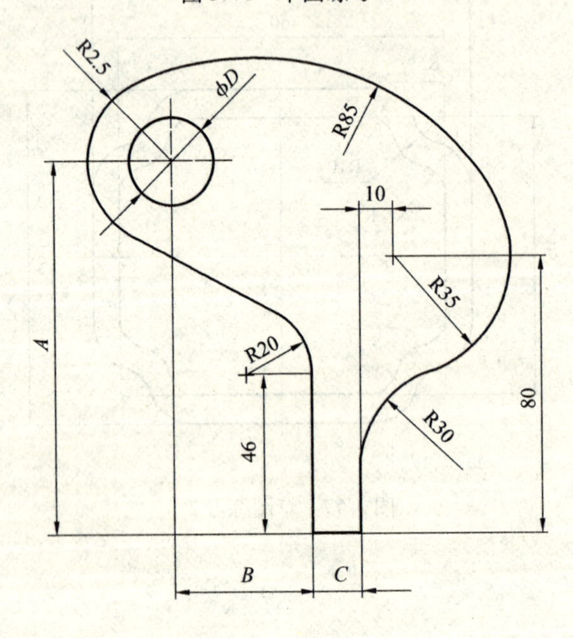

图 3.79　草图练习 4

第4章 实体建模

在前面的章节中已经介绍了 UGNX6.0 系统中二维对象创建的一些操作功能,这些操作都是为更好地创建三维实体对象而服务的。实体建模功能是 UGNX6.0 参数化三维设计技术的核心功能,实体对象可以包含各种产品设计意图的数据信息,可以方便地导入产品后续的各种加工、仿真和分析功能环境,并可以与其他计算机辅助设计系统进行标准格式的文件转换。

4.1 由曲线建立实体

利用第 3 章所学的曲线来建立实体可极大地提高建模速度。曲线既可以是在建模模式下绘制的一般曲线,也可以是草图曲线。由于草图可以实现完整意义的参数化,所以推荐使用草图,在特殊情况下使用一般曲线。

由曲线建立实体一般包含 4 种操作命令:拉伸、回转、沿引导线扫描和管道。

4.1.1 拉 伸

拉伸是沿矢量拉伸一个截面以创建特征。

1. 操作步骤

(1)通过菜单“插入→设计特征→拉伸”或单击特征工具条上的“拉伸”图标按钮,系统弹出“拉伸”对话框,如图 4.1 所示。

其中主要参数的意义如下:

①布尔运算:用于设置拉伸体与工作区域原有实体之间的存在关系。

②限制:用于设定拉伸的起始面和结束面。

③偏置:用于设置拉伸对象在垂直于拉伸方向上的延伸。

④拔模:用于设置拉伸体的拔模角度。

(2)选择剖面曲线,确定拉伸方向。

(3)设置好参数,单击“确定”按钮,生成相应拉伸体。

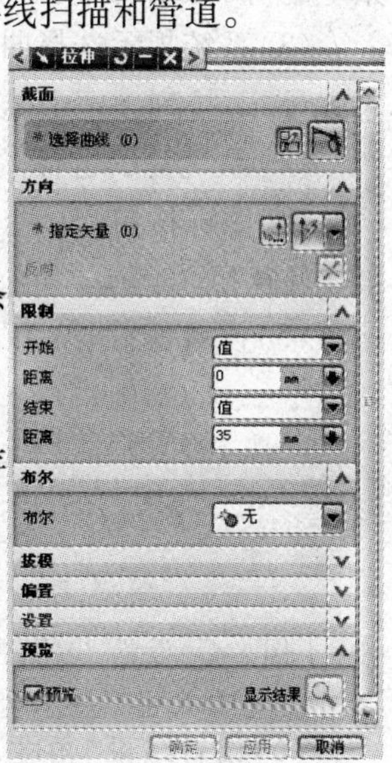

图 4.1 “拉伸”对话框

2. 实例 4.1:拉伸练习

(1)打开光盘文件“4→4_1_lashen. prt”。

(2)通过菜单“插入→设计特征→拉伸”或单击特征工具条上的“拉伸”图标按钮,系统弹出“拉伸”对话框。

(3)系统提示选择曲线,选择草绘平面,默认拉伸方向,设置结束距离为“25”,设置“体类型”为“实体”,单击“确定”按钮,结果如图 4.2 所示。

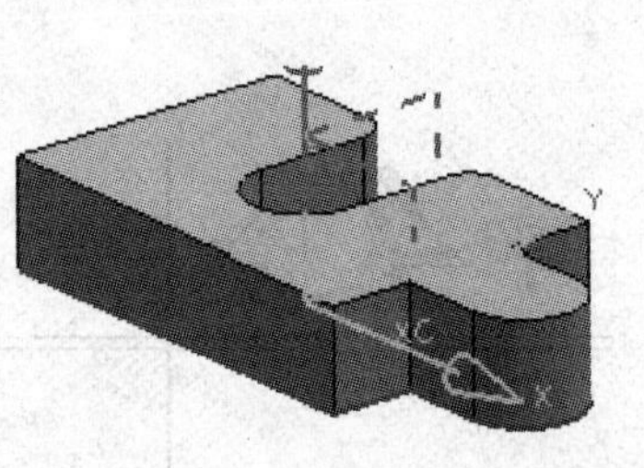

图 4.2 拉伸练习

(4)保存。

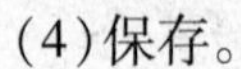

4.1.2 回 转

回转通过绕轴旋转截面来创建特征,主要用于创建沿圆周方向具有相同剖面的复杂实体。

1. 操作步骤

(1)通过菜单“插入→设计特征→回转”或单击特征工具条上的“回转”图标按钮,系统弹出“回转”对话框,如图 4.3 所示。

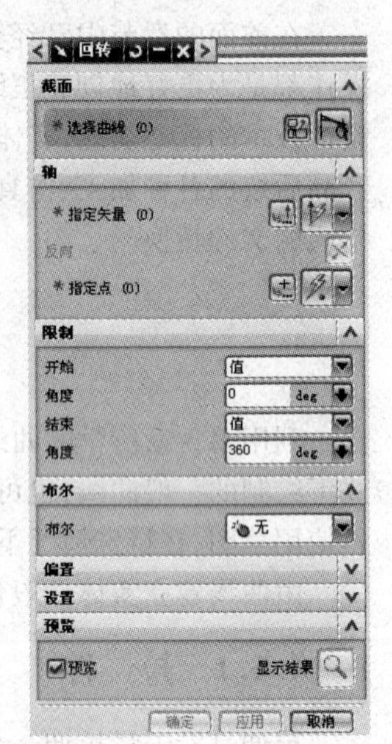

图 4.3 “回转”对话框

(2)选择回转截面,确定回转轴和回转点。

(3)设置回转角,单击“确定”按钮,生成相应回转体。

2. 实例 4.2:回转练习

(1)打开光盘文件“4→4_2_huizhuan. prt”。

(2)通过菜单“插入→设计特征→回转”或单击特征工具条上的“回转”图标按钮,系统弹出“回转”对话框。

(3)系统提示选择曲线,选择要回转的截面曲线,在轴“指定矢量”下拉列表框中选择“YC 轴”的矢量图标按钮。

(4)系统提示选择“指定点”作为旋转轴的原点,单击“点构造器”图标按钮,弹出“点”对话框,设置坐标为(0,0,0),如图 4.4 所示。

(5)设置偏置“结束”值为“3”,如图 4.5 所示。

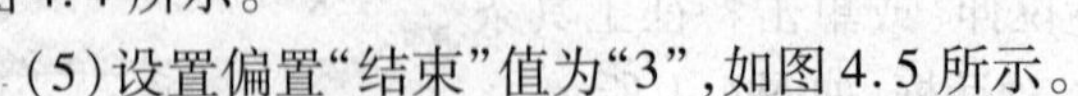

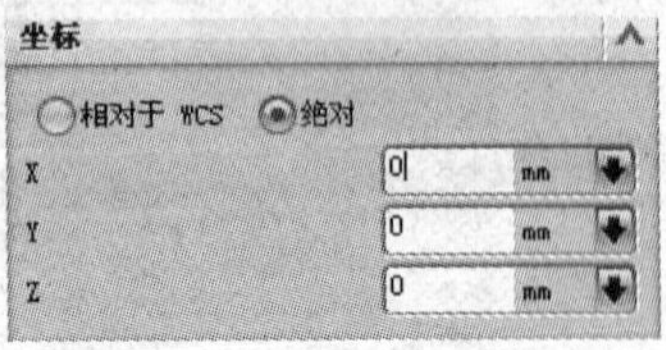

图 4.4 设置“坐标”参数

图 4.5 设置“偏置”参数

(6)设置结束“角度”值为“360”,单击“确定”按钮,如图 4.6 所示。

(7)保存。

4.1.3 沿引导线扫掠

由剖面曲线沿着一条或一系列曲线、边或面为导线拉伸而生成的实体称为扫掠体，剖面曲线可以为开放或封闭的草图、曲线、边或面。

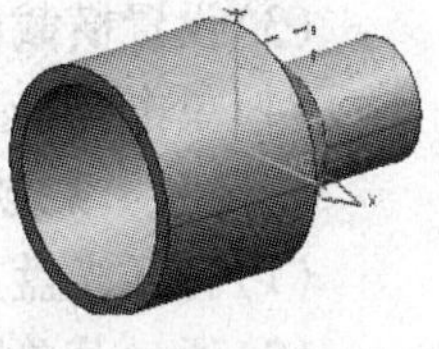

图 4.6 生成回转体

1. 操作步骤

(1)单击特征工具条上的“沿引导线扫掠”图标按钮，系统弹出“沿引导线扫掠”对话框，如图 4.7 所示。

(2)分别选择截面曲线和引导线。

(3)单击“确定”按钮，生成扫掠体。

2. 实例 4.3：创建弹簧

(1)打开光盘文件“4→4_3_tanhuang. prt”。

(2)通过菜单“插入→设计特征→回转”或单击特征工具条上的“回转”图标按钮，系统弹出“回转”对话框。

(3)选择绘制的圆为截面曲线，如图 4.8 所示。

(4)选择螺旋线为扫掠引导线，默认偏置值为“0”，单击“确定”按钮，如图 4.9 所示。

(5)保存。

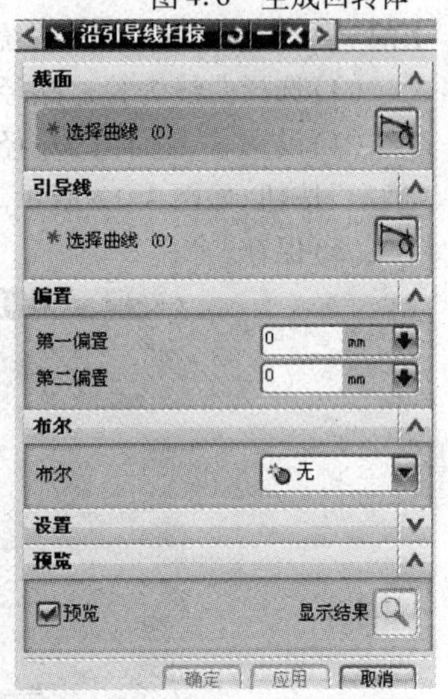

图 4.7 “沿引导线扫掠”对话框

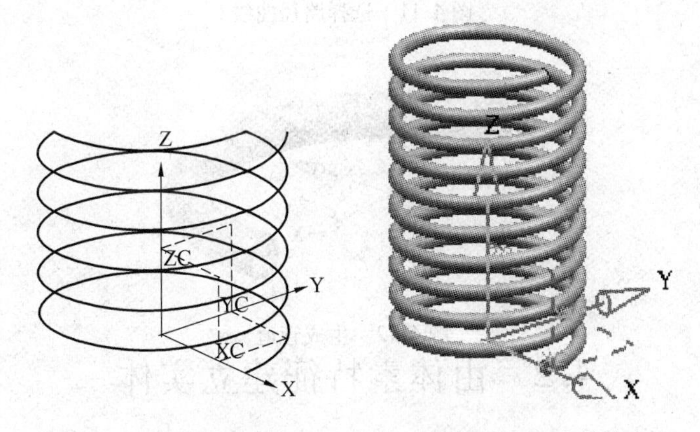

图 4.8 选择截面曲线　　　　图 4.9 生成弹簧

4.1.4 管 道

通过沿曲线扫掠圆形横截面创建实体，可以选择外径和内径。

1. 操作步骤

(1)通过菜单“插入→扫掠→管道”或单击特征工具条上的“管道”图标按钮，系统弹出“管道”对话框，如图 4.10 所示。

(2)选择路径曲线。

(3)设置横截面内、外径参数。

(4)单击"确定"按钮,生成管道。

2. 实例 4.4:创建弹簧

(1)打开光盘文件"4→4_4_guandao. prt"。

(2)通过菜单"插入→扫掠→管道"或单击特征工具条上的"管道"图标按钮,系统弹出"管道"对话框。

(3)选择曲线为管道路径曲线,如图 4.11 所示。

(4)设置横截面内、外径值分别为"8"和"10",单击"确定"按钮,如图 4.12 所示。

(5)保存。

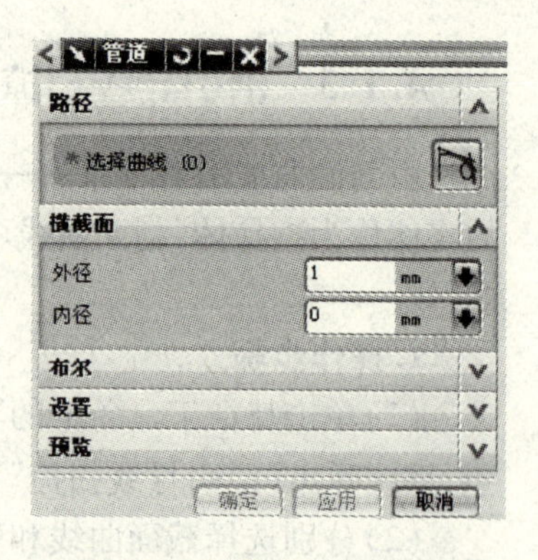

图 4.10 "管道"对话框

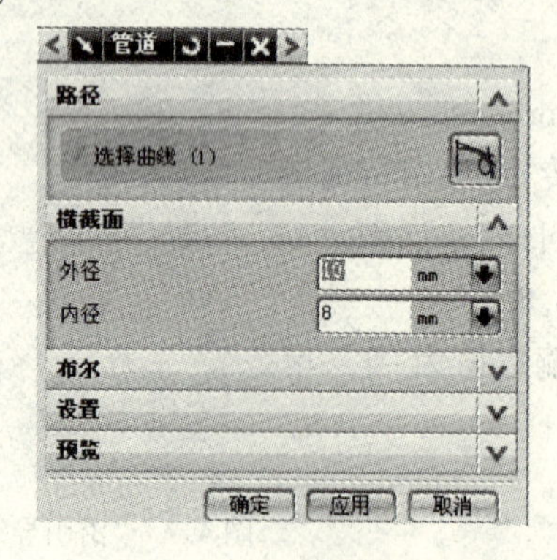

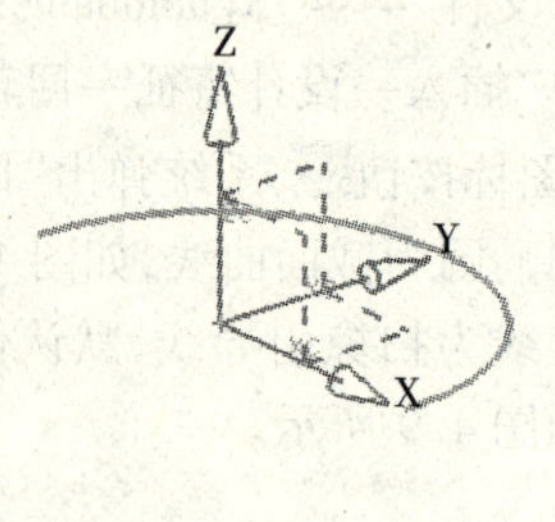

图 4.11 选择路径曲线

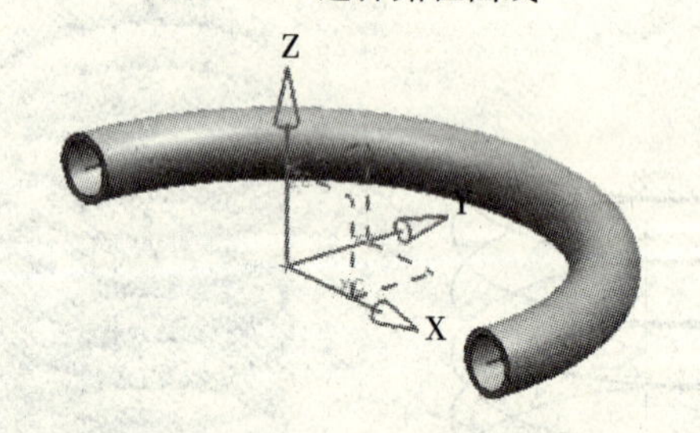

图 4.12 生成管道

4.2 由体素特征建立实体

UGNX6.0 提供了四个基本体素特征来创建实体,包括长方体、圆柱体、圆锥和球。

4.2.1 长方体

通过定义拐角位置和尺寸来创建长方体,该命令主要用来建立边与坐标系平行的长方体。

1. 操作步骤

(1)通过菜单"插入→设计特征→长方体"或单击特征工具条上的"长方体"图标按钮,系统弹出"长方体"对话框,如图 4.13 所示。

其中系统提供了三种创建长方体的类型,即"原点和边长"、"二点和高度"、"两个对角点”。

(2)选择原点指定点,确定尺寸参数。

(3)单击“确定”按钮,生成相应长方体。

2. 实例 4.5:创建长方体

(1)通过菜单“插入→设计特征→长方体”或单击特征工具条上的“长方体”图标按钮,系统弹出“长方体”对话框。

(2)设置长方体“类型”为原点和边长。

(3)单击“点构造器”图标按钮,弹出“点”对话框,设置长方体原点坐标为(0,0,0)。

(4)设置长方体长、宽、高各边长度分别为“100、80、60”,单击“确定”按钮,结果如图 4.14 所示。

(5)保存。

图 4.13　“长方体”对话框

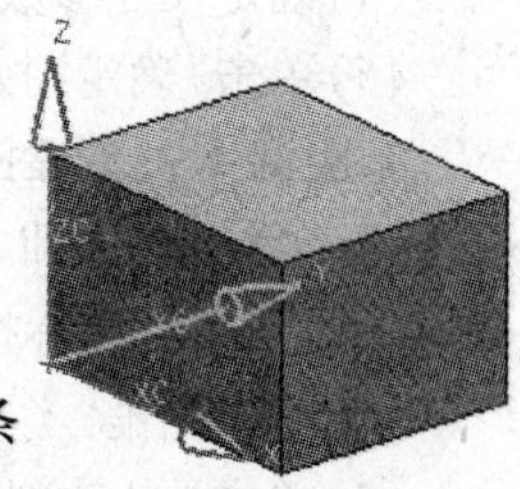

图 4.14　创建长方体

4.2.2　圆 柱 体

通过定义轴位置和尺寸来创建圆柱体,该命令主要用来创建柱体形式的实体特征。

1. 操作步骤

(1)通过菜单“插入→设计特征→圆柱体”或单击特征工具条上的“圆柱”图标按钮,系统弹出“圆柱”对话框,如图 4.15 所示。

其中系统提供了两种创建圆柱体的类型,即“轴、直径和高度”和“圆弧和高度”。

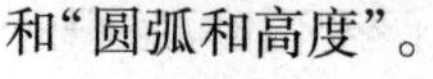

(2)确定一个矢量方向作为圆柱体轴线方向。

(3)确定圆柱体的底面圆心位置坐标。

(4)确定尺寸参数。

(5)单击“确定”按钮,生成相应圆柱体。

2. 实例 4.6:创建圆柱体

(1)通过菜单“插入→设计特征→圆柱体”或单击特征工具条上的“圆柱”图标按钮,系统弹出“圆柱”对话框。

(2)设置圆柱体“类型”为轴、直径和高度。

(3)单击“点构造器”图标按钮,弹出“点”对话框,设置圆柱底面圆心坐标为(0,0,0)。

(4)设置圆柱直径和高度分别为“80、60”,单击“确定”按钮,结果如图 4.16 所示。

(5)保存。

图 4.15　“圆柱体”对话框

4.2.3 圆 锥

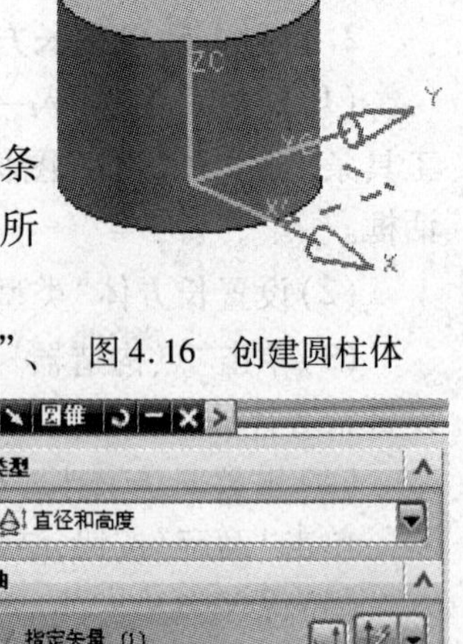

图 4.16 创建圆柱体

通过定义轴位置和尺寸来创建圆锥，该命令主要用来创建锥体的实体特征。

1. 操作步骤

(1)通过菜单“插入→设计特征→圆锥”或单击特征工具条上的“圆锥”图标按钮，系统弹出“圆锥”对话框，如图4.17所示。

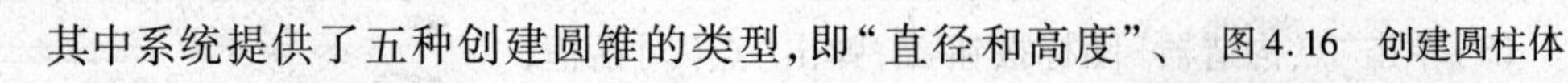

其中系统提供了五种创建圆锥的类型，即“直径和高度”、“直径和半角”、“底部直径、高度和半角”、“顶部直径、高度和半角”和“两个共轴的圆弧”。

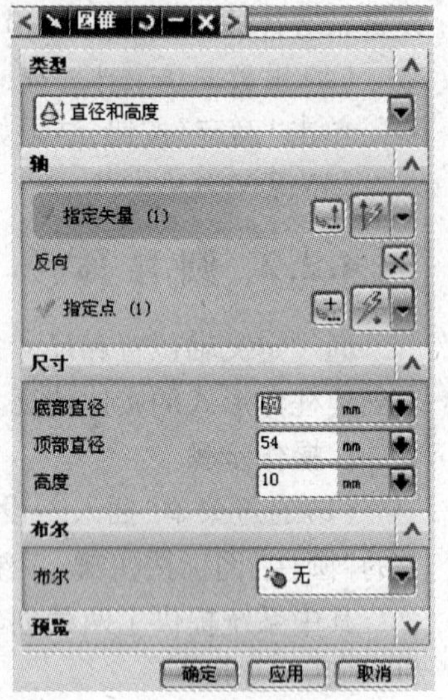

图 4.17 “圆锥”对话框

(2)确定一个矢量方向作为圆锥的轴线方向。

(3)确定圆锥的底面圆心位置坐标。

(4)确定尺寸参数。

(5)单击“确定”按钮，生成相应圆锥。

2. 实例 4.7：创建圆锥

(1)通过菜单“插入→设计特征→圆锥”或单击特征工具条上的“圆锥”图标按钮，系统弹出“圆锥”对话框。

(2)设置圆锥“类型”为“底部直径，高度和半角”。

(3)单击“自动判断的矢量”下拉列表按钮，单击 ZC 轴图标按钮，作为圆锥的轴向。

(4)单击“点构造器”图标按钮，弹出“点”对话框，设置圆锥底面圆心坐标为(0,0,0)。

(5)设置圆锥底部直径、高度和半角分别为“50、30、30”，单击“确定”按钮，结果如图 4.18 所示。

(6)保存。

4.2.4 球

通过定义中心位置和尺寸来创建球体，该命令主要用来创建球体形式的实体特征。

1. 操作步骤

(1)通过菜单“插入→设计特征→球”或单击特征工具条上的“球”图标按钮，系统弹出“球”对话框，如图 4.19 所示。

其中系统提供了两种创建球的类型，即“中心点和直径”和“圆弧”。

(2)确定球心中心点位置。

(3)设定球的直径尺寸。

(4)单击“确定”按钮，生成相应球体。

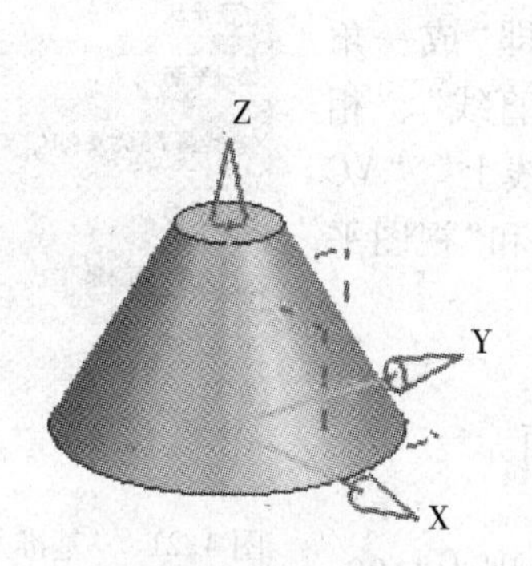

图 4.18　创建圆锥

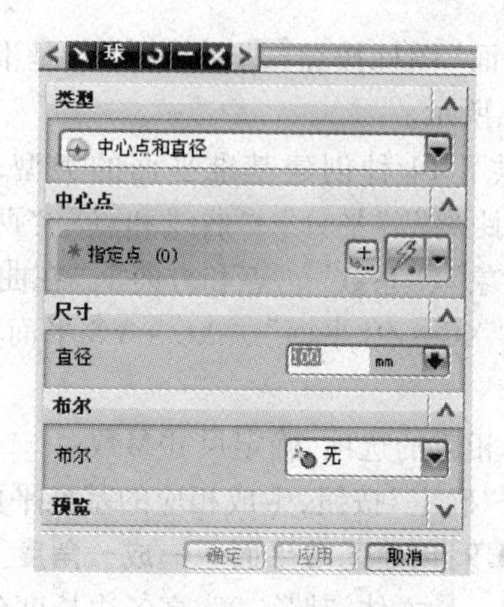

图 4.19　“球”对话框

2. 实例 4.8:创建球体

(1)通过菜单“插入→设计特征→球”或单击特征工具条上的“球”图标按钮,系统弹出“球”对话框。

(2)设置球“类型”为 中心点和直径 。

(3)单击“点构造器”图标按钮,弹出“点”对话框,设置球心坐标为(0,0,0)。

(4)设定球的直径为 80。

(5)单击“确定”按钮,结果如图 4.20 所示。

(6)保存。

图 4.20　创建球体

4.3　创建基准特征

前面介绍的实体创建都是在系统默认的基准平面和基准轴下进行的。对于创建较复杂的实体来说,仅依靠系统提供的基准面和基准轴是远远不够的,还需要用户根据情况构造自己的参考平面和参考轴。

基准特征是为了生成一些复杂的实体而创建的辅助特征,有相对基准与固定基准之分,在实际建模过程中,由于相对基准与被引用的对象之间具有相关性,所以一般被采用。下面介绍如何创建基准平面和基准轴。

4.3.1　基准平面

基准平面是建模的辅助平面,主要是为了在非平面上方便地创建特征,或为草图提供草图工作平面的位置。例如借助基准平面,可在圆柱面、圆锥面、球面等不易创建特征的表面上,方便地创建孔、键槽等特征。

1. 操作步骤

(1)通过菜单“插入→基准/点→基准平面”或单击特征工具条上的“基准”下拉菜单

选择“基准平面”图标按钮，系统弹出“基准平面”对话框，如图 4.21 所示。

系统提供了 14 种创建基准平面的类型，即“成一角度”、“按某一距离”、“平分”、“曲线和点”、“两直线”、“相切”、“通过对象”、“系数”、“点和方向”、“在曲线上”、“YC－ZC 平面”、“XC－ZC 平面”、“XC－YC 平面”和“视图平面”。

(2)选择相应的选项，确定尺寸参数。

(3)单击“确定”按钮，生成相应的基准平面。

图 4.21 “基准平面”对话框

2. 实例 4.9：创建基准平面——成一角度

(1)创建一长方体，其长、宽、高各边长度分别为“100、80、60”。

(2)单击“插入→基准/点→基准平面”或单击特征工具条上的“基准”下拉菜单选择“基准平面”图标按钮，系统弹出“基准平面”对话框。

(3)设置基准平面“类型”为 成一角度。

(4)选择参考平面，如图 4.22 所示。

(5)选择旋转轴 XC，如图 4.23 所示

(6)根据旋转方向设置旋转角度为“30”，可通过单击 “反向”图标按钮调整旋转方向。单击“确定”按钮，结果如图 4.24 所示。

(7)保存。

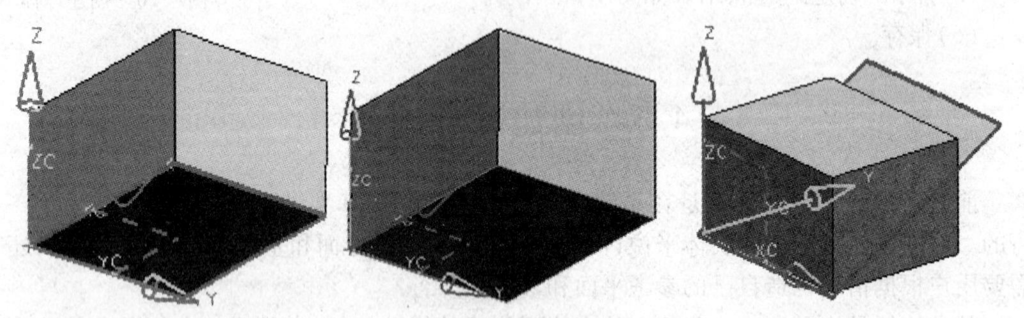

图 4.22 选择参考平面　　图 4.23 选择旋转轴　　图 4.24 创建“成一角度”的基准平面

3. 实例 4.10：创建基准平面——按某一距离

(1)创建一长方体，其长、宽、高各边长度分别为“100、80、60”。

(2)单击“插入→基准/点→基准平面”或单击特征工具条上的“基准”下拉菜单选择“基准平面”图标按钮，系统弹出“基准平面”对话框。

(3)设置基准平面“类型”为 按某一距离。

(4)选择参考平面，如图 4.25 所示。

(5)设置偏置“距离”为“20”，可通过单击 “反向”图标按钮调整偏置方向。单击“确定”按钮，结果如图 4.26 所示。

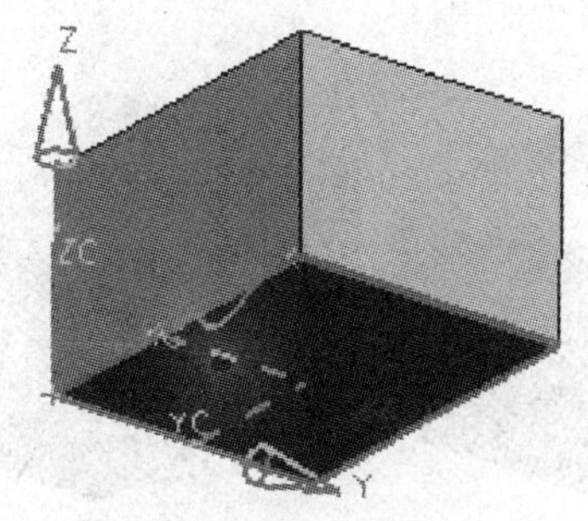

图 4.25　选择参考平面

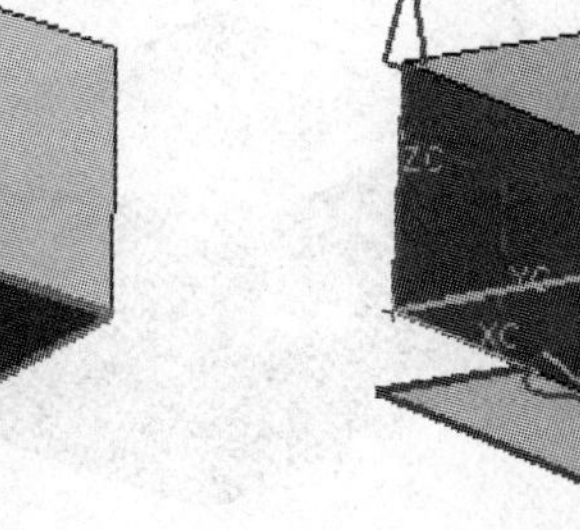

图 4.26　创建“按某一距离”的基准平面

(6)保存。

4. 实例 4.11:创建基准平面——平分

(1)创建一长方体,其长、宽、高各边长度分别为“100、80、60”。

(2)单击“插入→基准/点→基准平面”或单击特征工具条上的“基准”下拉菜单选择“基准平面”图标按钮,系统弹出“基准平面”对话框。

(3)设置基准平面“类型”为平分。

(4)选择第一平面,如图 4.27 所示。

(5)选择第二平面,如图 4.28 所示。

(6)单击“确定”按钮,结果如图 4.29 所示。

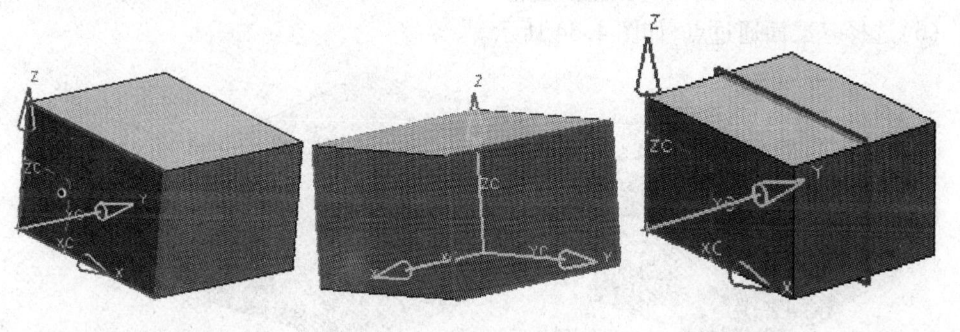

图 4.27　选择第一平面　　图 4.28　选择第二平面　　图 4.29　创建“平分”的基准平面

(7)保存。

5. 实例 4.12:创建基准平面——两直线

(1)创建一长方体,其长、宽、高各边长度分别为“100、80、60”。

(2)单击“插入→基准/点→基准平面”或单击特征工具条上的“基准”下拉菜单选择“基准平面”图标按钮,系统弹出“基准平面”对话框。

(3)设置基准平面“类型”为两直线。

(4)选择第一条直线,如图 4.30 所示。

(5)选择第二条直线,如图 4.31 所示。

(6)单击“确定”按钮,结果如图 4.32 所示。

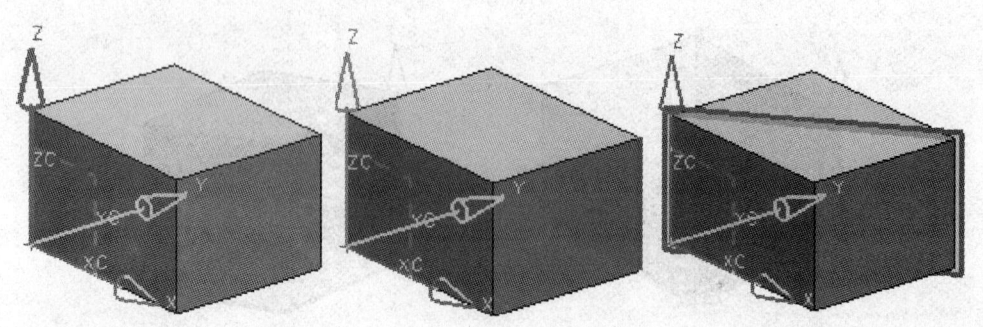

图 4.30　选择第一条直线　　　图 4.31　选择第二平面　　　图 4.32　创建“两直线”的基准平面

(7)保存。

6. 实例 4.13:创建基准平面——点和方向

(1)创建一长方体,其长、宽、高各边长度分别为“100、80、60”。

(2)单击“插入→曲线→直线”或单击曲线工具条上的“直线”图标按钮,系统弹出“直线”对话框。

(3)分别指定起点和终点,生成直线,如图 4.33 所示。

(4)单击“插入→基准/点→基准平面”或单击特征工具条上的“基准”下拉菜单选择“基准平面”图标按钮,系统弹出“基准平面”对话框。

(5)设置基准平面“类型”为 点和方向 。

(6)选择基准面通过点,如图 4.34 所示。

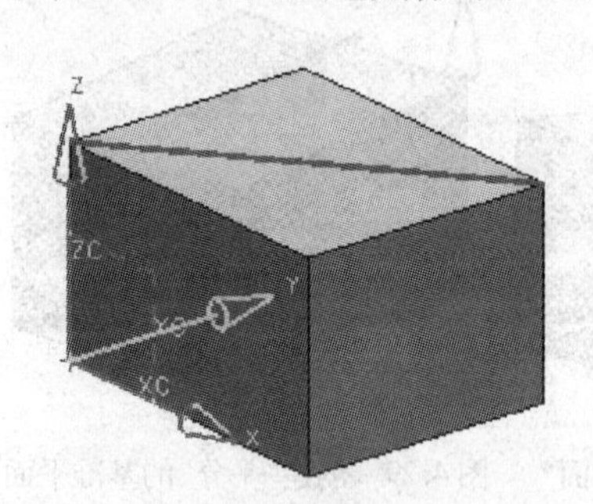

图 4.33　创建“直线”

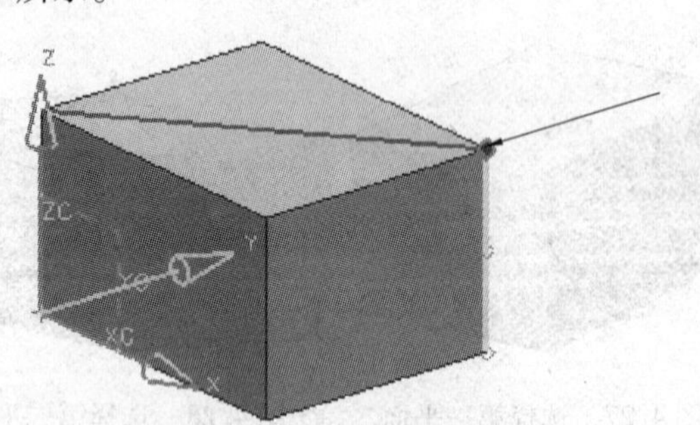

图 4.34　选择通过点

(7)选择基准面的法向矢量,如图 4.35 所示。

(8)单击“确定”按钮,结果如图 4.36 所示。

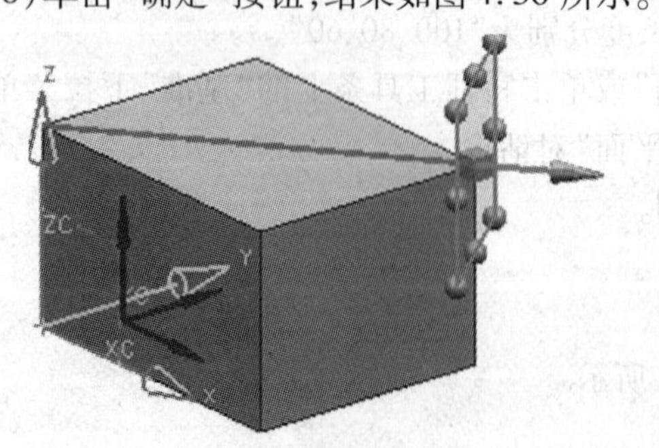

图 4.35　选择法向矢量

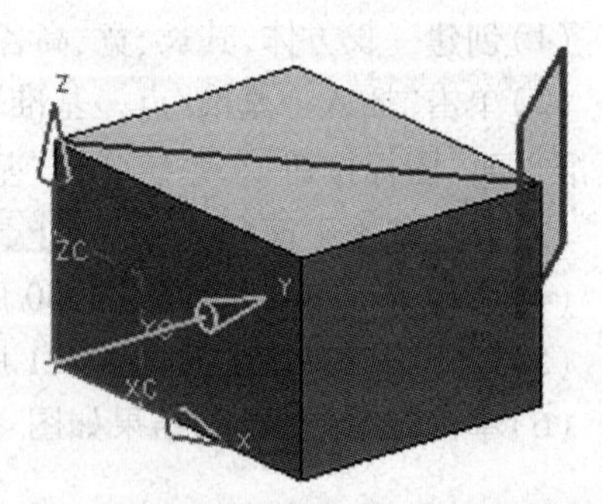

图 4.36　创建“点和方向”的基准平面

(9)保存。

4.3.2　基准轴

在拉伸、回转和定位等操作过程中经常会用到辅助的基准轴线,来确定其他特征的生成位置。基准轴分为相对基准轴和固定基准轴两种。相对基准轴与模型中其他对象(如曲线、面或其他基准等)关联,并受其关联对象的约束;约束基准轴则没有参考对象,即以工作坐标(WCS)产生,不受其他对象的约束。

1. 操作步骤

(1)通过单击“插入→基准/点→基准轴”或单击特征工具条上的“基准”下拉菜单选择“基准轴”图标按钮,系统弹出“基准轴”对话框,如图4.37所示。

图4.37　“基准轴”对话框

系统提供了8种创建基准轴的类型,即“交点”、“曲线/面轴”、“曲线上矢量”、“XC轴”、“YC轴”、“ZC轴”、“点和方向”和“两点”。

(2)设置基准轴“类型”和其他选项。

(3)单击“确定”按钮,生成相应的基准轴。

2. 实例4.14:创建基准轴——点和方向

(1)创建一长方体,其长、宽、高各边长度分别为“100、80、60”。

(2)单击“插入→基准/点→基准轴”或单击特征工具条上的“基准”下拉菜单选择“基准轴”图标按钮,系统弹出“基准轴”对话框。

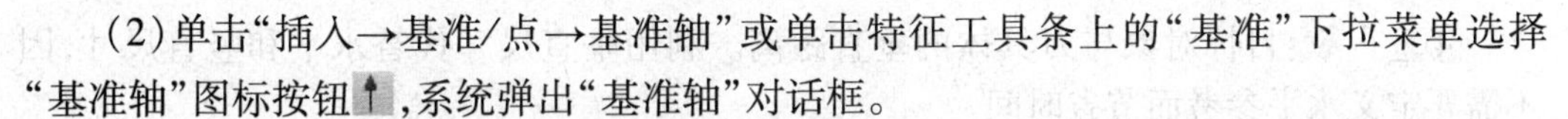

(3)指定基准轴通过点,如图4.38所示。

(4)选择基准轴的法向矢量,如图4.39所示。

(5)单击“确定”按钮,结果如图4.40所示。

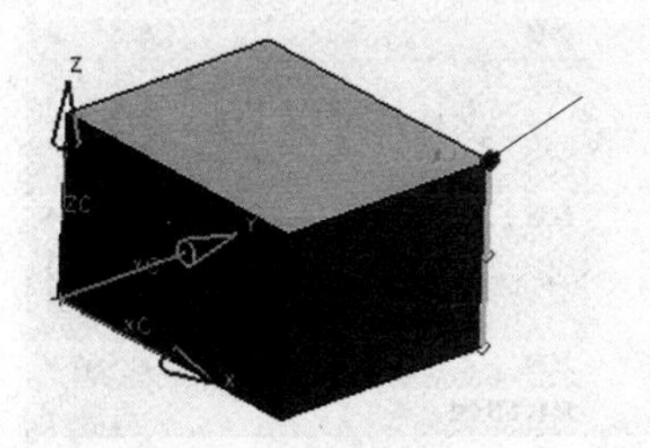
图4.38　指定基准轴通过点

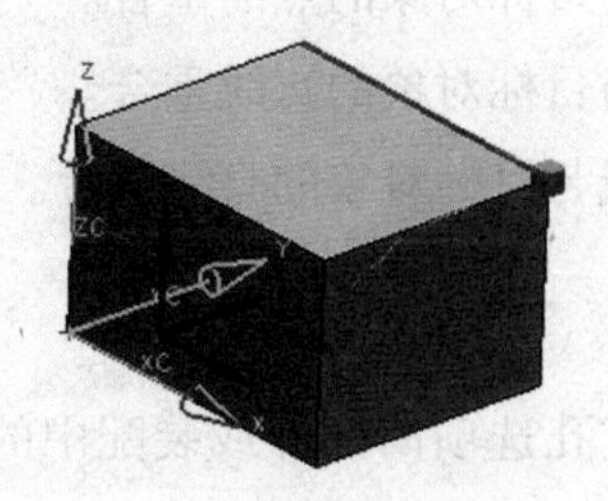
图4.39　选择法向矢量

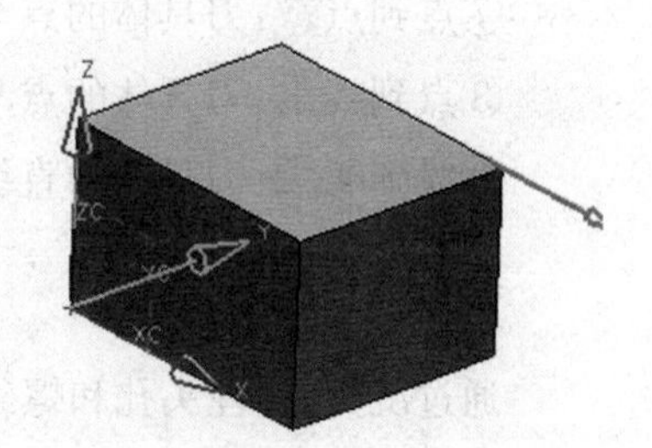
图4.40　创建“点和方向”的基准轴

(6)保存。

4.4　创建设计特征

UGNX6.0提供了一些常用的设计特征,即孔、凸台、腔体、垫块、凸起、键槽和沟槽等,用于添加结构细节到设计模型上,利用这些特征,结合基准特征、体素特征,可以方便地设计一些简单的基本零件。设计特征是参数化的,因此修改其参数,可以修改模型,创建过程类似于零件粗加工过程。

另外这些特征实体不能单独建立,既不能独立形成一个实体对象,只能在已存实体上通过添加材料或去除材料来实现。

4.4.1 创建设计特征的步骤

创建设计特征的一般步骤如下:

(1)选择放置平面。所有的设计特征都需要一个放置平面,除了沟槽的放置面为圆柱面或圆锥面以外,其他的设计特征放置面为平面。放置面通常为已有实体表面,如果没有平面可创建基准平面作为放置面。选择放置面要注意特征的矢量方向,要保证设计特征与实体相交。

(2)选择水平参考。水平参考定义了设计特征的长度方向,可以选择边、平面、基准轴或基准平面作为水平参考。

(3)设置特征参数。

(4)对特征进行定位。所有定位尺寸均是先选择目标体边缘或控制点,再选择工具体边缘或控制点。

①水平:指定目标对象与刀具体在水平参考方向上的距离。

②竖直:指定目标对象与刀具体在垂直于水平参考方向上的距离。

③平行:目标对象与刀具体两点间的距离。

④垂直:目标对象与刀具体的垂直距离。利用垂直尺寸代替水平和竖直尺寸,因不需要定义水平参考而节省时间。

⑤按一定距离平行:目标对象与刀具体的平行距离。

⑥成角度:目标对象与刀具体之间的夹角。

⑦点到点:刀具体的点与目标对象的点的重合。

⑧点到线:刀具体的点与目标对象的直线重合。

⑨线到线:刀具体的直线与目标对象的直线重合。

4.4.2 创建孔

通过沉头孔、埋头孔和螺纹孔选项向部件或装配中的一个或多个实体添加孔。

1. 操作步骤

(1)通过菜单“插入→设计特征→孔”或单击特征工具条上的“孔”图标按钮,系统弹出“孔”对话框,如图 4.41 所示。

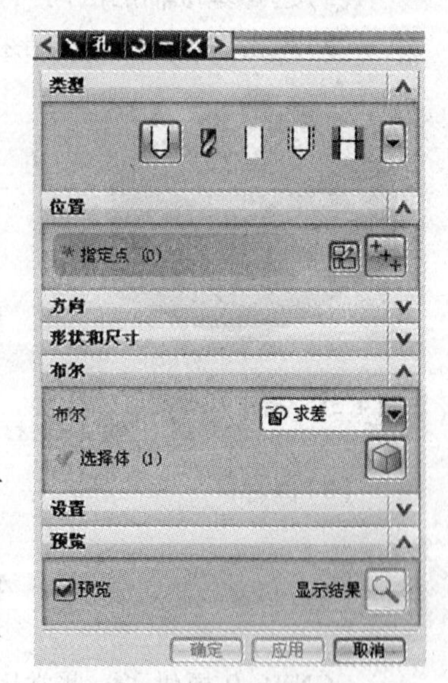

图 4.41 “孔”对话框

系统提供了 5 种创建孔的类型,即“常规孔”、“钻形孔”、“螺钉间隙孔”、“螺纹孔”和“孔系列”。

(2)选择孔的类型,确定孔的位置、形状和尺寸。

(3)单击“确定”按钮,完成孔的创建。

2. 实例4.15:创建盲孔

(1)创建一长方体,其长、宽、高各边长度分别为“100、80、60”。

(2)通过菜单“插入→设计特征→孔”或单击特征工具条上的“孔”图标按钮,系统弹出“孔”对话框。

(3)设置基准平面“类型”为常规孔。

(4)选择孔放置位置指定点。单击指定点图标按钮,选择放置平面,如图4.42所示。

(5)弹出“点”对话框,输入点的坐标(0,0,0),如图4.43所示。

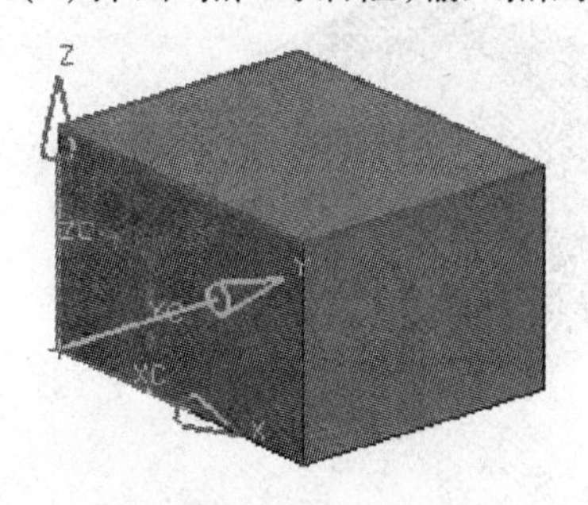

图4.42　选择放置平面

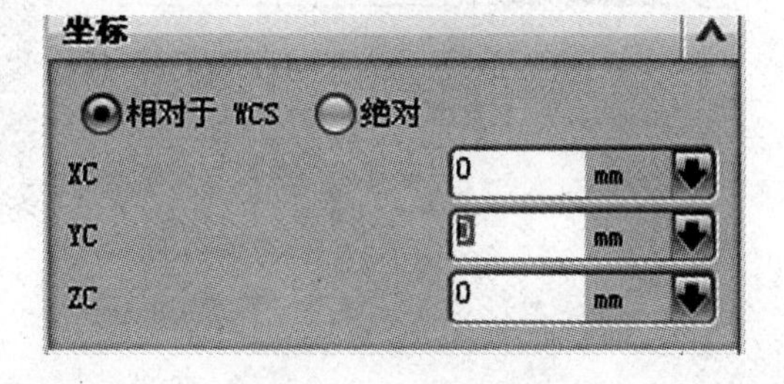

图4.43　定义点的位置

(6)单击“确定”按钮,单击“完成草图”按钮,设置孔的“成形”形状为“简单”,尺寸直径为“20”,“深”为“20”,布尔运算为“求差”,如图4.44所示。

(7)单击“确定”按钮,结果如图4.45所示。

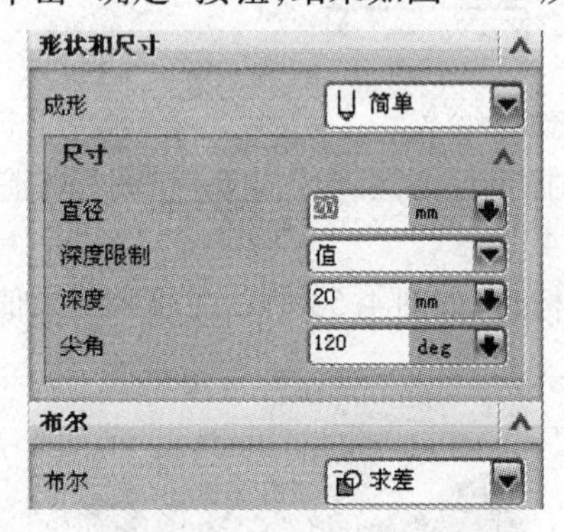

图4.44　设置孔的尺寸参数

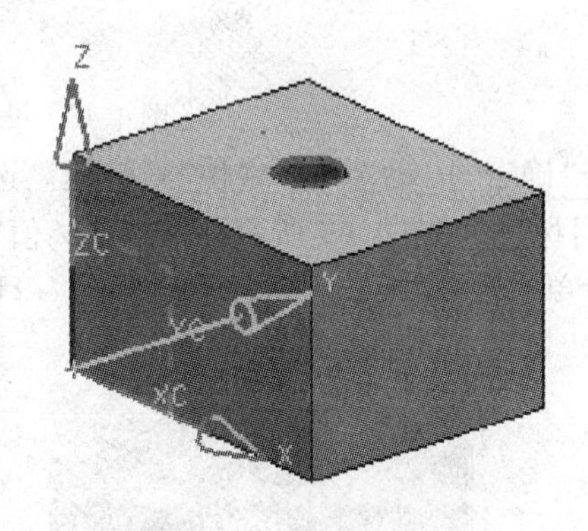

图4.45　生成“盲孔”特征

(8)保存。

4.4.3　创建凸台

在实体的平面上添加一个圆柱形凸台。

1. 操作步骤

(1)通过菜单“插入→设计特征→凸台”或单击特征工具条上的“凸台”图标按钮,系统弹出“凸台”对话框,如图4.46所示。

（2）选择放置面，确定凸台的直径和高度。

（3）单击“确定”按钮，完成凸台的创建。

2. 实例 4.16：创建凸台

（1）创建一长方体，其长、宽、高各边长度分别为“100、80、60”。

（2）通过菜单“插入→设计特征→凸台”或单击特征工具条上的“凸台”图标按钮，系统弹出“凸台”对话框。

（3）选择放置平面，如图 4.47 所示。

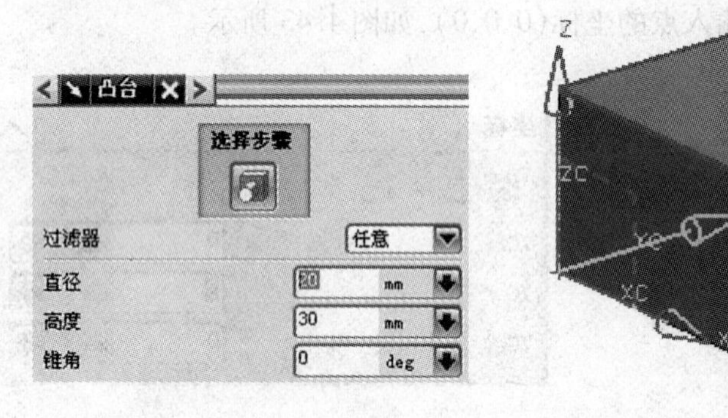

图 4.46 “凸台”对话框　　　图 4.47 选择放置平面

（4）设置凸台参数，分别设置“直径”和“高度”值为“30”、“20”，如图 4.48 所示。

直径 30 mm
高度 20 mm
锥角 0 deg

图 4.48 设置凸台参数

（5）单击“确定”按钮，弹出“定位”对话框。选择定位方法，单击“垂直”图标按钮，为垂线选择目标边，如图 4.49 所示。输入距离值“40”。

（6）单击“应用”按钮，为垂线选择另一目标边，如图 4.50 所示。输入距离值“50”。

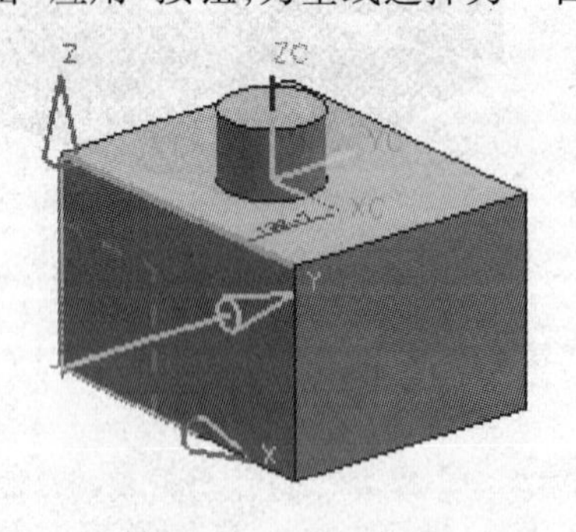

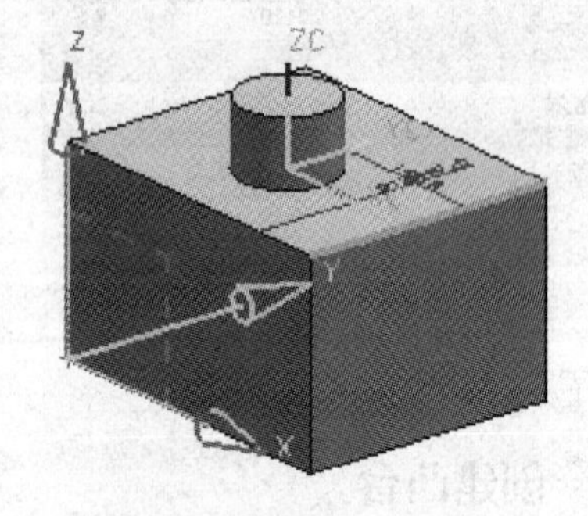

图 4.49 选择目标边　　　图 4.50 选择另一目标边

（7）单击“确定”按钮，结果如图 4.51 所示。

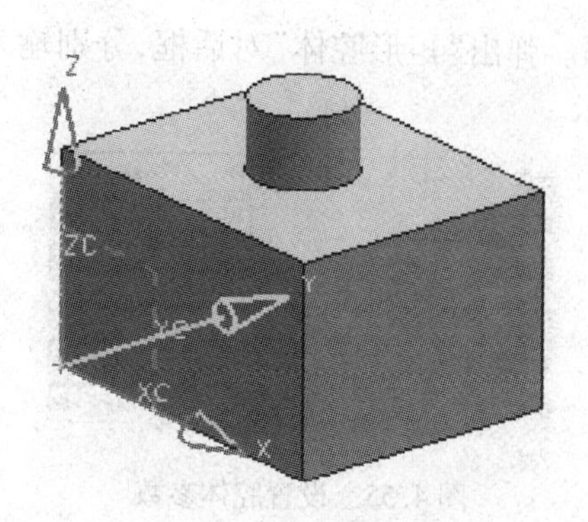

图4.51　生成“凸台”特征

(8)保存。

4.4.4　创建腔体

从实体移除材料,或用沿矢量对截面进行投影生成的面来修改片体。

1. 操作步骤

(1)通过菜单“插入→设计特征→腔体”或单击特征工具条上的“腔体”图标按钮,系统弹出“腔体”对话框,如图4.52所示。

(2)选择腔体类型。

(3)选择放置面,设置腔体参数。

(4)单击“确定”按钮,完成腔体的创建。

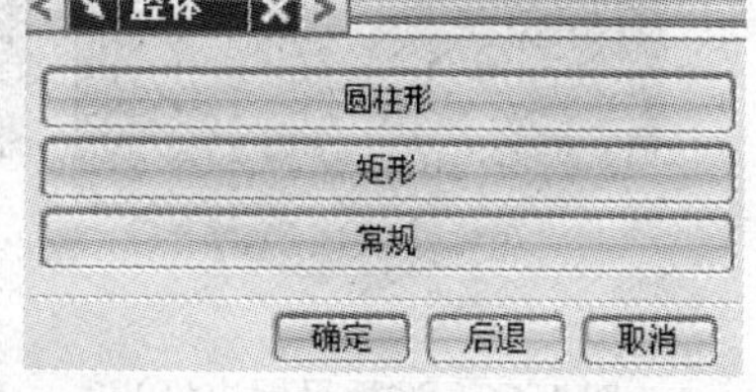

图4.52　“腔体”对话框

2. 实例4.17:创建腔体

(1)创建一长方体,其长、宽、高各边长度分别为“100、80、60”。

(2)通过菜单“插入→设计特征→腔体”或单击特征工具条上的“腔体”图标按钮,系统弹出“腔体”对话框。

(3)系统提示选择腔体类型,选择“矩形”。

(4)选择放置平面,如图4.53所示。

(5)系统提示选择水平参考,选择X轴作为基准轴,如图4.54所示。

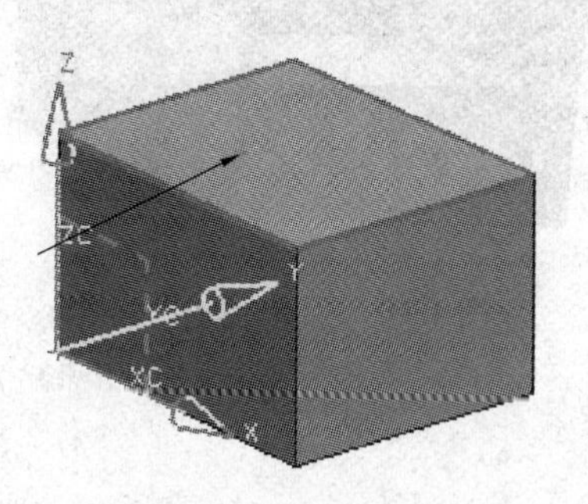

图4.53　选择放置平面

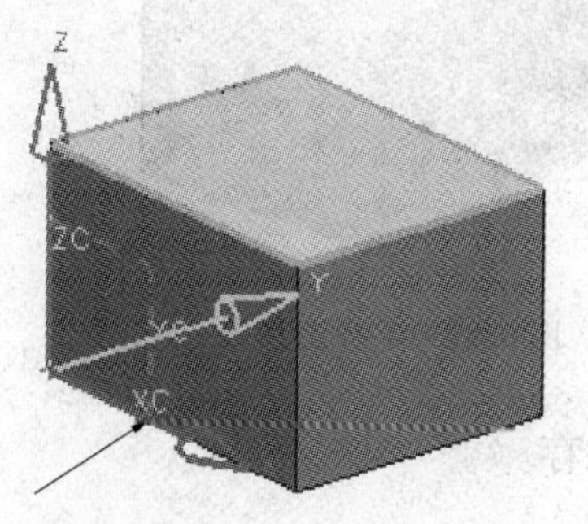

图4.54　选择水平参考

(6)弹出“定位”对话框。弹出“矩形腔体”对话框,分别输入“长度、宽度、高度”值为“50、40、30”,如图4.55所示。

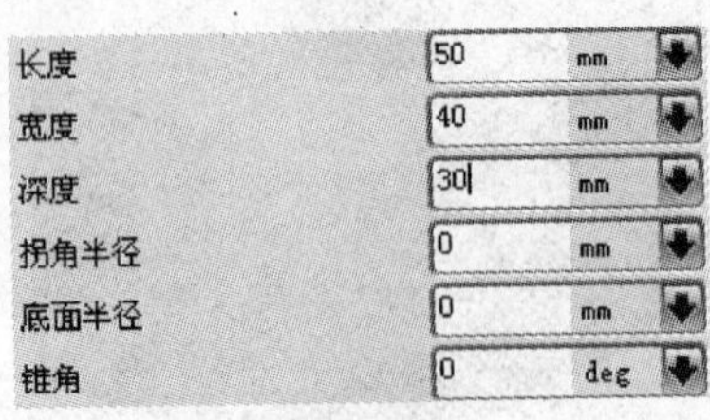

图4.55　设置腔体参数

(7)单击“确定”按钮,弹出“定位”对话框。选择定位方法,单击“线到线”图标按钮工,选择目标边,如图4.56所示。

(8)选择工具边,如图4.57所示。

(9)单击“水平定位”图标按钮,选择目标边,如图4.58所示。

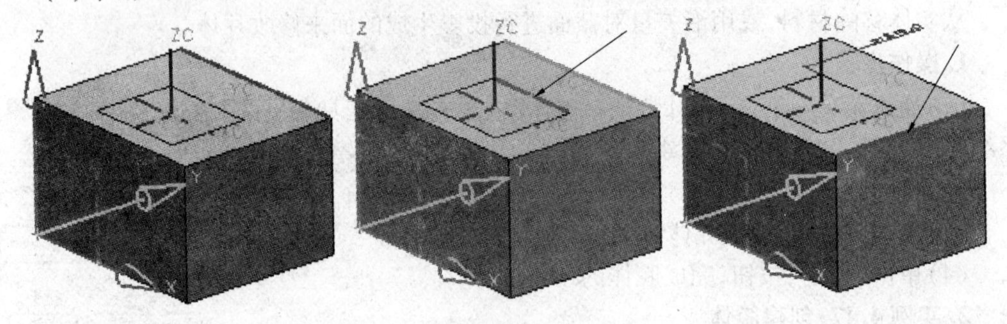

图4.56　选择目标边(1)　　图4.57　选择工具边　　图4.58　选择目标边(2)

(10)选择工具边,如图4.59所示。弹出“创建表达式”对话框,输入定位值为“50”。

(11)单击“确定”按钮,结果如图4.60所示。

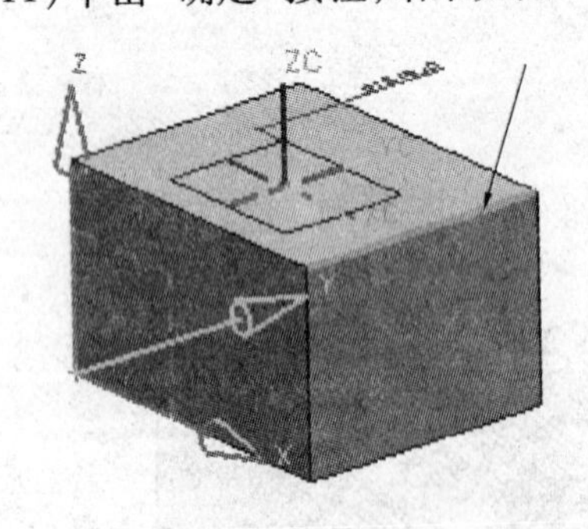

图4.59　选择工具边

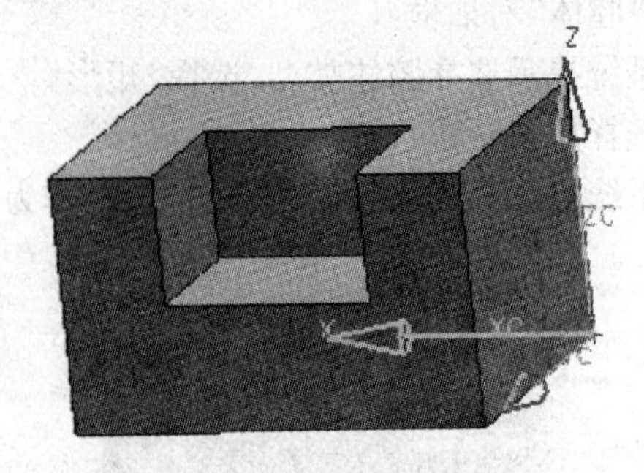

图4.60　生成“腔体”特征

(12)保存。

4.4.5 创建垫块

向实体添加材料,或用沿矢量对截面进行投影生成的面来修改片体。

1. 操作步骤

(1)通过菜单"插入→设计特征→垫块"或单击特征工具条上的"垫块"图标按钮,系统弹出"垫块"对话框,如图4.61所示。

(2)选择垫块类型。

(3)选择放置面,设置垫块参数。

(4)单击"确定"按钮,完成垫块的创建。

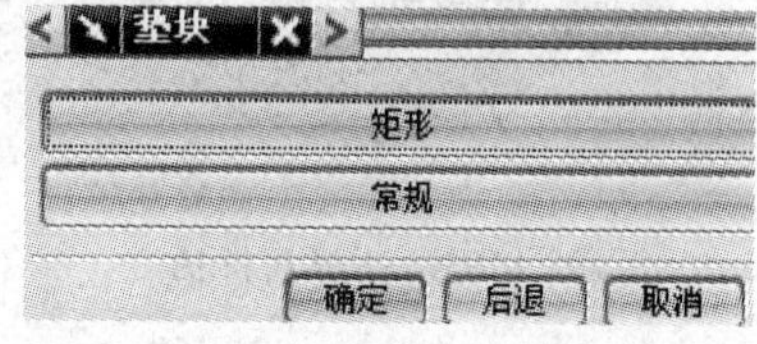

图4.61 "垫块"对话框

2. 实例4.18:创建垫块

(1)创建一长方体,其长、宽、高各边长度分别为"100、80、60"。

(2)通过菜单"插入→设计特征→垫块"或单击特征工具条上的"垫块"图标按钮,系统弹出"垫块"对话框。

(3)系统提示选择垫块类型,选择"矩形"。

(4)选择放置平面,如图4.62所示。

(5)弹出"水平参考"对话框,选择水平参考为"基准轴",系统提示选基准轴,选择X轴作为水平参考,如图4.63所示。

(6)弹出"矩形垫块"对话框,分别输入垫块"长度、宽度、高度"值为"100、20、10",如图4.64所示。

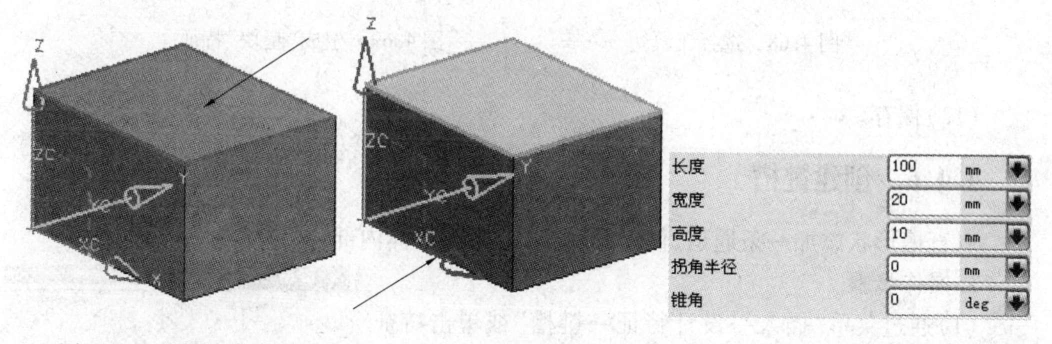

图4.62 选择放置平面　　图4.63 选择水平参考　　图4.64 设置垫块参数

(7)单击"确定"按钮,弹出"定位"对话框。选择定位方法,单击"线到线"图标按钮,选择目标边,如图4.65所示。

(8)系统提示选择工具边,选择工具边,如图4.66所示。

(9)单击"线到线"图标按钮,选择目标边,如图4.67所示。

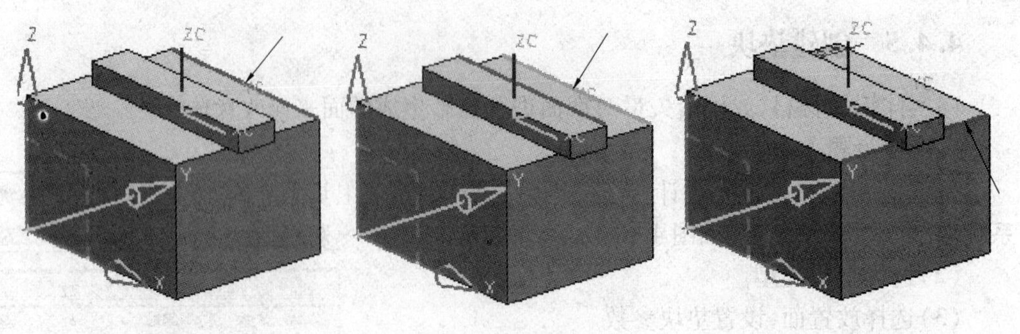

图 4.65　选择目标边　　　　图 4.66　选择工具边　　　　图 4.67　选择目标边

(10)系统提示选择工具边,选择工具边,如图 4.68 所示。

(11)结果如图 4.69 所示。

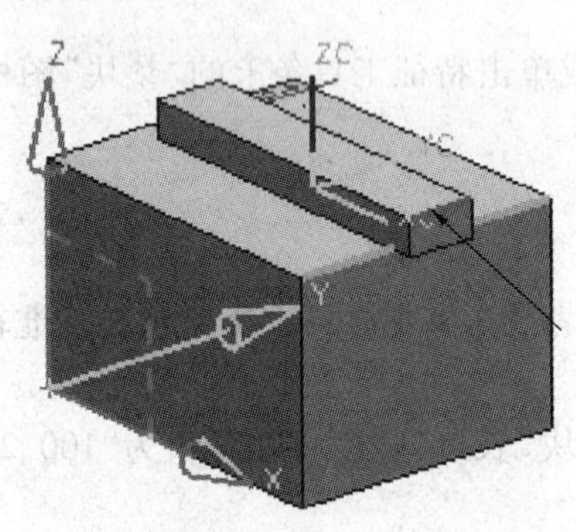

图 4.68　选择工具边

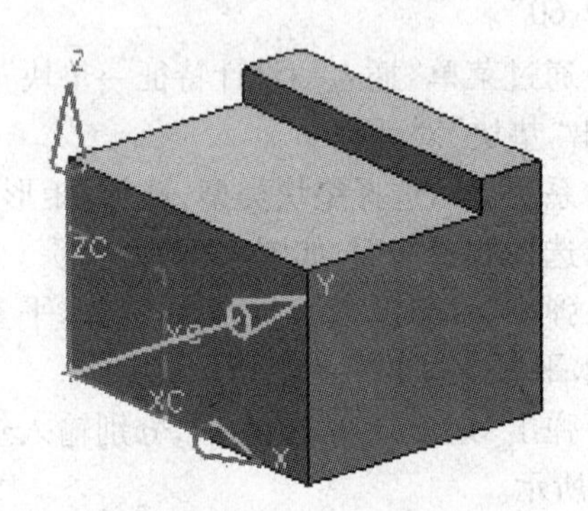

图 4.69　生成“垫块”特征

(12)保存。

4.4.6　创建键槽

以直槽形状添加一条通道,使其通过实体,或在实体内部。

1. 操作步骤

(1)通过菜单“插入→设计特征→键槽”或单击特征工具条上的“键槽”图标按钮,系统弹出“键槽”对话框,如图 4.70 所示。

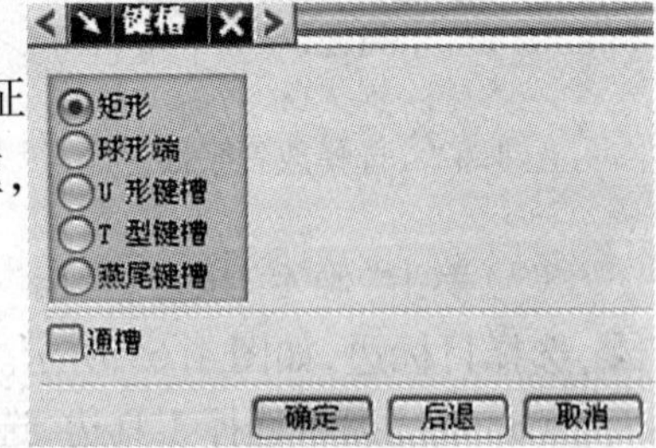

图 4.70　“键槽”对话框

(2)选择键槽类型。

(3)选择放置面,设置键槽参数。

(4)定位键槽,单击“确定”按钮,完成键槽的创建。

2. 实例 4.19:创建键槽

(1)打开光盘文件“4→4_5_jiancao. prt”。

(2)因为键槽放置面为平面,在圆柱面上无法放置,所以需要创建一个基准平面。另外,水平方向也无法选择,所以还需要创建一个基准轴。通过菜单“插入→基准/点→基准平面”或单击特征工具条上的“基准”下拉菜单选择“基准平面”图标按钮,系统弹出

“基准平面”对话框，设置基准平面“类型”为相切，选择小圆柱面，如图4.71所示。

(3)单击“确定”按钮，通过单击“插入→基准/点→基准轴”或单击特征工具条上的“基准”下拉菜单选择“基准轴”图标按钮，系统弹出“基准轴”对话框，选择中心线作为基准轴，如图4.72所示。

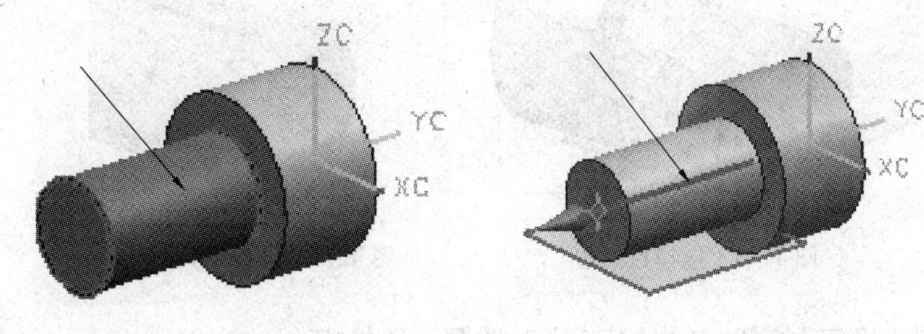

图4.71　设置基准平面　　图4.72　设置基准轴

(4)通过菜单“插入→设计特征→键槽”或单击特征工具条上的“键槽”图标按钮，系统弹出“键槽”对话框，系统提示选择键槽类型，选择“矩形”，单击“确定”按钮，选择基准平面作为放置面，如图4.73所示。

(5)单击“接受默认边”，弹出“水平参考”对话框，选择水平参考为“基准轴”，系统提示选基准轴，选择上面创建的基准轴作为水平参考，如图4.74所示。

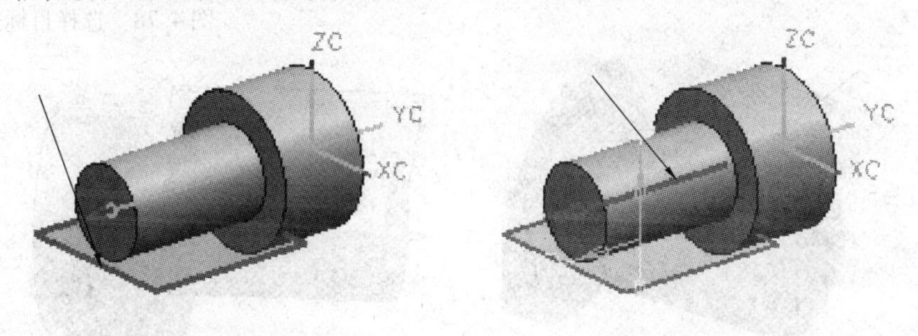

图4.73　选择放置平面　　图4.74　选择水平参考

(6)弹出“矩形键槽”对话框，分别输入键槽“长度、宽度、深度”值为“30、10、8”，如图4.75所示。

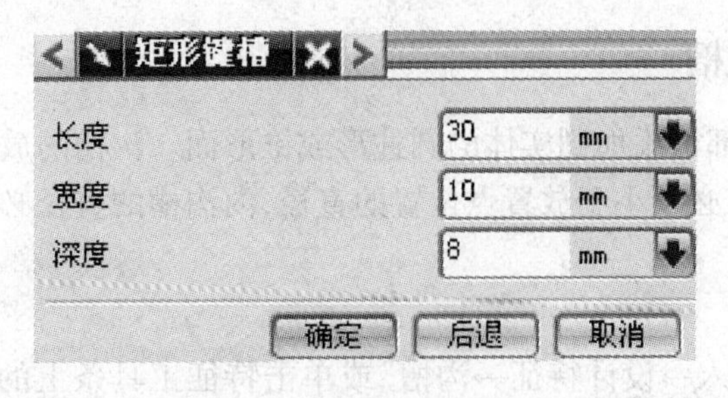

图4.75　设置键槽参数

(7)单击“确定”按钮，弹出“定位”对话框。选择定位方法，单击“水平”图标按钮，选择目标边,如图 4.76 所示,弹出“设置圆弧的位置”对话框,选择“圆弧中心”。

(8)系统提示选择工具边,选择工具边,如图 4.77 所示,输入定位值为“25”。

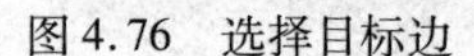

图 4.76　选择目标边

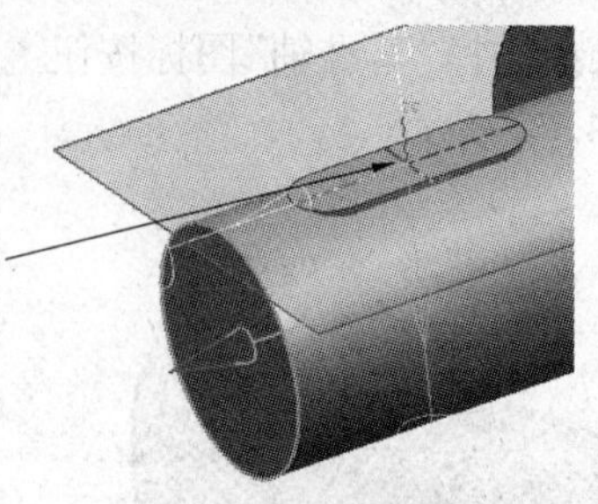

图 4.77　选择工具边

(9)单击“确定”按钮,弹出“定位”对话框。选择定位方法,单击“竖直”图标按钮,选择目标边,如图 4.78 所示,弹出“设置圆弧的位置”对话框,选择“圆弧中心”。

(10)系统提示选择工具边,选择工具边,如图 4.79 所示,输入定位值为“0”。

(11)单击“确定”按钮,结果如图 4.80 所示。

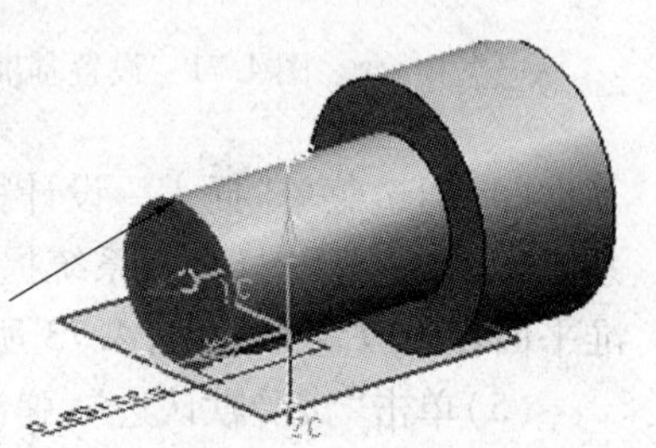

图 4.78　选择目标边

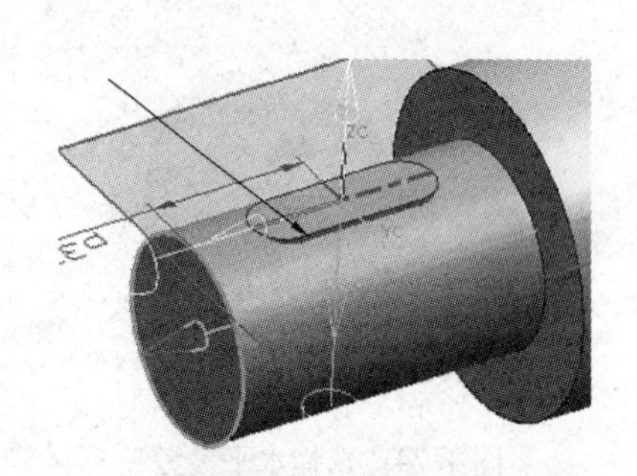

图 4.79　选择工具边

图 4.80　生成“键槽”特征

(12)保存。

4.4.7　创建沟槽

将一个外部或内部槽添加到实体的圆柱形或锥形面。沟槽的放置面必须为圆柱面或圆锥面,外沟槽的直径必须小于放置点位置的直径,内沟槽的直径必须大于放置点位置的直径,否则无法创建。

1. 操作步骤

(1)通过菜单“插入→设计特征→沟槽”或单击特征工具条上的“沟槽”图标按钮,系统弹出“沟槽”对话框,如图 4.81 所示。

(2)选择沟槽类型。

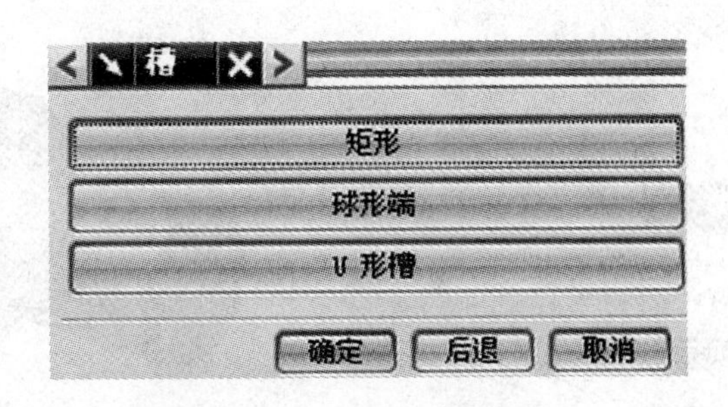

图4.81　“沟槽”对话框

(3)选择放置面,设置沟槽参数。

(4)定位沟槽,单击“确定”按钮,完成沟槽的创建。

2. 实例4.20:创建沟槽

(1)打开光盘文件“4→4_6_goucao. prt”。

(2)通过菜单“插入→设计特征→沟槽”或单击特征工具条上的“沟槽”图标按钮,系统弹出“沟槽”对话框,系统提示选择沟槽类型,选择“矩形”,单击“确定”按钮,选择小圆柱面作为放置面,如图4.82所示。

(3)弹出“矩形槽”对话框,分别输入“槽直径、宽度”值为“28、2”,如图4.83所示。

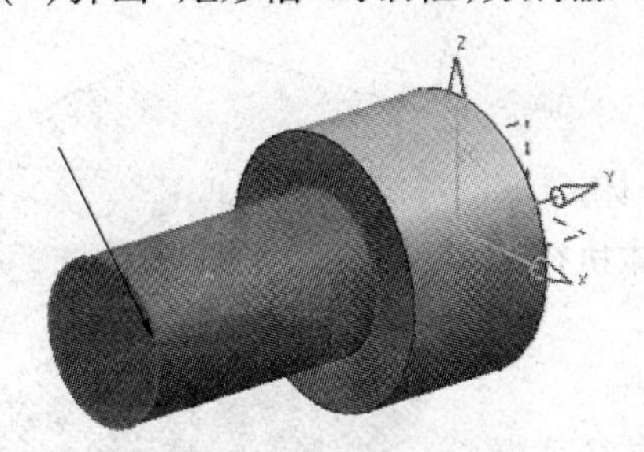

图4.82　选择放置面

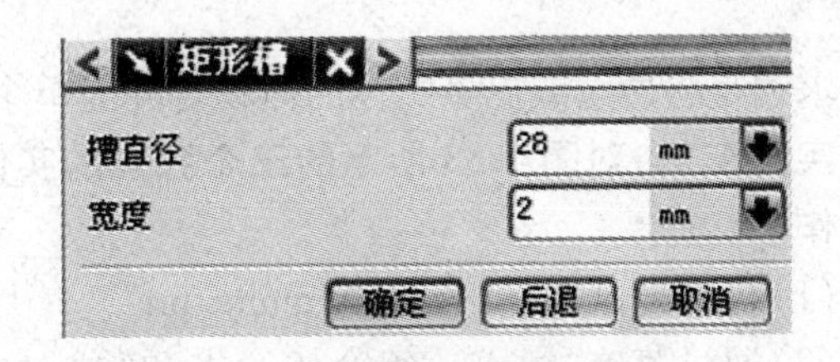

图4.83　选择水平参考

(4)单击“确定”按钮,弹出“定位槽”对话框。选择目标边,如图4.84所示。

(5)系统提示选择工具边,选择工具边如图4.85所示。

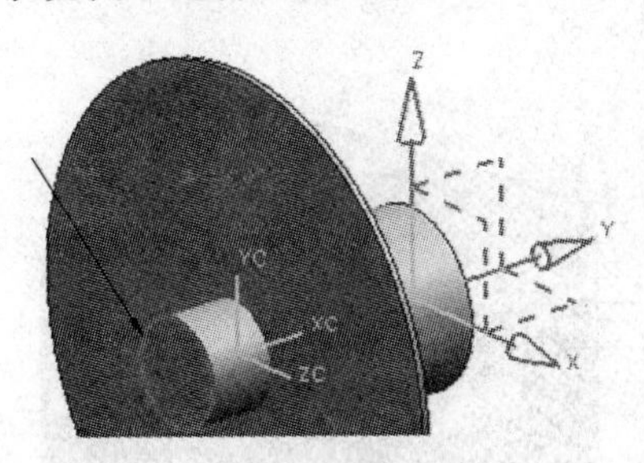

图4.84　选择目标边

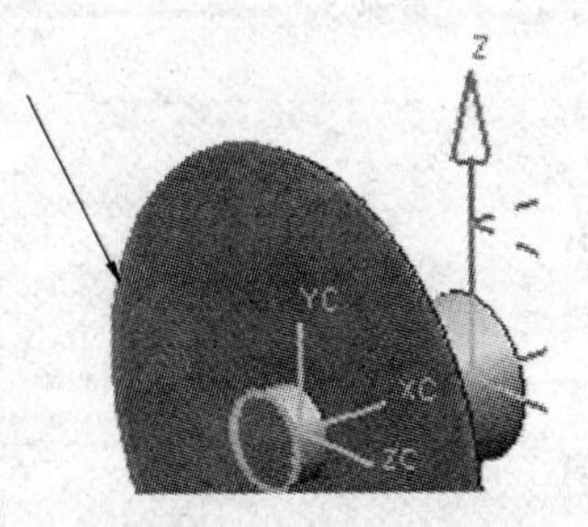

图4.85　选择工具边

(6)输入定位值“20”,如图4.86所示。

(7)单击“确定”按钮,结果如图4.87所示。

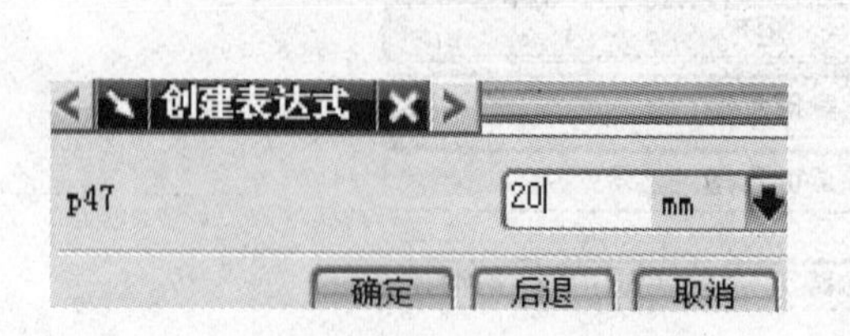

图 4.86　设置定位值

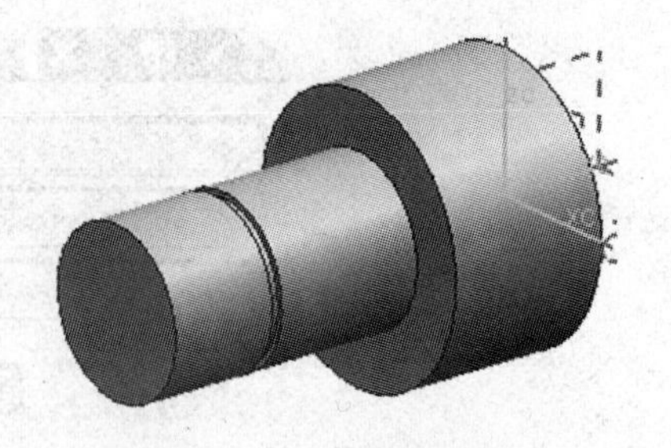

图 4.87　生成“沟槽”特征

(8)保存。

4.5　实体布尔操作

在创建三维模型过程中,将两个或多个实体合并成一个实体的操作称为布尔操作。布尔操作中的实体分为目标体和工具体。目标体是首先选择需要与其他实体合并的实体,布尔操作的结果加到目标体上。工具体是用来修改目标体的实体,布尔操作后工具体将加到目标体上。

布尔操作包括求和、求差和求交。

4.5.1　求　和

求和是将两个或更多实体的体积合并为单个体。

实例 4.21:对图 4.88 所示的三个独立的实体执行求和操作

(1)打开光盘文件“4→4_7_qiuhe. prt”。

(2)通过菜单“插入→组合体→求和”或单击特征操作工具条上的“求和”图标按钮,系统弹出“求和”对话框,如图 4.89 所示。

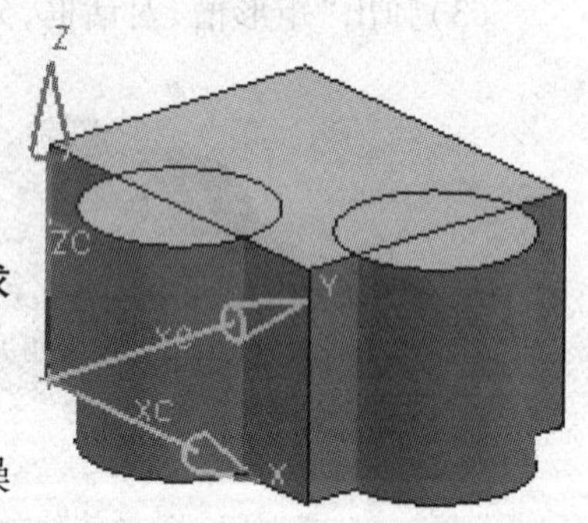

图 4.88　三个独立的实体

(3)系统提示选择目标体,选择立方体作为目标体,如图 4.90 所示。

图 4.89　“求和”对话框

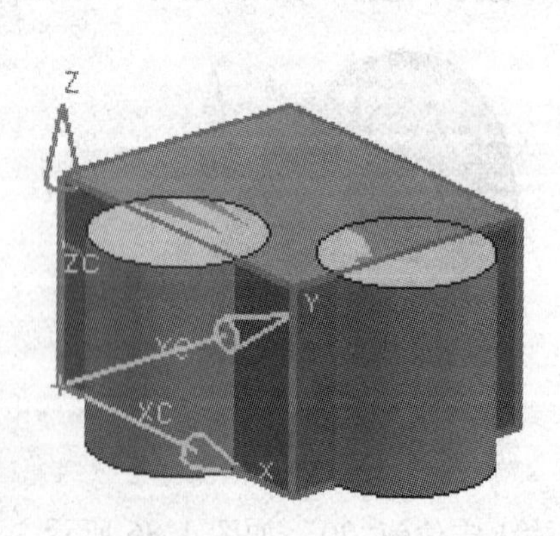

图 4.90　选择目标体

(4)系统提示选择工具体,依次选取两个圆柱体作为工具体,如图4.91所示。

(5)单击“确定”按钮,结果如图4.92所示。

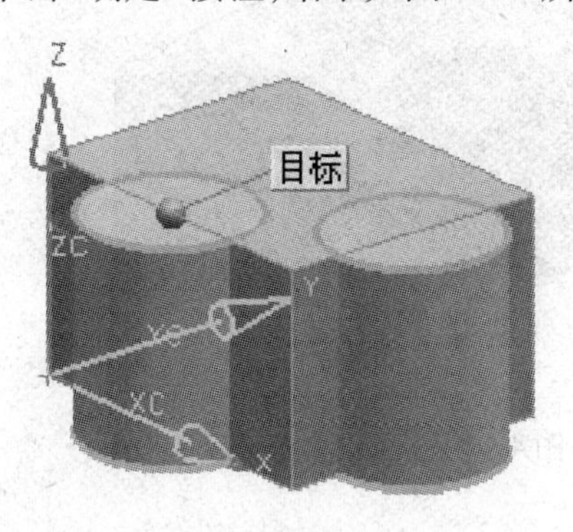

图4.91　选择工具体

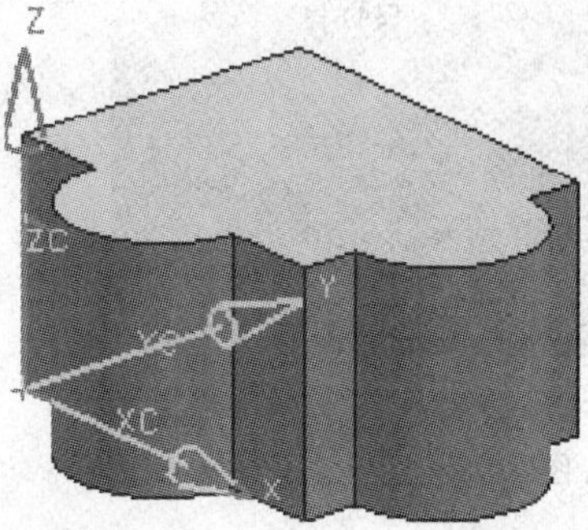

图4.92　生成“求和”特征

(6)保存。

4.5.2　求　差

求差是从一个目标体中减去一个或多个工具体,即将目标体与工具体相交的部分除掉,生成一个新的实体。

实例4.22:对图4.88所示的三个独立的实体执行求差操作

(1)打开光盘文件“4→4_8_qiucha.prt”。

(2)通过菜单“插入→组合体→求差”或单击特征操作工具条上的“求差”图标按钮,系统弹出“求差”对话框,如图4.93所示。

(3)系统提示选择目标体,选择立方体作为目标体,如图4.94所示。

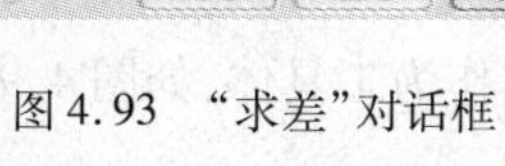

图4.93　“求差”对话框

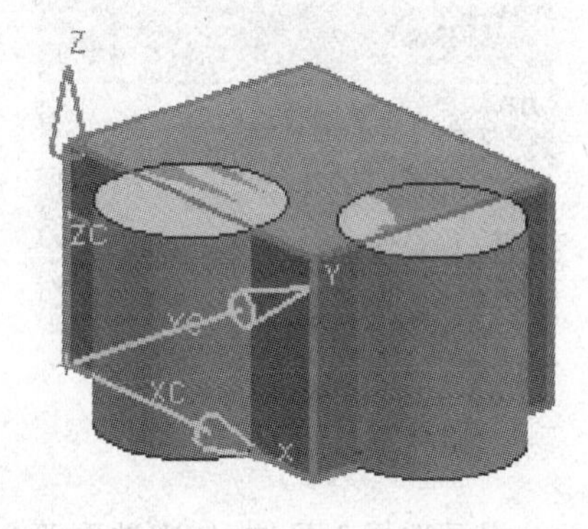

图4.94　选择目标体

(4)系统提示选择工具体,依次选取两个圆柱体作为工具体,如图4.95所示。

(5)单击“确定”按钮,结果如图4.96所示。

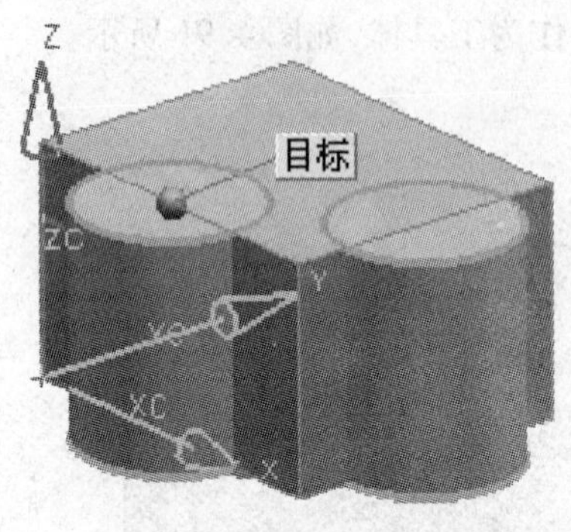

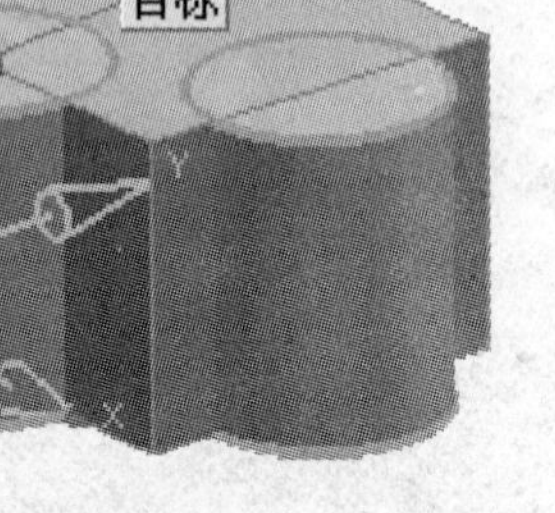

图 4.95　选择工具体　　　　图 4.96　生成“求差”特征

(6)保存。

4.5.3 求　交

求交是使目标体和所选工具体之间的相交部分成为一个新的实体,即获得目标体与工具体的相交部分。

实例 4.23:对图 4.88 所示的三个独立的实体执行求差操作

(1)打开光盘文件“4→4_9_qiujiao. prt”。

(2)通过菜单“插入→组合体→求交”或单击特征操作工具条上的“求交”图标按钮,系统弹出“求交”对话框,如图 4.97 所示。

(3)系统提示选择目标体,选择立方体作为目标体,如图 4.98 所示。

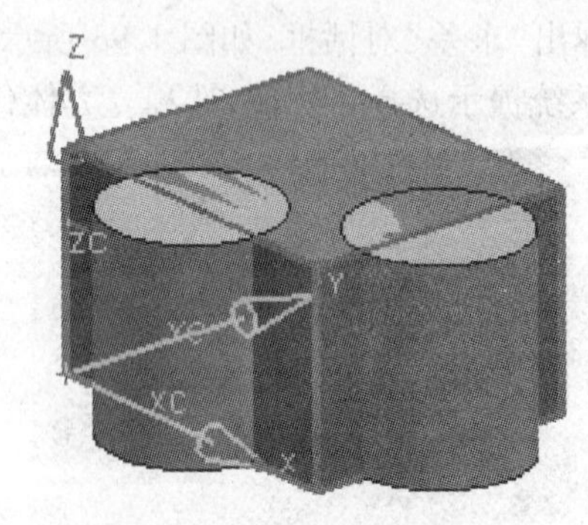

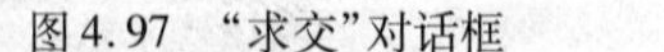

图 4.97　“求交”对话框　　　　图 4.98　选择目标体

(4)系统提示选择工具体,依次选取两个圆柱体作为工具体,如图 4.99 所示。

(5)单击“确定”按钮,结果如图 4.100 所示。

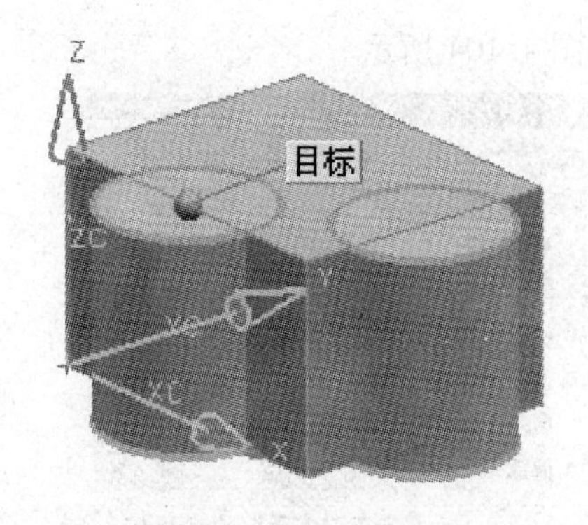

图4.99　选择工具体

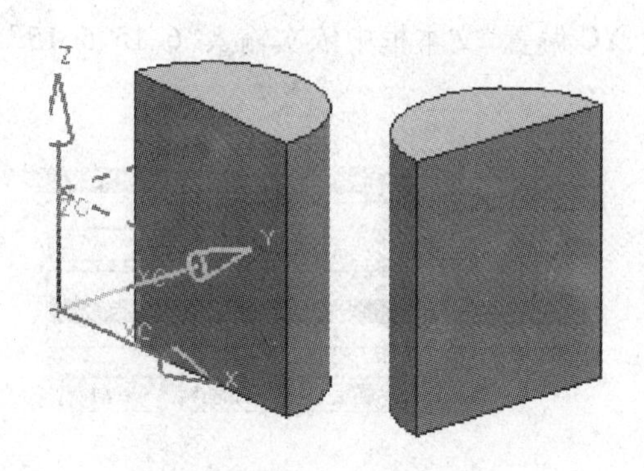

图4.100　生成“求交”特征

(6)保存。

4.6　关联复制特征

在创建三维模型过程中,经常需要建立一些按照一定规律分布且完全相同的特征,如对称体或某相同要素关于某基准面对称等,对于这种情况可以先建立一个特征,然后对特征进行复制,而且这些特征相互关联,修改一个,其他特征都发生相应变化。用户掌握该项技术后,可以有效提高建模速度。

关联复制包括实例特征、镜像特征和镜像体等。

4.6.1　矩形阵列

矩形阵列是将指定的特征平行于XC轴和YC轴复制成二维或一维的矩形排列。

实例4.24:创建如图4.101所示的孔矩形阵列

(1)打开光盘文件“4→4_10_juxingzhenlie. prt”。

(2)通过菜单“插入→关联复杂→实例特征”或单击特征操作工具条上的“实例特征”图标按钮,系统弹出“实例”对话框,如图4.102所示。

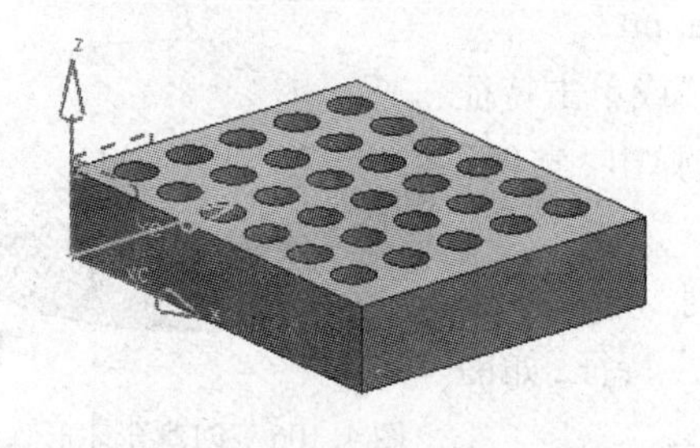

图4.101　创建孔矩形阵列

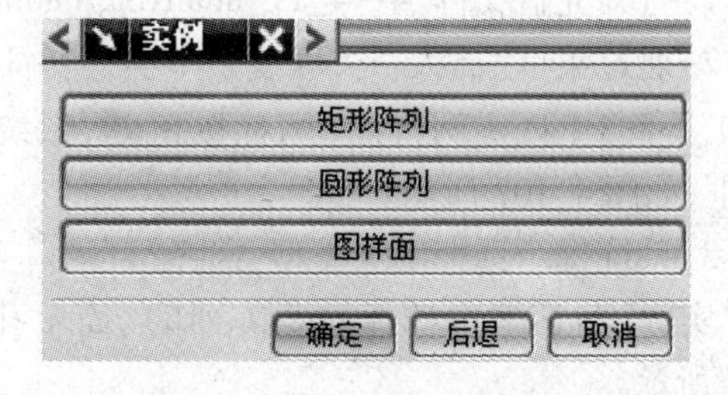

图4.102　“实例”对话框

(3)系统提示选择实例类型,选择“矩形阵列”按钮,在弹出的“实例”对话框中选择需要阵列的“简单孔”特征,如图4.103所示。

(4)单击“确定”按钮,弹出“输入参数”对话框,在“XC向的数量、XC偏置、YC向的

数量、YC 偏置”文本框中依次输入“6、15、5、15”,如图 4.104 所示。

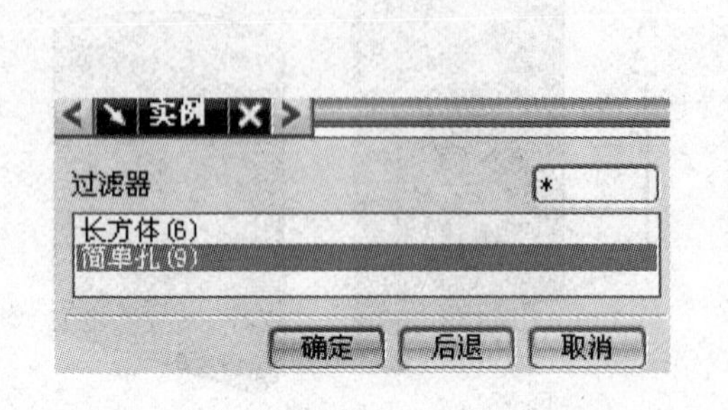

图 4.103　选择特征

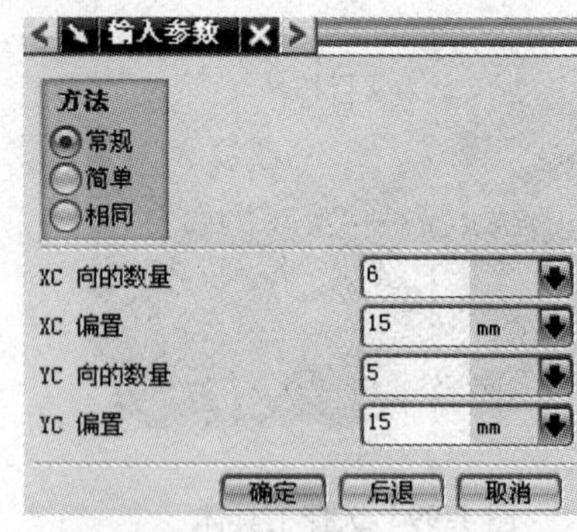

图 4.104　“输入参数”对话框

创建矩形阵列方法包括:

①一般:在创建阵列特征时,将检验所有的几何对象,允许越过表面边缘线从一个表面到另一个表面。

②简单:在创建阵列特征时,对所有阵列实体特征不进行分析和验证,加速阵列的建立。

③相同的:在创建阵列特征时,对所有的阵列实体特征进行最少量的分析与验证,是建立引用特征最快的方法。

(5)单击“确定”按钮,弹出“创建实例”对话框,选择选项“是”,结果如图 4.105 所示。

(6)保存。

图 4.105　生成孔矩形阵列

4.6.2　环形阵列

环形阵列是将指定的特征绕指定的轴线复制成圆周排列。

实例 4.25:创建如图 4.106 所示的孔环形阵列

(1)打开光盘文件“4→4_11_huanxingzhenlie.prt”。

(2)通过菜单“插入→关联复杂→实例特征”或单击特征操作工具条上的“实例特征”图标按钮,系统弹出“实例”对话框,如图 4.107 所示。

(3)系统提示选择实例类型,选择“环形阵列”按钮,在弹出的“实例”对话框中选择需要阵列的“简单孔”特征,如图 4.107 所示。

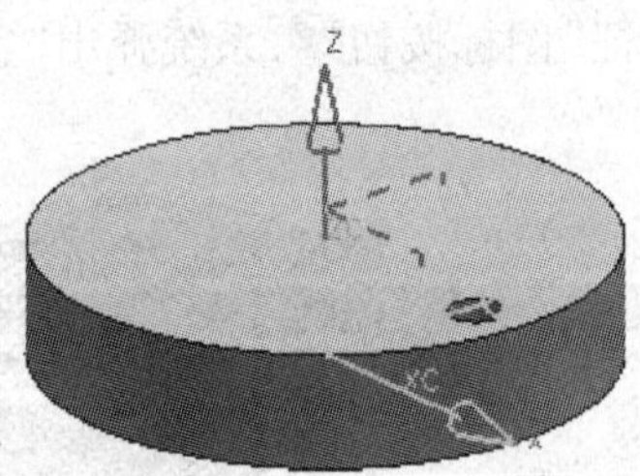

图 4.106　创建孔环形阵列

(4)单击“确定”按钮,弹出“输入参数”对话框,在“数字、角度”文本框中依次输入“4、90”,如图 4.108 所示。

创建环形阵列方法包括:

①数字:阵列中特征成员的数量,包括源特征。

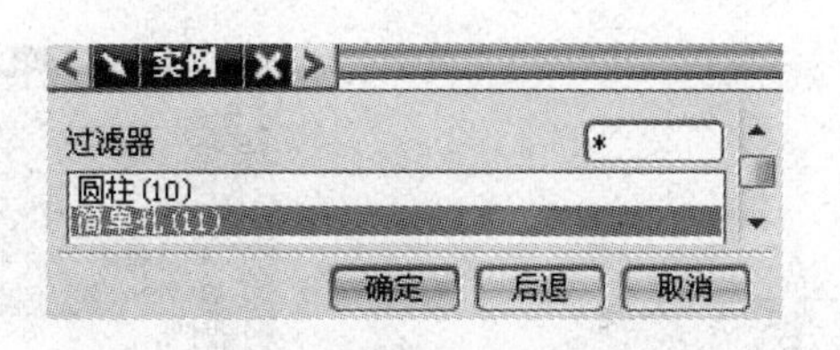

图4.107　选择特征

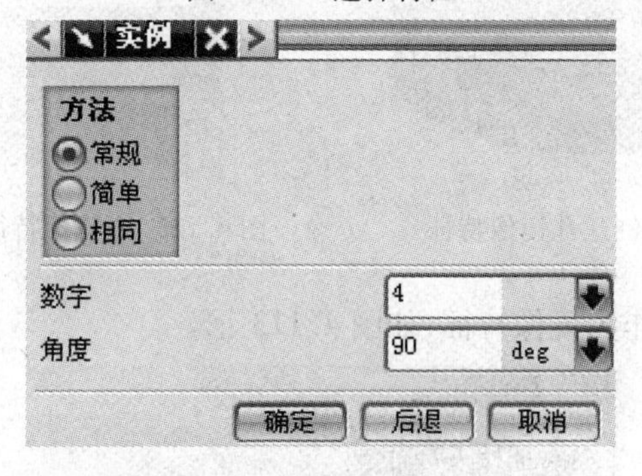

图4.108　“输入参数”对话框

②角度:相邻两特征成员绕旋转轴的角度。

(5)单击“确定”按钮,弹出“创建实例”对话框,选择选项“基准轴”,弹出“选择一个基准轴”对话框,选择与圆柱体的轴线重合的ZC轴作为环形阵列的基准轴,如图4.109所示。

(6)弹出“创建实例”对话框,选择选项“是”,结果如图4.110所示。

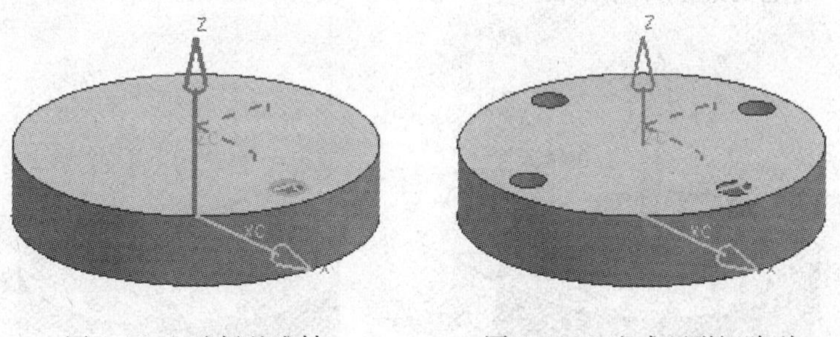

图4.109　选择基准轴　　　　图4.110　生成环形矩阵列

(7)保存。

4.6.3　镜像特征

镜像特征是将指定特征相对于一个基准面或平面作对称复制。

实例4.26:创建如图4.111所示的孔镜像特征

(1)打开光盘文件“4→4_12_jingxiangtezheng.prt”。

(2)通过菜单“插入→关联复杂→镜像特征”或单击特征操作工具条上的“镜像特征”图标按钮,系统弹出“镜像特征”对话框,如图4.112所示。

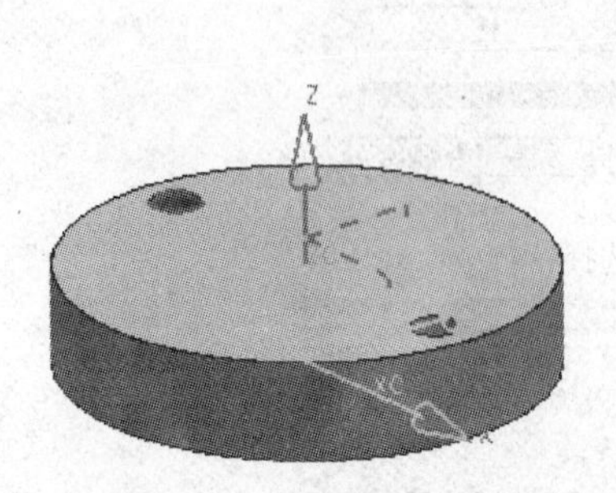

图 4.111　创建孔镜像特征

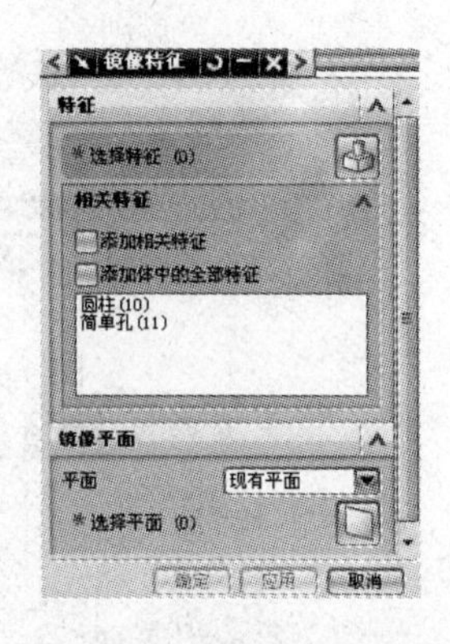

图 4.112　“镜像特征”对话框

(3)选择“简单孔”作为镜像特征,如图 4.113 示。

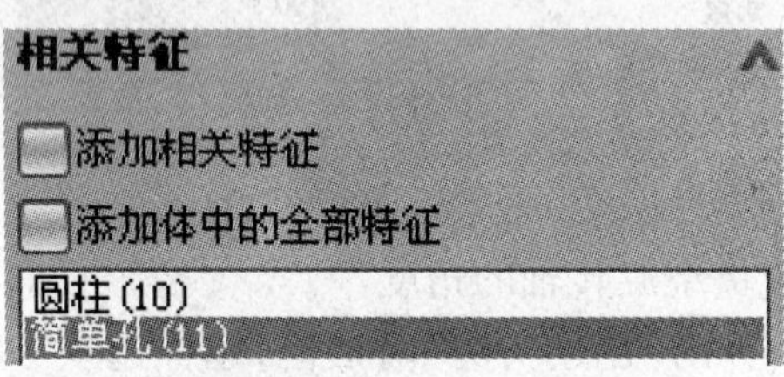

图 4.113　选择镜像特征

(4)单击“选择平面”图标按钮,选择 YC - ZC 平面作为镜像平面,如图 4.114 所示。

(5)单击“确定”按钮,结果如图 4.115 所示。

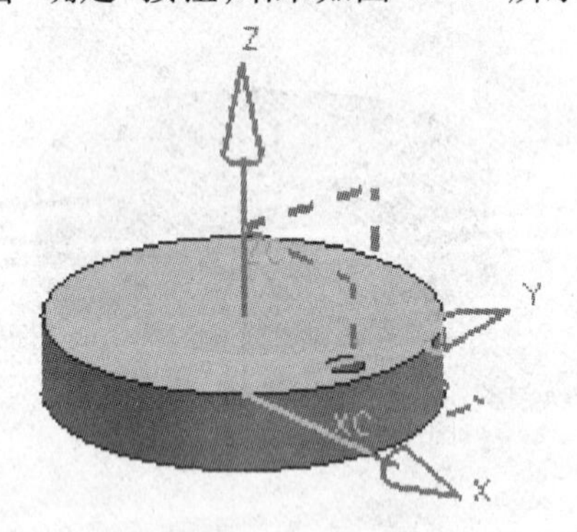

图 4.114　选择镜像平面

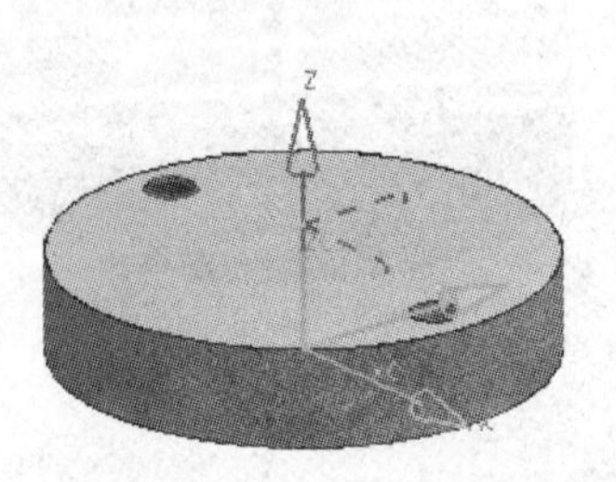

图 4.115　生成孔镜像特征

(6)保存。

4.6.4　镜 像 体

镜像体是将指定实体相对于一个基准面或平面作对称复制。

实例 4.27:创建如图 4.116 所示的镜像体

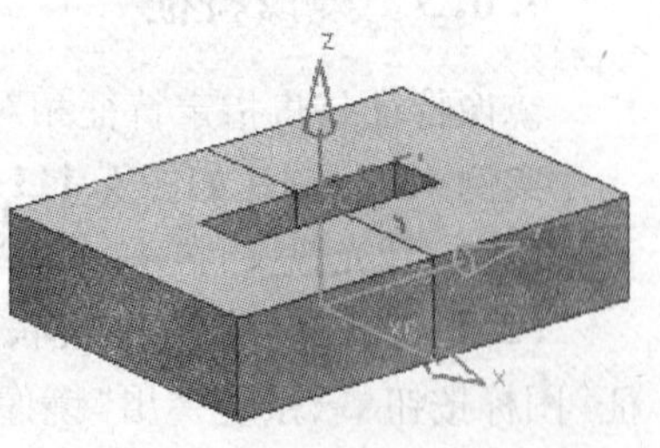

图 4.116　创建镜像体

（1）打开光盘文件“4→4_13_jingxiangti. prt”。

（2）通过菜单“插入→关联复杂→镜像体”或单击特征操作工具条上的“镜像体”图标按钮，系统弹出“镜像体”对话框，如图4. 117所示。

（3）系统提示选择镜像体，选择实体作为镜像体，如图4. 118示。

图4. 117　“镜像体”对话框

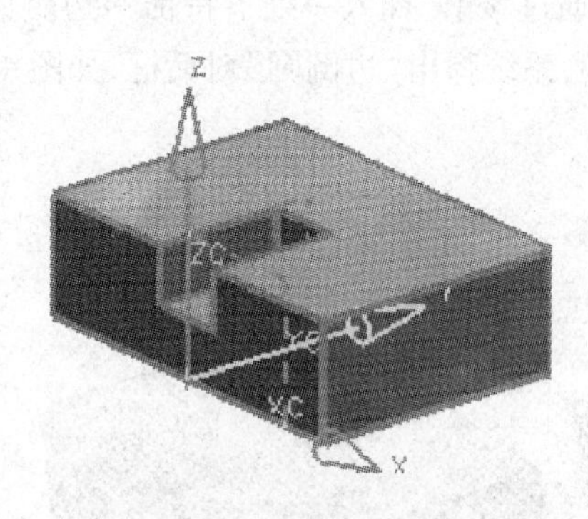

图4. 118　选择实体

（4）单击“选择平面”图标按钮，选择XC－ZC平面作为镜像平面，如图4. 119所示。

（5）单击“确定”按钮，结果如图4. 120所示。

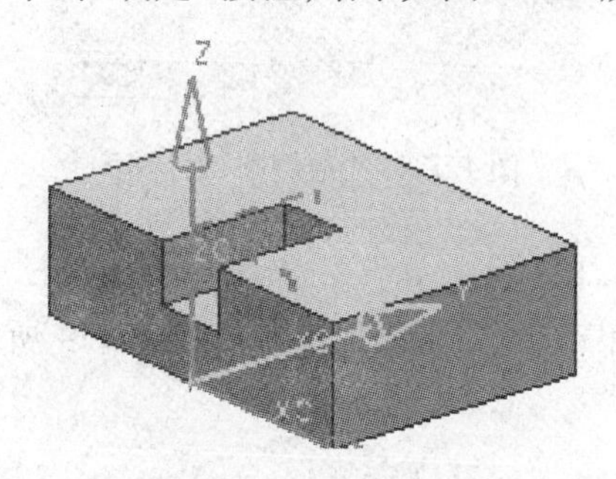

图4. 119　选择镜像平面

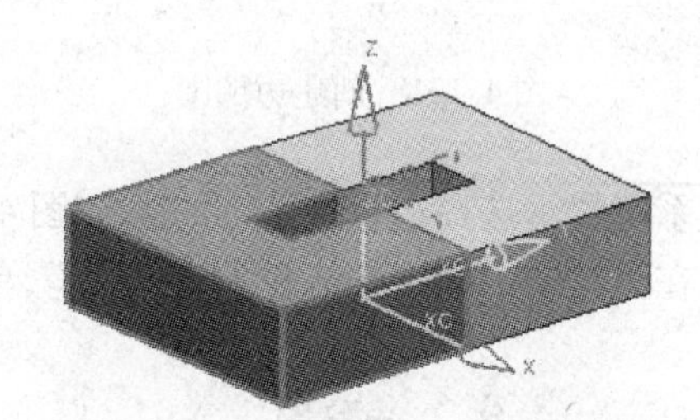

图4. 120　生成镜像体特征

（6）保存。

4.7　创建细节特征

在三维模型总体形状建立完成后，还需要对形状进行局部修饰，比如边倒圆、倒斜角等。由于模型的细节特征是在已存在的实体上进行的，所以一般放在建模的最后阶段进行，下面介绍细节特征操作的方法。

4.7.1 边倒圆

对面与面之间的相交的边进行倒圆,半径可以是常量或变量。

实例 4.28:创建如图 4.121 所示的边倒圆

(1)打开光盘文件“4→4_13_jingxiangti. prt”。

(2)通过菜单“插入→细节特征→边倒圆”或单击特征操作工具条上的“边倒圆”图标按钮,系统弹出“边倒圆”对话框,如图 4.122 所示。

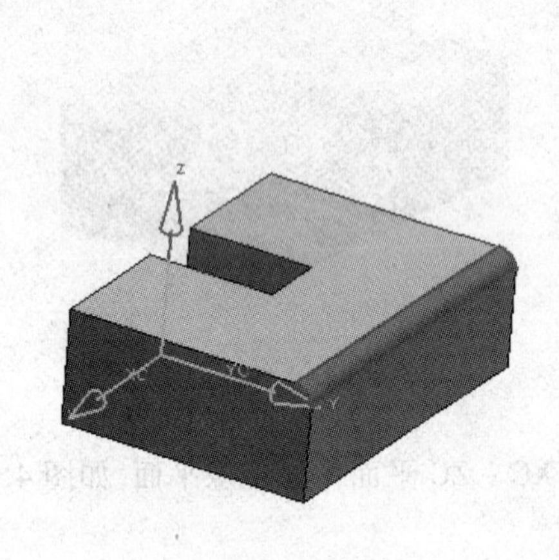

图 4.121 创建边倒圆

图 4.122 “边倒圆”对话框

(3)系统提示选择边,选择一条边,如图 4.123 示。

(4)在浮动文本框中输入倒圆半径“5”,单击“确定”按钮,结果如图 4.124 所示。

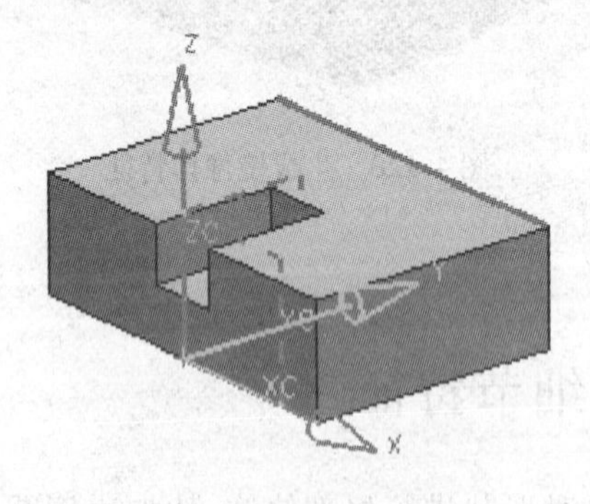

图 4.123 选择一条边

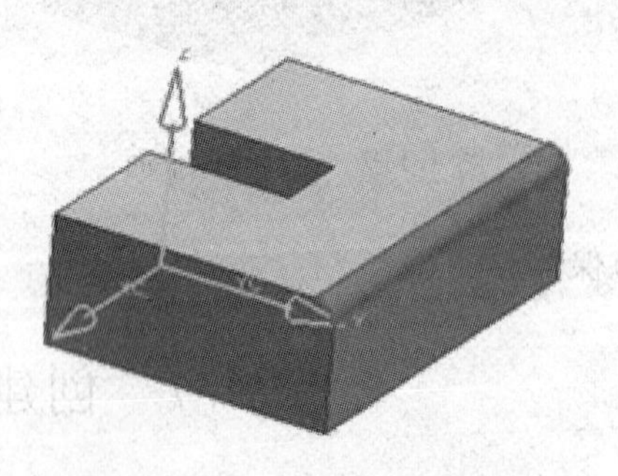

图 4.124 生成边倒圆特征

(5)保存。

4.7.2　倒斜角

对面与面之间的相交的边进行倒斜角。

实例4.29:创建如图4.125所示的倒斜角

(1)打开光盘文件“4→4_13_jingxiangti.prt”。

(2)通过菜单“插入→细节特征→倒斜角”或单击特征操作工具条上的“倒斜角”图标按钮,系统弹出“倒斜角”对话框,如图4.126所示。

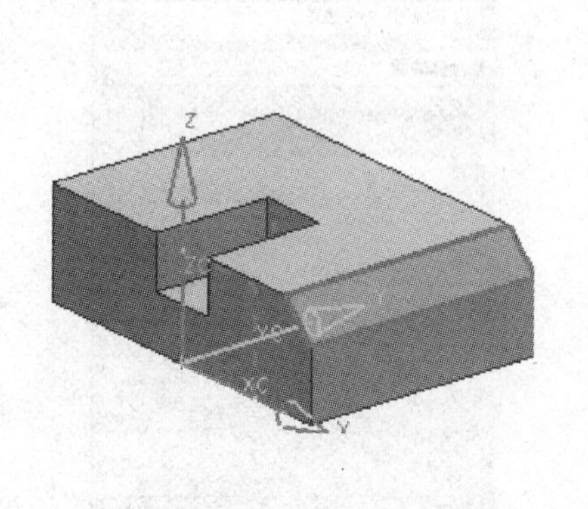

图4.125　创建倒斜角

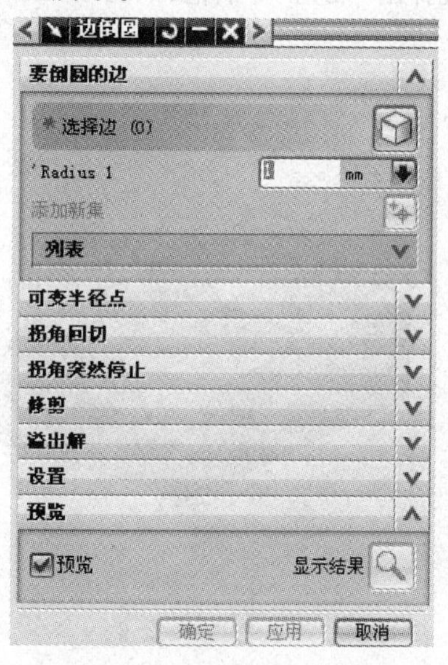

图4.126　“倒斜角”对话框

(3)系统提示选择要倒斜角的边,选择一条边,如图4.127示。

(4)在“偏置”类型下拉列表框中选择“对称”,在浮动文本框中输入距离值“5”,单击“确定”按钮,结果如图4.128所示。

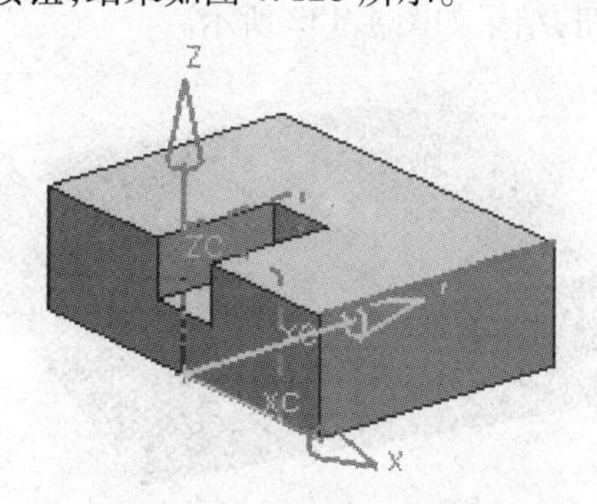

图4.127　选择一条边

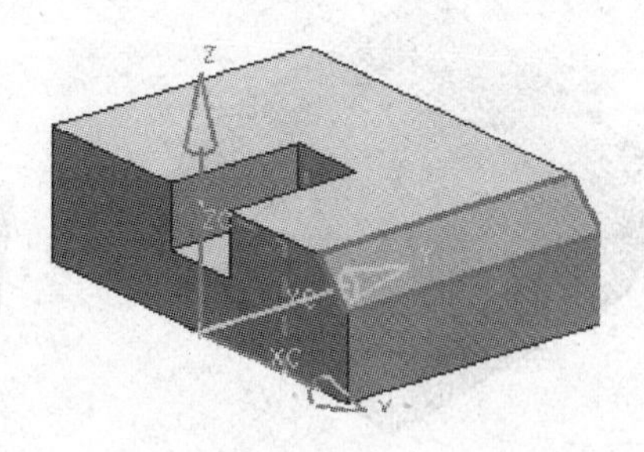

图4.128　生成倒斜角特征

(5)保存。

4.7.3 抽 壳

通过应用壁厚并打开选定的面修改实体。

实例 4.30:创建如图 4.129 所示的抽壳

(1)打开光盘文件“4→4_13_jingxiangti. prt”。

(2)通过菜单“插入→偏置/缩放→抽壳”或单击特征操作工具条上的“抽壳”图标按钮,系统弹出“抽壳”对话框,如图 4.130 所示。

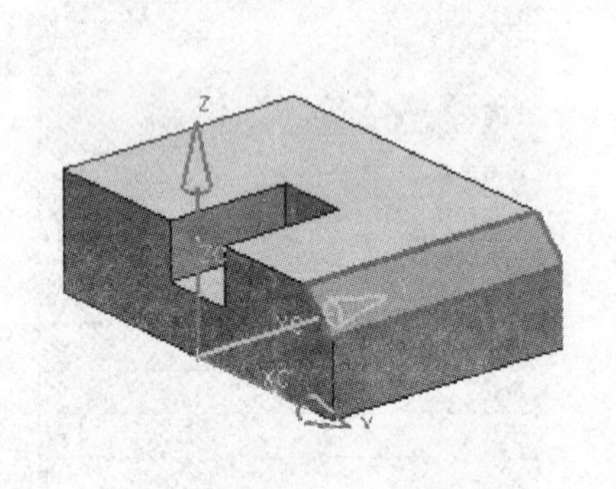

图 4.129 创建抽壳特征

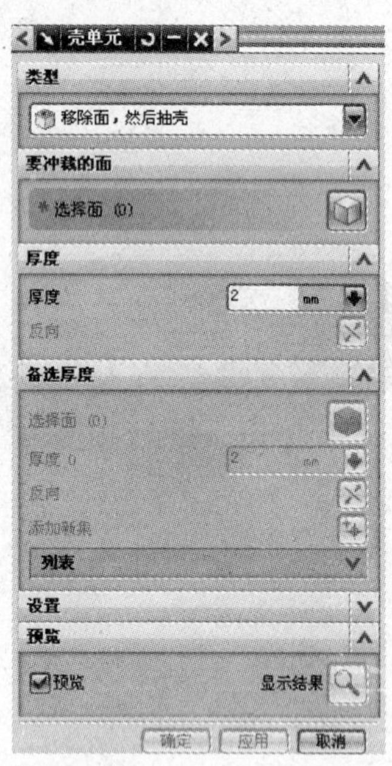

图 4.130 “抽壳”对话框

(3)系统提示选择要移除的面,选择实体表面,如图 4.131 示。

(4)设置壁厚的值为“5”,单击“确定”按钮,结果如图 4.132 所示。

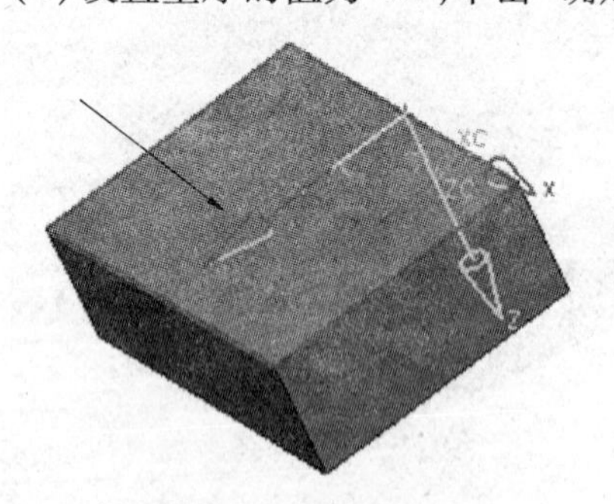

图 4.131 选择表面

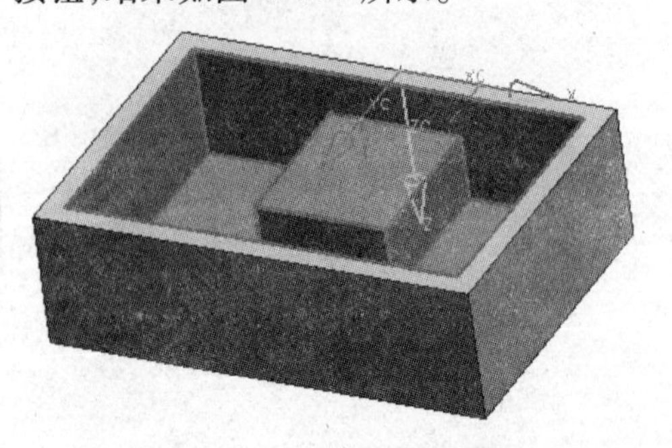

图 4.132 生成倒斜角特征

(5)保存。

4.7.4　螺　纹

螺纹就是将符号螺纹或详细螺纹添加到实体的圆柱面上。螺纹类型有两种,即符号螺纹和详细螺纹。为了在工程图中将螺纹转化为简易画法,符号螺纹的螺纹表面用虚线圆圈表示,创建速度快。详细螺纹逼真地显示了螺纹形状,但生成速度较慢。

实例4.31:创建如图4.133所示的螺纹

(1)打开光盘文件“4→4_14_luowen.prt”。

(2)通过菜单“插入→设计特征→螺纹”或单击特征工具条上的“螺纹”图标按钮,系统弹出“螺纹”对话框,如图4.134所示。

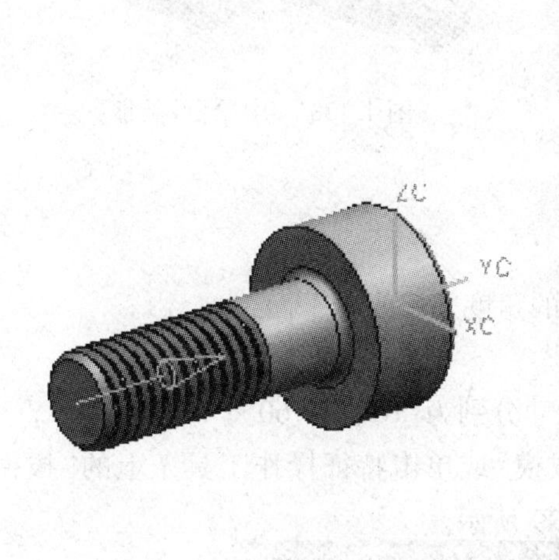

图4.133　创建螺纹特征

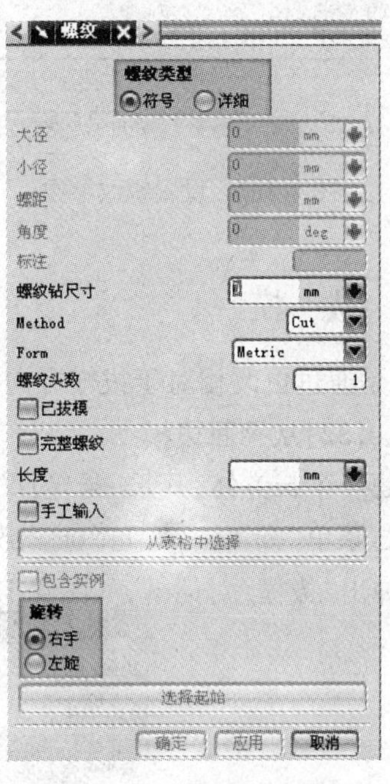

图4.134　“螺纹”对话框

(3)选择螺纹类型“详细”,选择创建螺纹所需的圆柱面,如图4.135所示。系统根据圆柱表面的参数自动确定螺纹参数,用户在使用时根据需要修改即可。“旋转”方向默认为“右手”。

(4)选择螺纹的起始面,如图4.136所示。单击“螺纹轴反向”按钮。

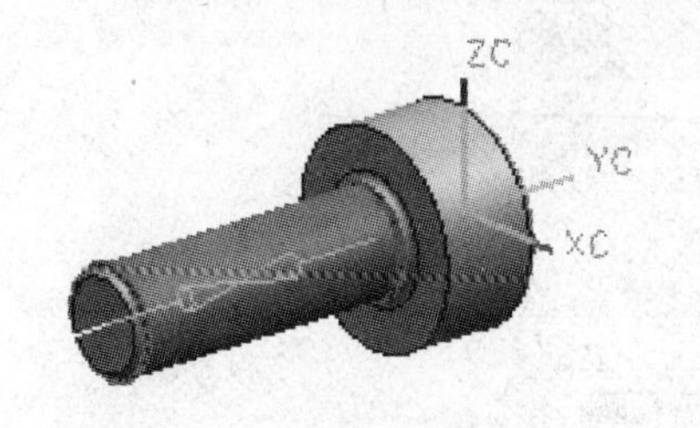

图4.135　选择圆柱面

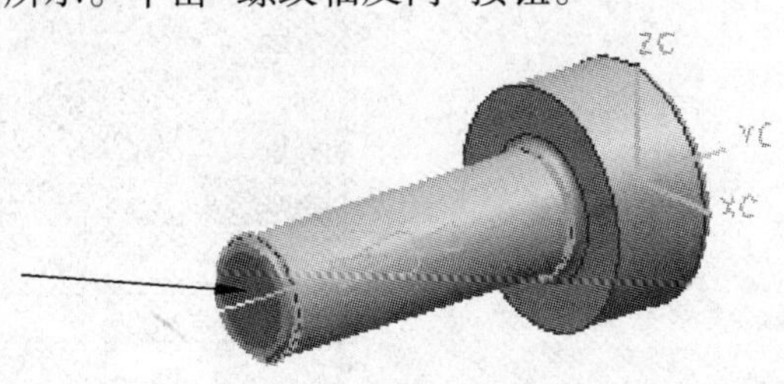

图4.136　选择起始面

(5)弹出“螺纹”对话框,设置螺纹长度的值为“20”,如图 4.137 所示。

(6)单击“确定”按钮,结果如图 4.138 所示。

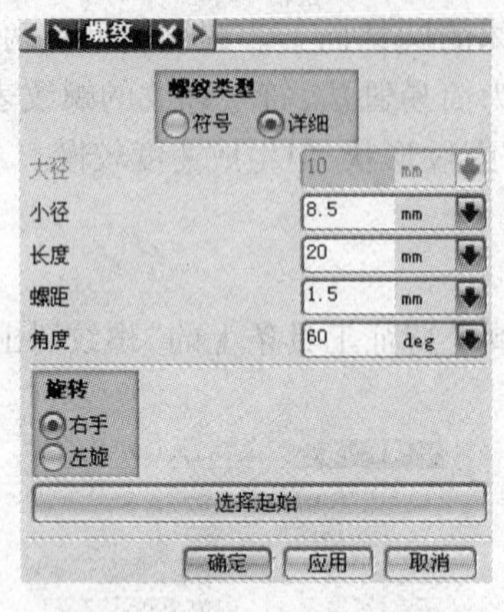

图 4.137　设置螺纹参数　　　　图 4.138　生成螺纹特征

(7)保存。

4.7.5　拔　模

拔模就是通过更改相对于拔模方向的角度来修改小平面。

1. 实例 4.32:从平面拔模

(1)创建一个长方体,其长、宽、高尺寸分别为“100、80、60”。

(2)通过菜单“插入→细节特征→拔模”或单击特征操作工具条上的“拔模”图标按钮,系统弹出“拔模”对话框,如图 4.139 所示。

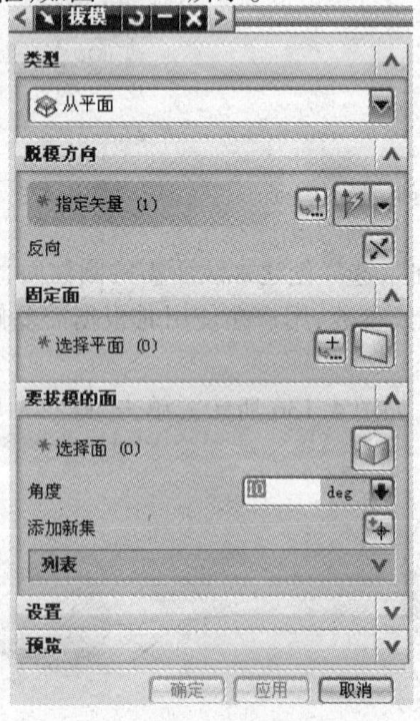

图 4.139　“拔模”对话框

(3)选择拔模类型“从平面”,选择 ZC 轴作为拔模方向,选择底面作为固定面,如图4.140所示。

(4)选择一侧面作为要拔模的面,如图 4.141 所示。

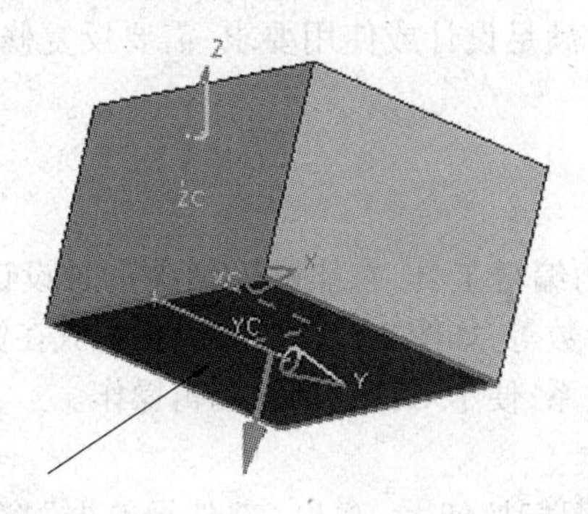

图 4.140 选择固定面

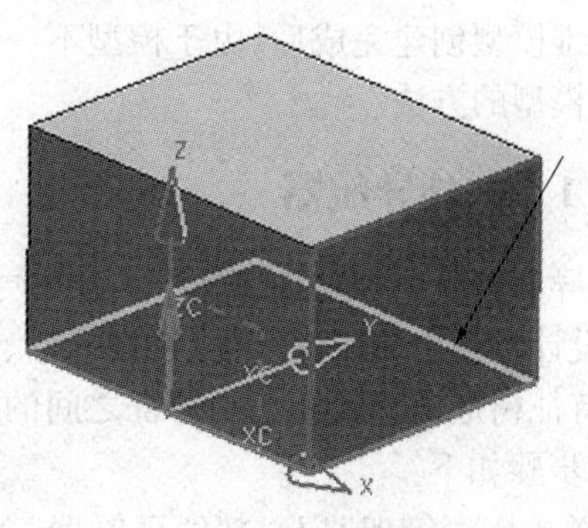

图 4.141 选择拔模面

(5)设置拔模角度的值为“30”,单击“确定”按钮,结果如图 4.142 所示。

(6)保存。

2. 实例 4.33:从边拔模

(1)创建一个长方体,其长、宽、高尺寸分别为“100、80、60”。

(2)通过菜单“插入→细节特征→拔模”或单击特征操作工具条上的“拔模”图标按钮,系统弹出“拔模”对话框。

(3)选择拔模类型“从边”,选择 ZC 轴作为拔模方向,选择底面一条边作为固定边,如图 4.143 所示。

(4)设置拔模角度的值为“30”,单击“确定”按钮,结果如图 4.144 所示。

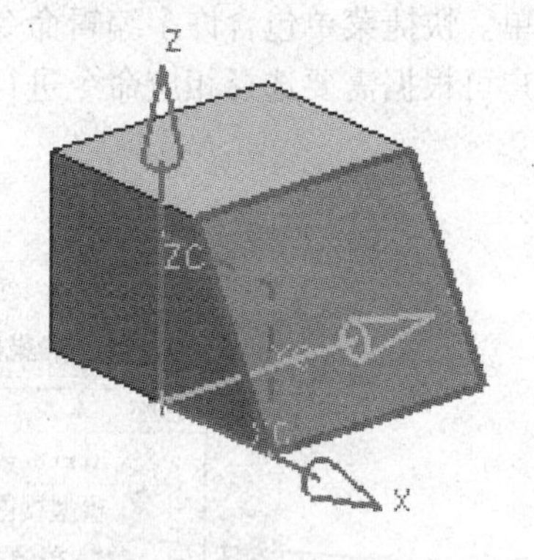

图 4.142 生成拔模特征

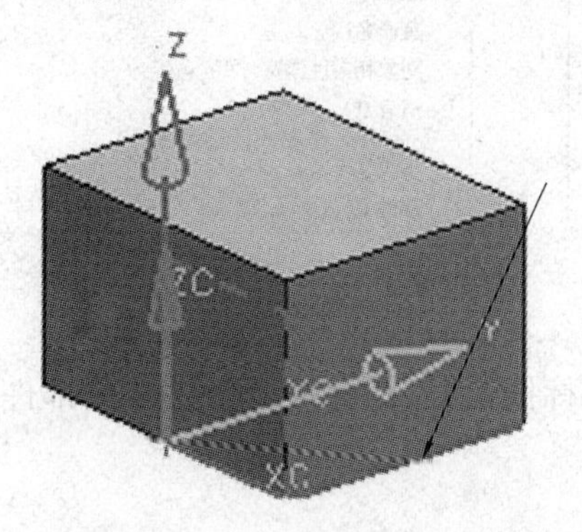

图 4.143 选择固定边

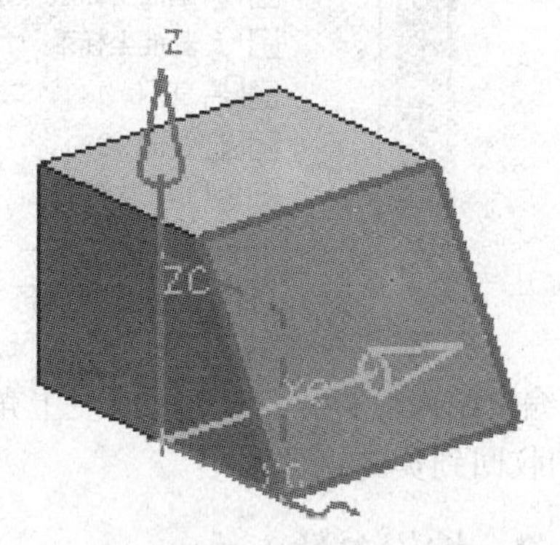

图 4.144 生成拔模特征

(5)保存。

4.8 编辑模型

在三维模型创建完成后,由于模型不一定满足设计或使用要求,需要反复修改,下面介绍编辑模型的方法。

4.8.1 部件导航器

部件导航器是一个功能强大、使用方便的编辑工具,它能够详细地记录设计的全过程,包括设计过程中所用的特征、特征操作、参数等,如图 4.145 所示。它存放在资源管理器中,以特征树形式显式模型中特征之间的关系,便于对特征进行编辑操作。

操作步骤如下:

(1)单击资源管理器上"部件导航器"的图标按钮,弹出"部件导航器"窗口,单击"窗口"左上角图标按钮,图标按钮变成,将"部件导航器"窗口固定在页面中。

(2)将鼠标放置在要编辑的特征名上,单击鼠标右键,弹出如图 4.146 所示快捷菜单。快捷菜单包含许多编辑命令,选择的特征类型不同,弹出的快捷菜单将略有不同,用户可根据需要选择相应命令进行编辑。

图 4.145　部件导航器

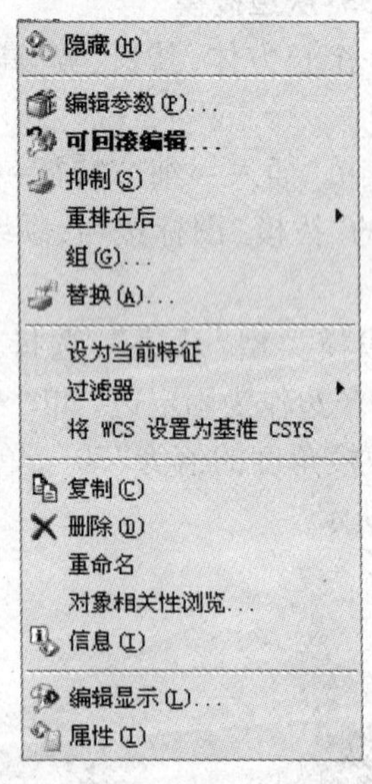

图 4.146　快捷菜单

(3)编辑结束后,再单击"窗口"左上角图标按钮,图标按钮变成,"部件导航器"窗口自动收回到资源管理器中。

4.8.2 编辑参数

编辑参数命令将修改特征的几何参数。

实例 4.34:编辑参数

(1)打开光盘文件"4→4_13_jingxiangti. prt"。

(2)通过菜单“编辑→特征”或单击编辑特征工具条上的“编辑特征参数”图标按钮，系统弹出“编辑参数”对话框，如图4.147所示。

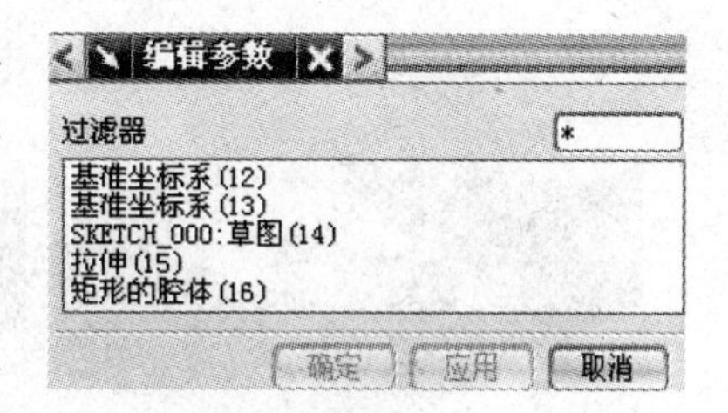

图4.147　“编辑参数”对话框

(3)系统提示选择要编辑的特征，选择“矩形的腔体(16)”特征。单击“确定”按钮，系统提示挑选对话框选项，单击“特征对话框”按钮，弹出腔体的“编辑参数”对话框，修改后“长度、宽度、深度”参数分别为“10、10、5”，如图4.148所示。

(4)双击“确定”按钮，结果如图4.149所示。

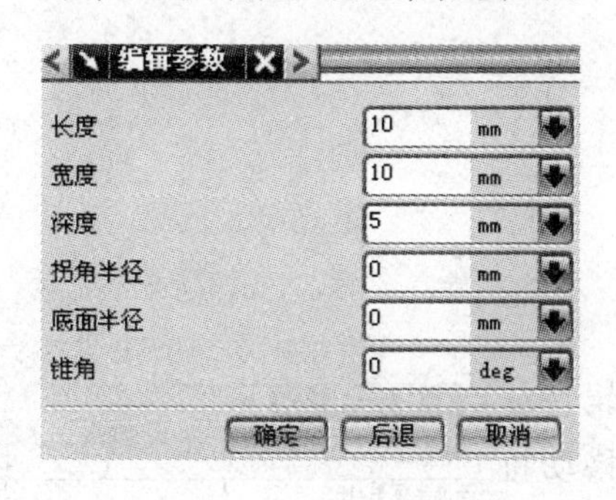

图4.148　编辑参数

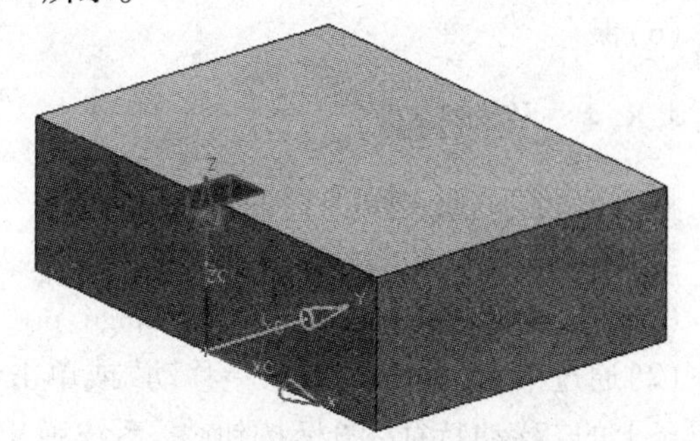

图4.149　完成编辑矩形腔体特征

(5)保存。

4.8.3　编辑位置

通过编辑特征的定位尺寸来移动特征。

实例4.35：编辑位置

(1)打开光盘文件“4→4_13_jingxiangti.prt”。

(2)通过菜单“编辑→特征→编辑位置”或单击编辑特征工具条上的“编辑位置”图标按钮，系统弹出“编辑位置”对话框，如图4.150所示。

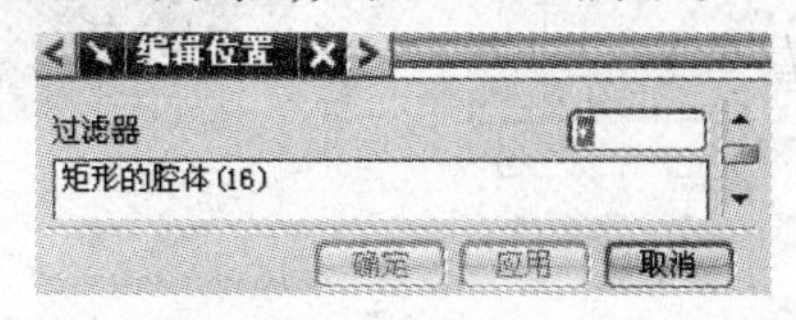

图4.150　“编辑位置”对话框

(3)系统提示选择要重定位的特征，选择“矩形的腔体(16)”特征。单击“确定”按钮，弹出“编辑位置”对话框，选择“编辑尺寸值”按钮，系统提示选择要编辑的定位尺寸，选择尺寸1，如图4.151所示。输入定位值“20”，单击“确定”按钮。

(4)选择尺寸2，如图4.152所示。输入定位值“10”。

(5)双击“确定”按钮，结果如图4.153所示。

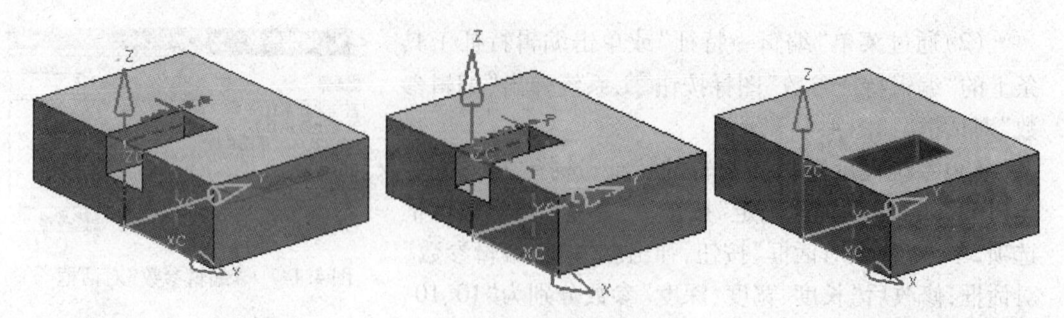

图 4.151　选择尺寸 1　　图 4.152　选择尺寸 2　　图 4.153　完成编辑矩形腔体位置

（6）保存。

4.8.4　移动特征

将非关联的特征移到所需的位置。

实例 4.36：移动特征

（1）打开光盘文件“4→4_13_jingxiangti. prt”。

（2）通过菜单“编辑→特征→移动”或单击编辑特征工具条上的“移动特征”图标按钮，系统弹出“移动特征”对话框，如图 4.154 所示。

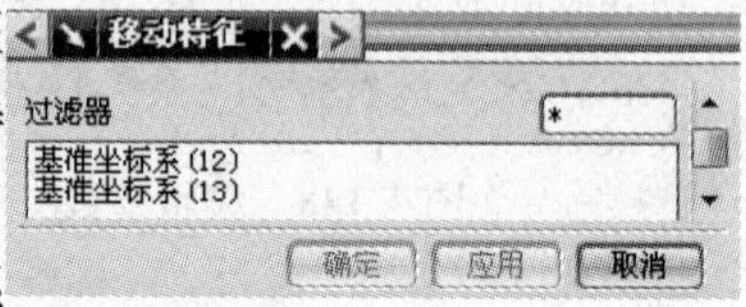

图 4.154　“移动特征”对话框

（3）系统提示选择要移动的特征，选择“基准坐标系(12)”。单击“确定”按钮，弹出“移动特征”对话框，分别输入“DXC、DYC、DZC”参数为“20、50、0”，如图 4.155 所示。

（4）单击“确定”按钮，结果如图 4.156 所示。

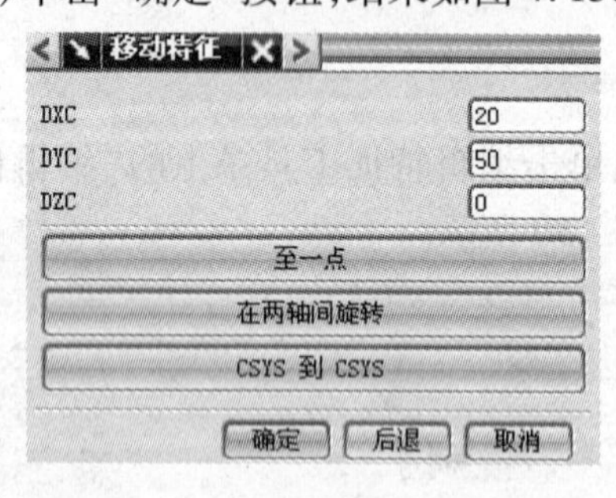

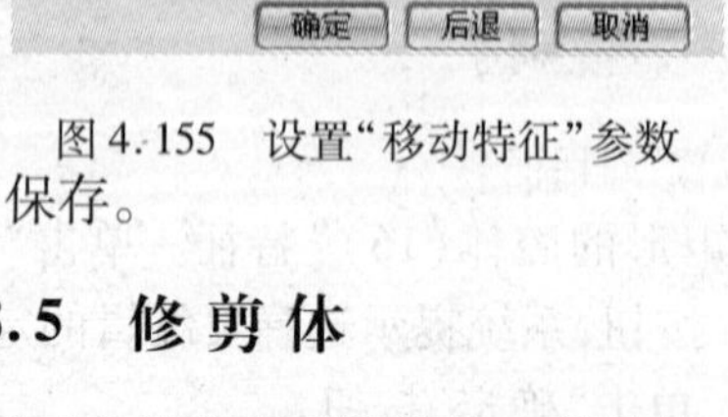

图 4.155　设置“移动特征”参数

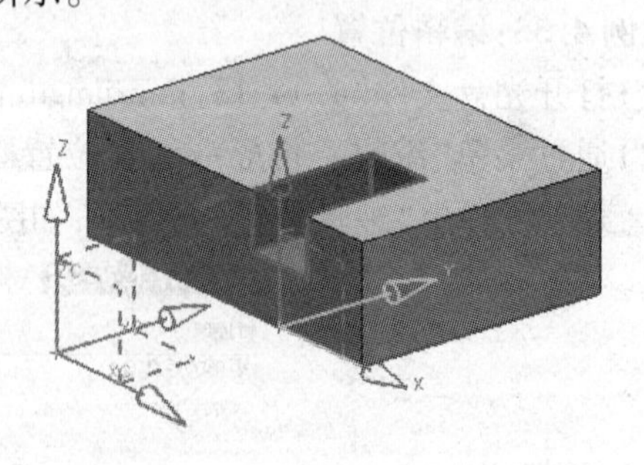

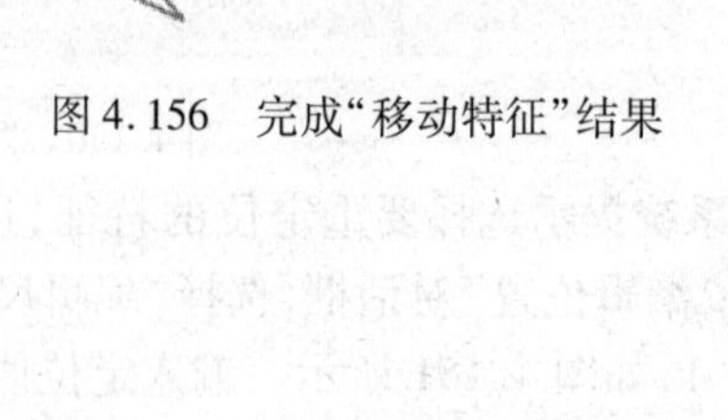

图 4.156　完成“移动特征”结果

（5）保存。

4.8.5　修 剪 体

使用面或基准平面修剪掉一部分体。

实例 4.37：修剪体

（1）打开光盘文件“4→4_13_jingxiangti. prt”。

（2）通过菜单“插入→修剪→修剪体”或单击特征操作工具条上的“修剪体”图标按钮，系统弹出“修剪体”对话框，如图 4.157 所示。

(3)系统提示选择要修剪的目标体,选择实体,如图4.158所示。

(4)系统提示选择修剪所用的工具面或基准平面,选择YC-ZC平面,如图4.159所示。

(5)单击"确定"按钮,结果如图4.160所示。

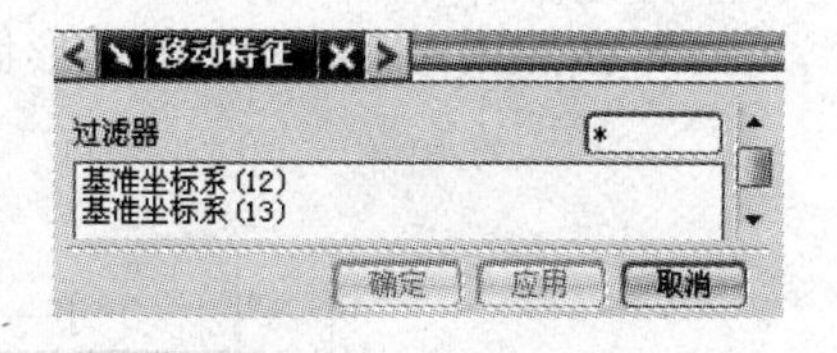

图4.157　"修剪体"对话框

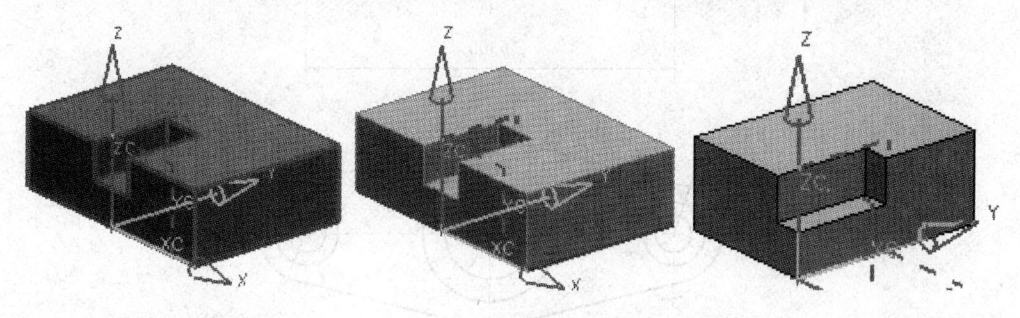

图4.158　选择实体　　图4.159　选择基准面　　图4.160　修剪矩形腔体

(6)保存。

本章小结

本章主要介绍了单个实体的建模方法,包括由曲线建立实体、由体素特征建立实体、创建基准特征、创建设计特征、实体布尔操作、关联复制特征、创建细节特征和编辑模型等内容。其中重点讲解了特征操作,并在特征创建的基础上,进一步介绍了特征的相关操作功能,利用这些操作,可以创建出更为复杂的实体以满足设计要求,在操作过程中要注意特征操作前后的关联性。

习　题

1.按照图4.161所示的图形创建实体。

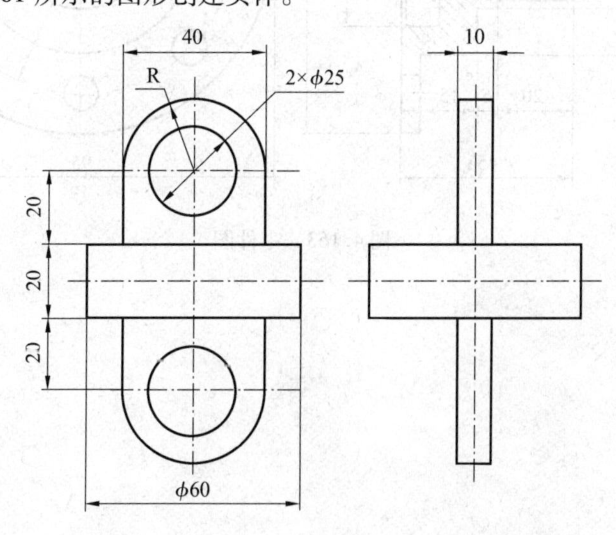

图4.161　零件图

2. 按照图 4.162 所示的图形创建实体。

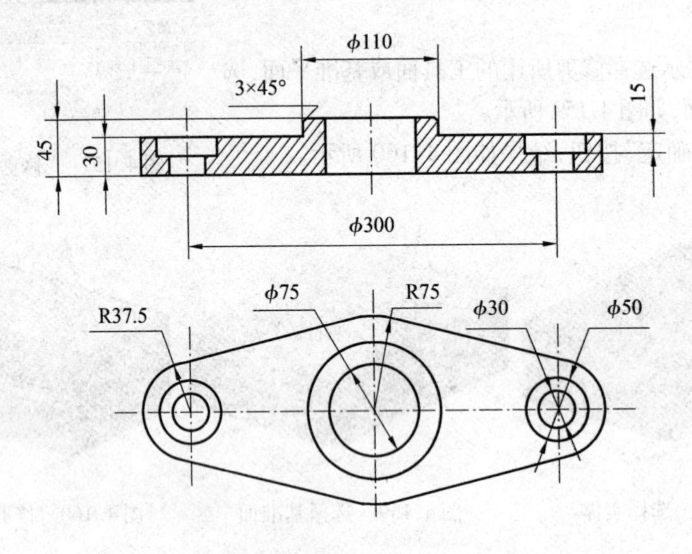

图 4.162 零件图

3. 按照图 4.163 所示的图形创建实体。

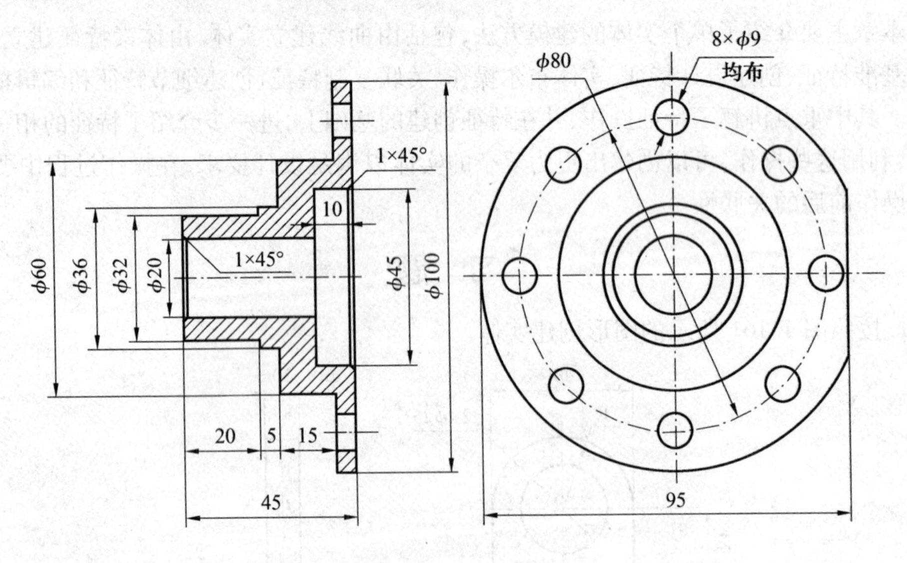

图 4.163 零件图

第5章 简单零件

本章通过4个实例来介绍常用基本零件的建模过程和方法,并且介绍UGNX6.0中多种零件制作工具的使用。本章制作的简单零件包括内六角圆柱头螺钉、连杆、支座、弹簧。常用基本零件在UGNX6.0中属于最基本的建模,现实生活中常见的很多产品都属于基本零件。

5.1 内六角圆柱头螺钉的建模设计

5.1.1 建模要求

在本例中,将建立内六角圆柱头螺钉GB/T 70.1—2000 M8×35的三维模型。已知:内六角圆柱头螺钉的外形结构简图如图5.1所示。标准化产品的规格见表5.1(注:所有数据均引自《机械设计手册软件版3.0》)。

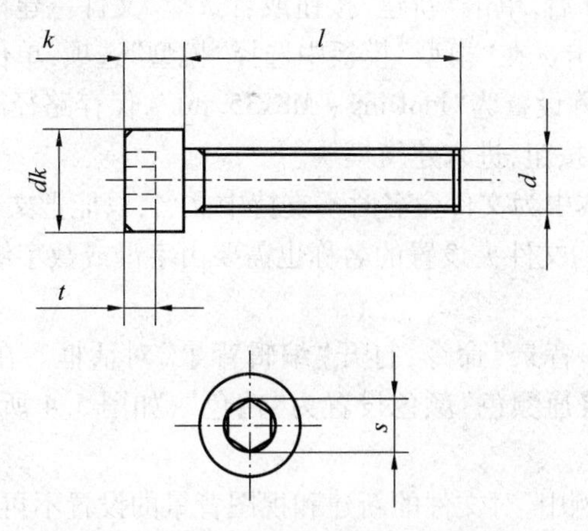

图5.1 内六角圆柱头螺钉结构简图

表5.1 部分内六角圆柱头螺钉的规格

螺纹规格 d	b 参考	k	s	t	dk	l 长度范围
6	24	6	5	3	10	10~60
8	28	8	6	4	13	12~80
10	32	10	8	5	16	16~100

5.1.2 建模分析

(1)先查机械设计手册,明确螺钉的结构尺寸,了解其结构特征。

(2)新建部件文件。

(3)创建螺钉头部和螺钉杆圆柱体。

(4)创建螺钉杆螺纹特征。

(5)创建内六角螺钉孔特征。

(6)创建螺钉头倒圆角特征,模型的最终效果如图 5.2 所示。

5.1.3 建模步骤

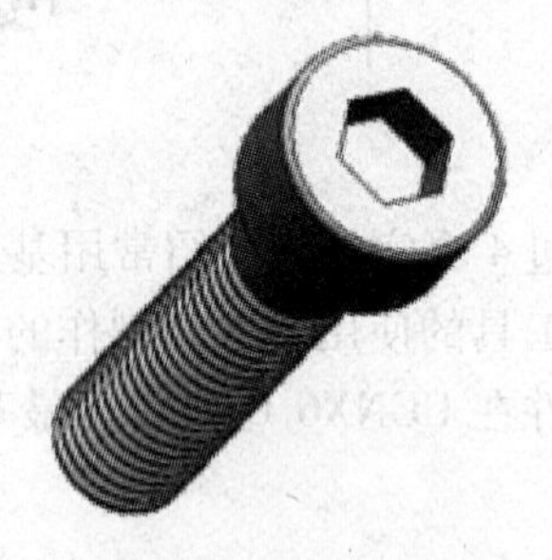

图 5.2 内六角圆柱头螺钉 M8×35 的三维模型

根据表 5.1 可知内六角圆柱头螺钉 GB/T 70.1—2000 M8×35 的外形尺寸为

螺纹规格 $d = \mathrm{M8}$

b 参考 $=28$

$dk_{\max}$(光滑)$=13$

$k_{\max}=8$

$e_{\min}=6.86$

s 公称 $=6$

$t_{\min}=4$

$l=35$

1. 新建部件文件

(1)启动 UGNX6.0 后,单击“新建”按钮或者选择“文件→建模”命令,弹出“文件”对话框,选择“模型”选项卡。在“模型”模板中选择“模型”选项,单位设置为“毫米”,在“新文件名”选项卡下将名称设置为“luoDing - M8x35. prt”,保存路径改为“F:\UGlixi\”,如图 5.3 所示。单击“确定”按钮,进入建模模块。

提示:在 UG 各版本中为文件命名时不支持中文名,只能把文件名称设置为字母或数字组成的名称。另外,为文件夹设置的名称也需要由字母或数字组成的,否则会提示出现错误信息。

(2)选择“首选项→背景”命令,打开“编辑背景”对话框。在“着色视图”栏中单击“普通”颜色按钮,将“普通颜色”颜色设置为“白色”,如图 5.4 所示。单击“确定”按钮,完成背景颜色的设置。

提示:在以后的实例中,对文件的新建和视图背景的设置不再赘述。

2. 创建螺钉头部圆柱体

(1)选择“插入→设计特征→圆柱体”命令,或单击成型特征工具栏上的图标按钮,系统弹出“圆柱”对话框。将“类型”设置为“轴、直径和高度”选项。选择 YC 轴和坐标原点作为圆柱体的矢量和原点;然后在“尺寸”面板中设置“直径”和“高度”的参数值,分别为“13”和“8”,如图 5.5 所示。

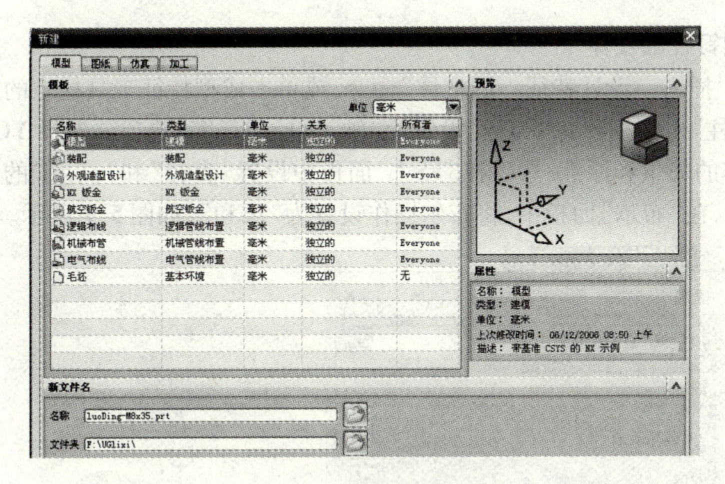

图5.3 “新建”对话框

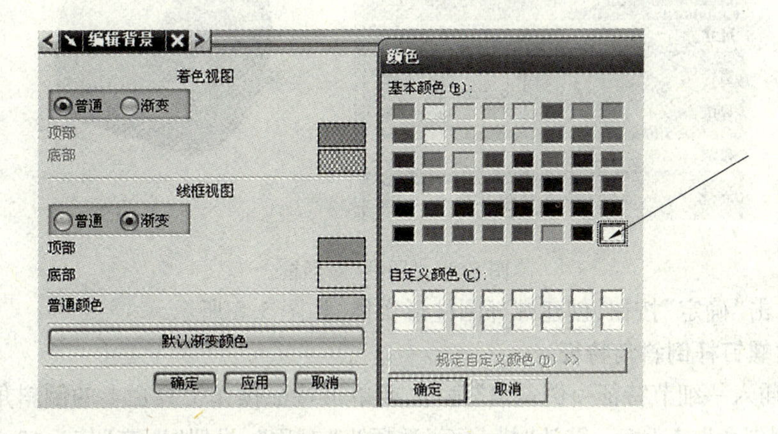

图5.4 “颜色”对话框

(2)单击“确定”按钮,创建圆柱形实体,如图5.6所示。

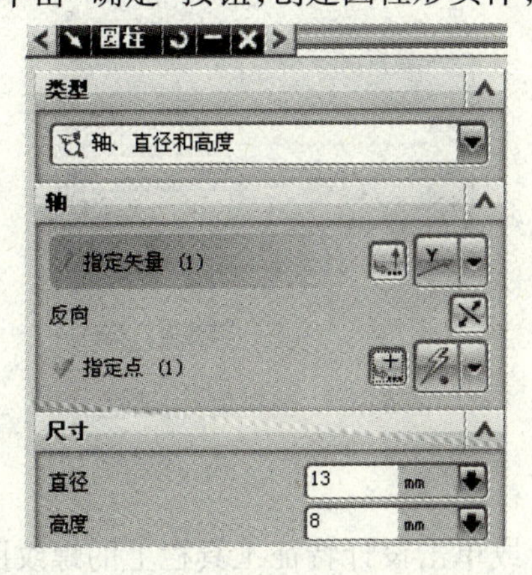

图5.5 “圆柱”对话框

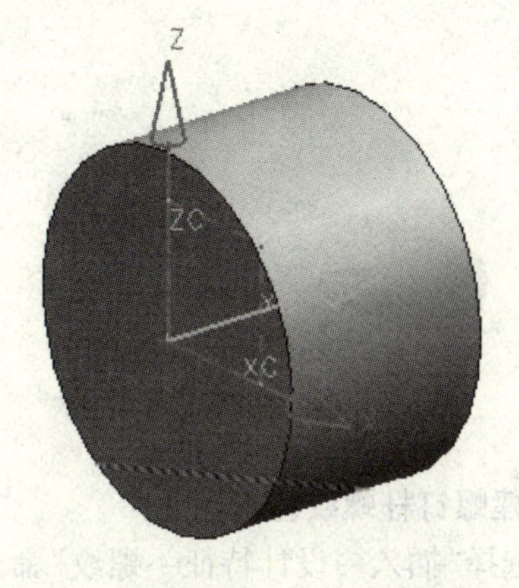

图5.6 创建的螺钉头部圆柱体

3. 创建螺钉杆圆柱体

(1)选择“插入→设计特征→圆柱体”命令，或单击成型特征工具栏上的图标按钮，系统弹出“圆柱”对话框。将“类型”设置为“轴、直径和高度”选项。选择 YC 轴和坐标原点作为圆柱体的矢量和原点；然后在“尺寸”面板中设置“直径”和“高度”的参数值，分别为“8”和“35”，在“布尔”面板中，将布尔操作设置为“求和”，如图 5.7 所示。

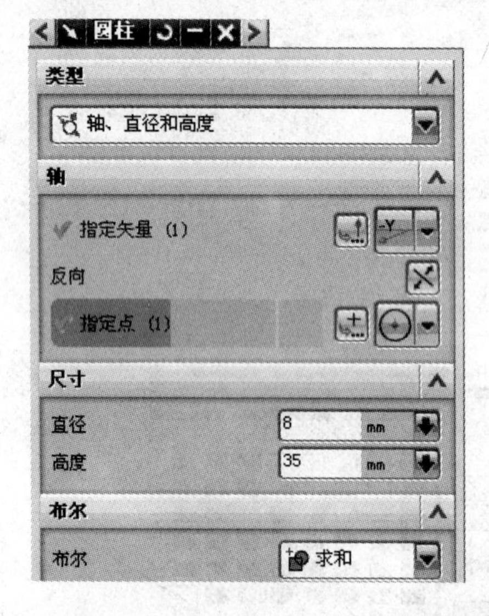

图 5.7 “圆柱”对话框

(2)单击“确定”按钮，创建螺杆圆柱形实体，如图 5.8 所示。

4. 创建螺钉杆倒斜角特征

选择“插入→细节特征→倒斜角”命令，或单击特征操作工具栏上的倒斜角图标按钮，弹出“倒斜角”对话框。默认“横截面”选项为“对称”，设置“距离”值为“0.5”，选择螺钉杆下边线，如图 5.9 所示，单击“确定”按钮。

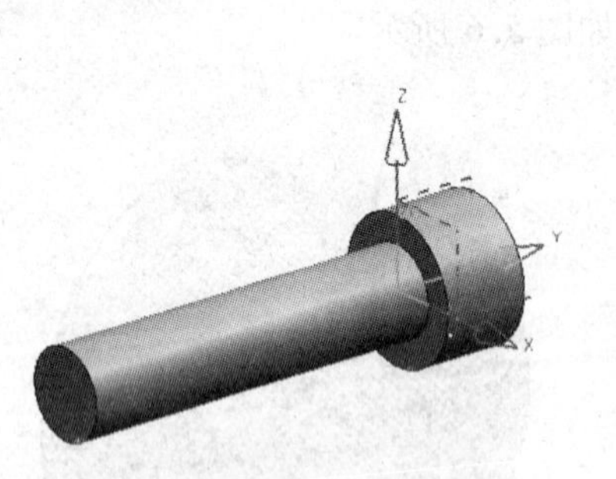

图 5.8 创建的螺钉杆圆柱体

图 5.9 “倒斜角”对话框

5. 创建螺钉杆螺纹特征

(1)选择“插入→设计特征→螺纹”命令，或单击设计特征工具栏上的螺纹图标按钮，系统弹出“螺纹”对话框。在“螺纹类型”选项中选择“详细”选项，在“旋转”选项中默认“右手”选项，然后根据提示栏提示选择螺钉杆外圆柱面，选择螺钉杆小端面作为起始面,在弹出的对话框中选择“螺纹轴反向”按钮,如图5.10所示。长度参数设置为28,其余参数默认。

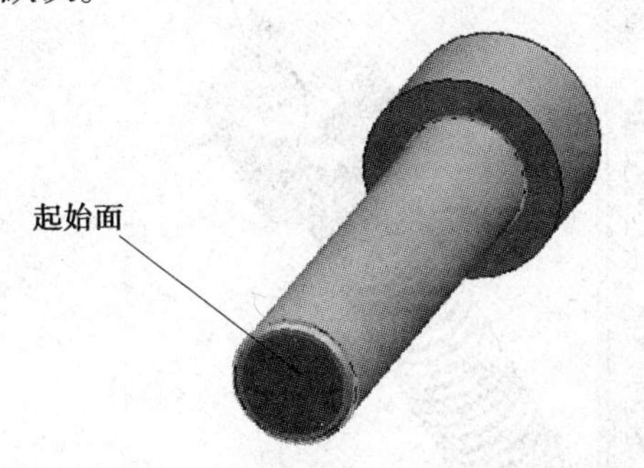

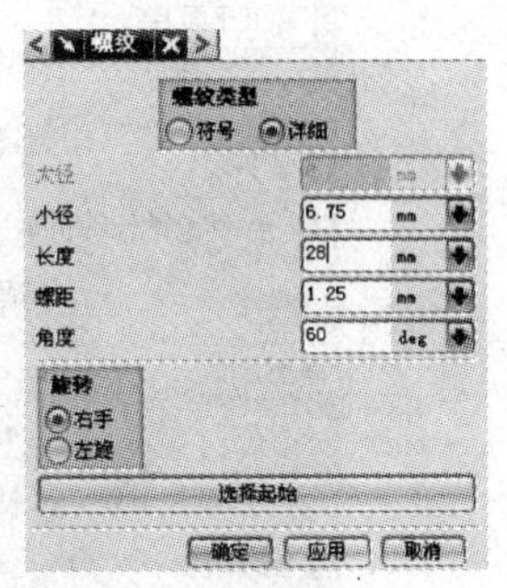

图5.10　“螺纹”对话框

(2)单击“确定”按钮,创建螺钉杆螺纹特征,如图5.11所示。

6. 创建内六角螺钉孔特征

(1)草图首选项设置。选择“首选项→草图”命令,弹出“草图首选项”对话框,在“草图样式”选项卡中,设置“尺寸标签”为“值”,设置“文本高度”为“2”,如图5.12所示,单击“确定”按钮。

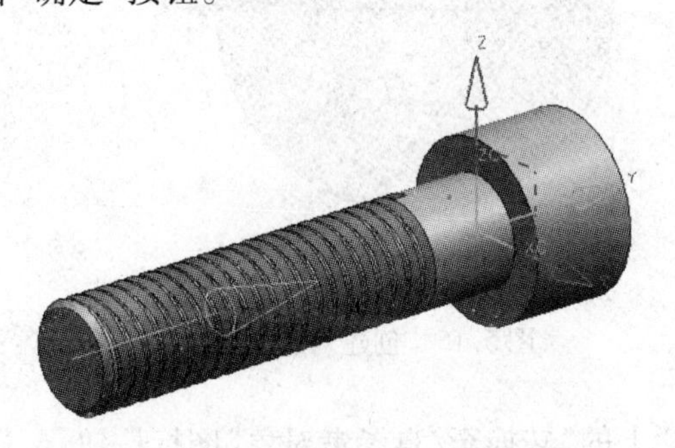

图5.11　创建螺钉杆螺纹特征

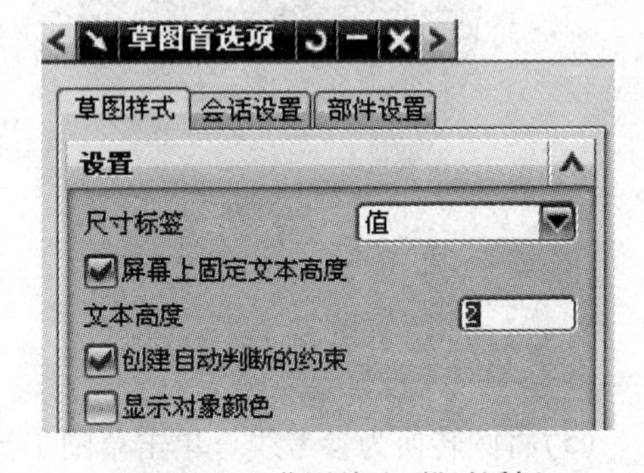

图5.12　“草图首选项”对话框

(2)创建草图。单击特征工具栏上的“草图”图标按钮,弹出“创建草图”对话框,选择螺钉头部上表面作为草图平面,如图5.13所示。单击“确定”按钮。

(3)创建圆。单击草图工具栏上的“圆”图标按钮,选择坐标原点绘制一个直径约为7的圆;然后单击草图工具栏上的“自动判断的尺寸”图标按钮,标注圆直径尺寸为“6.9”,此时草图已完全约束,如图5.14所示。

(4)创建多边形。单击草图工具栏上的“配置文件”图标按钮,在圆内绘制六边形,约束六条边等长,再将六条边的交点约束在曲线上,结果如图5.15所示,草图完全约束。

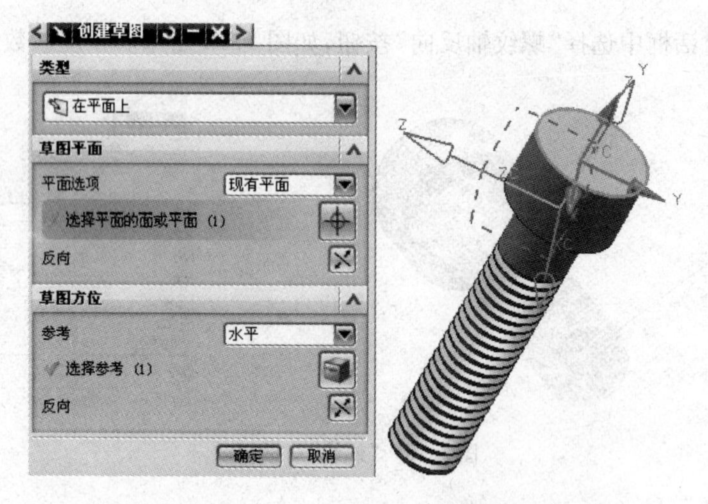

图 5.13 “创建草图”对话框

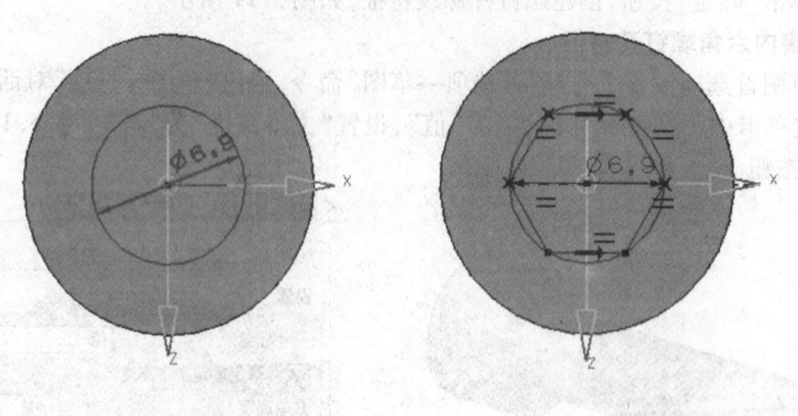

图 5.14 创建的圆　　　　图 5.15 创建六边形

(5)将圆转换为参考线。单击草图工具栏上的“转换至/自参考对象”图标按钮，选择圆，将圆转化为参考线，单击草图生成器工具栏“完成草图”按钮，退出“草图”绘制环境。

(6)单击特征工具栏上“拉伸”图标按钮，弹出“拉伸”对话框，选择刚才草绘的六边形曲线，在“方向”面板中单击“反向”图标按钮，在“距离”面板中设置“起始”距离为“0”，“结束”距离为“4”，在“布尔”面板中设置“求差”选项，如图 5.16 所示。单击“确定”按钮，如图 5.17 所示。

(7)创建螺钉头边倒圆特征。选择“插入→细节特征→边倒圆”命令，或单击特征操作工具栏上的边倒圆图标按钮，弹出“边倒圆”对话框。设置参数“Radius 1”值为“0.5”，选择螺钉头上下边，如图 5.18 所示。

单击“确定”按钮，完成内六角圆柱头螺钉 M8 ×35 的建模工作，如图 5.19 所示。

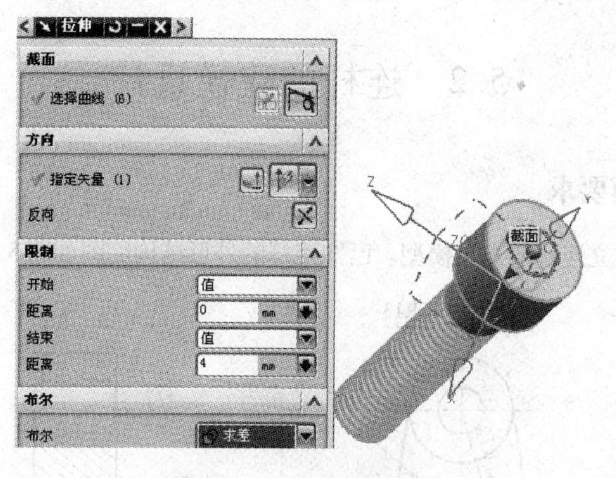

图 5.16 “拉伸”对话框

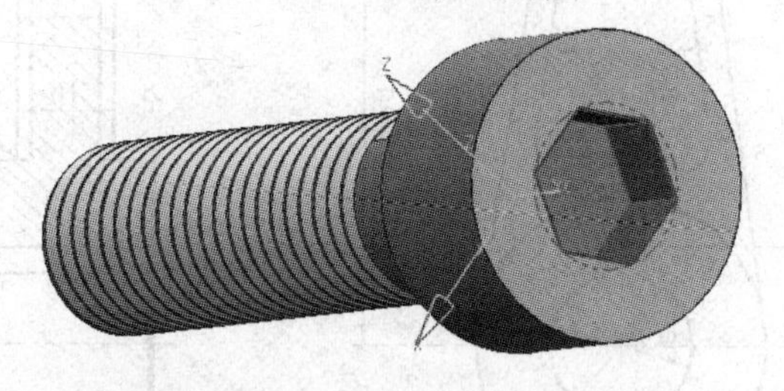

图 5.17 创建的内六角螺钉孔特征

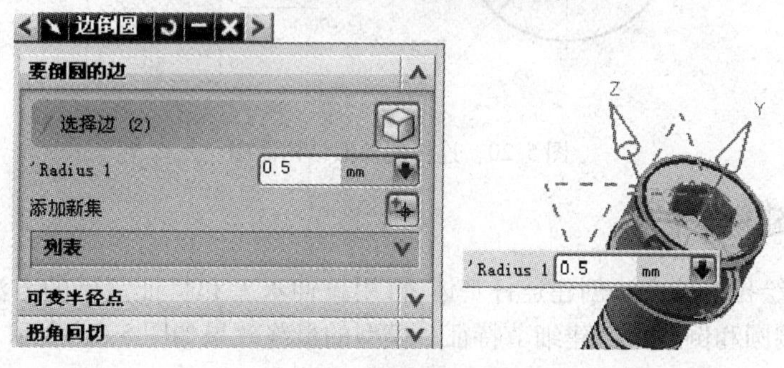

图 5.18 “边倒圆”对话框

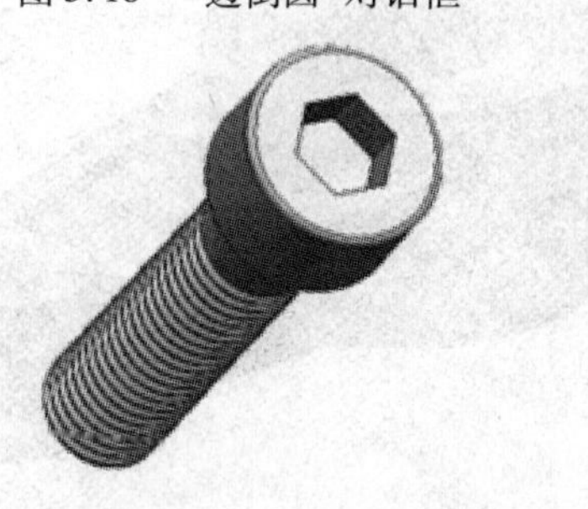

图 5.19 创建的螺钉头倒圆角特征

(8)保存。选择“文件→保存”命令,或单击标准工具栏保存图标按钮,进行保存。

5.2　连杆的建模设计

5.2.1　建模要求

在本例中,将建立连杆的三维模型。已知连杆的外形结构简图如图 5.20 所示。

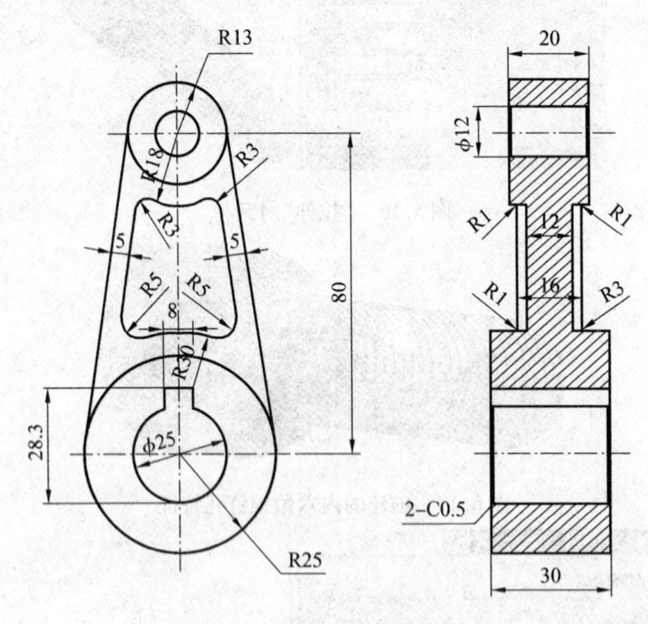

图 5.20　连杆的外形结构简图

5.2.2　建模分析

先通过草绘拉伸的方法创建连杆基体,再用拉伸求差和特征镜像的方法创建截面特征,最后用边倒圆和倒斜角创建细节特征。模型的最终效果如图 5.21 所示。

图 5.21　连杆的三维模型

5.2.3　建模步骤

根据图 5.20 可知连杆的外形尺寸。

1. 新建部件文件

启动 UGNX6.0 后，单击“新建”按钮或者选择“文件→建模”命令，弹出“文件”对话框，选择“模型”选项卡。在“模型”模板中选择“模型”选项，单位设置为“毫米”，在“新文件名”选项卡下将名称设置为“LianGan. prt”，保存路径改为“F: \UGlixi\”，单击“确定”按钮，进入建模模块。

2. 创建连杆基体拉伸特征

(1)创建草图平面。单击特征工具栏上的“拉伸”图标按钮，弹出“拉伸”对话框，在“截面”面板中单击“绘制截面”按钮，弹出“创建草图”对话框，在“草图平面”面板中选择“现有平面”选项，默认 XC - YC 平面作为当前草图平面，如图 5.22 所示。单击“确定”按钮，进入草图绘制平面。

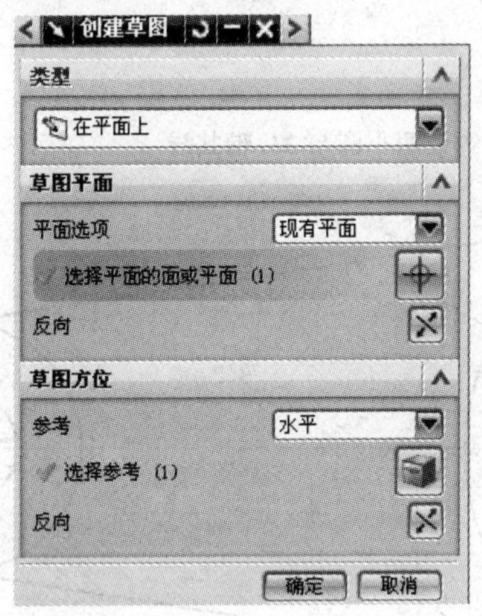

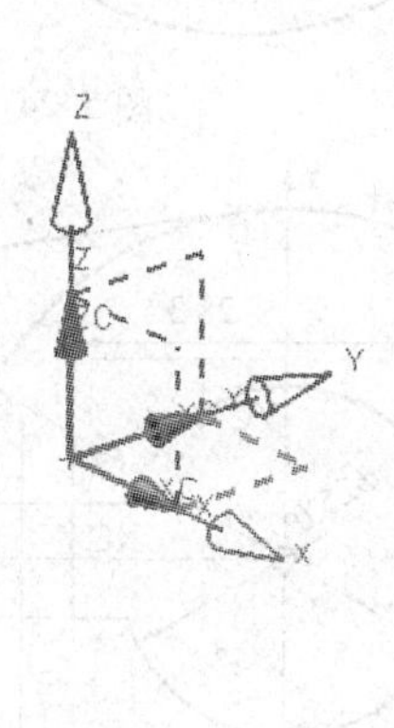

图 5.22 “创建草图”对话框

(2)绘制连杆基体草图。选择基准坐标系原点作为圆的中心点绘制两个同心圆，然后单击草图工具栏上的“自动判断的尺寸”图标按钮，分别标注两圆直径尺寸为“25”、“50”，两圆即完全约束。单击草图工具栏上的“矩形”图标按钮，在小圆右侧绘制矩形，然后单击草图工具栏上的“自动判断的尺寸”图标按钮，分别标注键槽毂孔尺寸为“28.3”、“4.0”、“8.0”，单击“快速修剪”按钮，将多余的线段修剪掉，结果如图 5.23 所示。

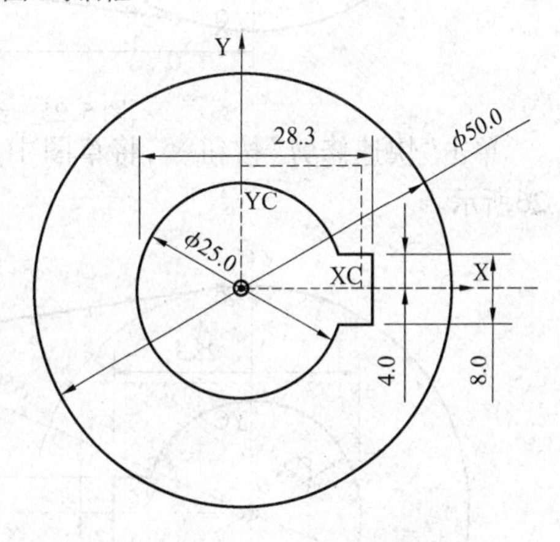

图 5.23 绘制的草图

在坐标原点右侧绘制两同心小圆，分别标注两小圆直径尺寸为“12.0”、“26.0”，在弹出的“约束”对话框中，单击图标按钮，约束两小圆与 XC 轴共线，如图 5.24 所示。

单击草图工具栏上的“自动判断的尺寸”图标按钮，标注两小圆至 YC 轴距离为“80.0”。单击草图工具栏上的“直线”图标按钮，同时激活点捕捉按钮，绘制与两外圆切线,如图 5.25 所示。

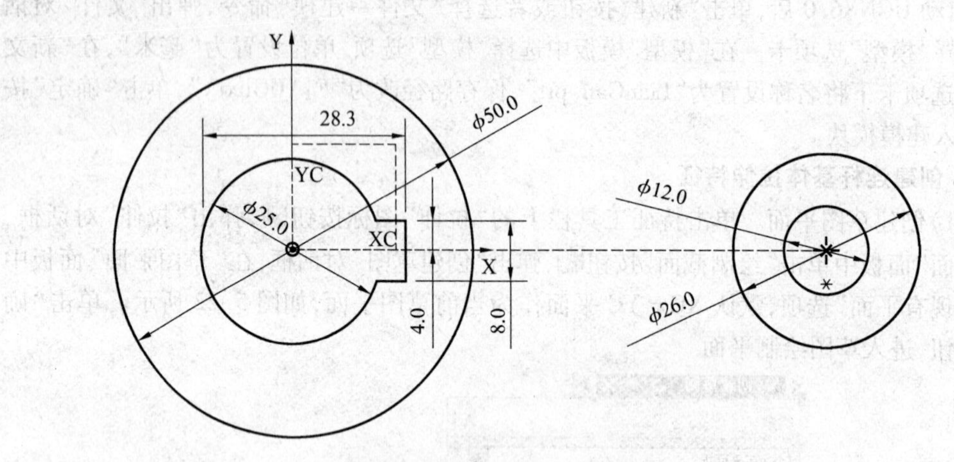

图 5.24 约束两小圆与 XC 轴共线

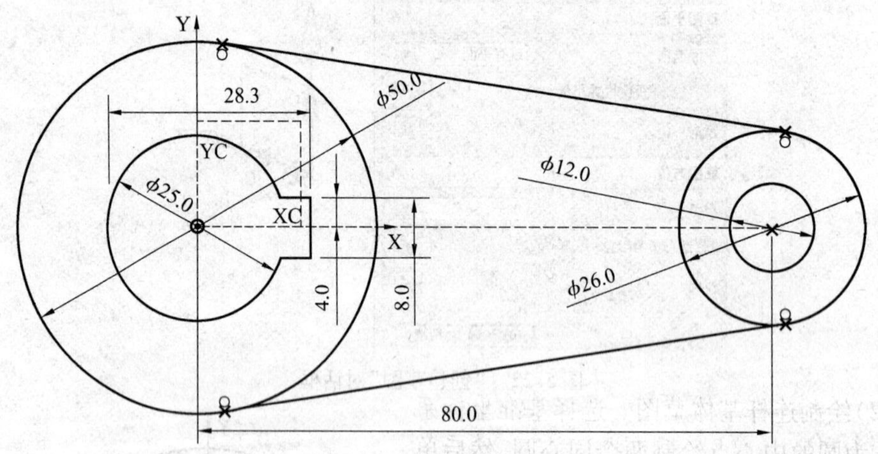

图 5.25 绘制与两外圆切线

单击"快速修剪"按钮,将草图中两大圆内侧弧线段修剪掉,修剪后的草图如图5.26所示。

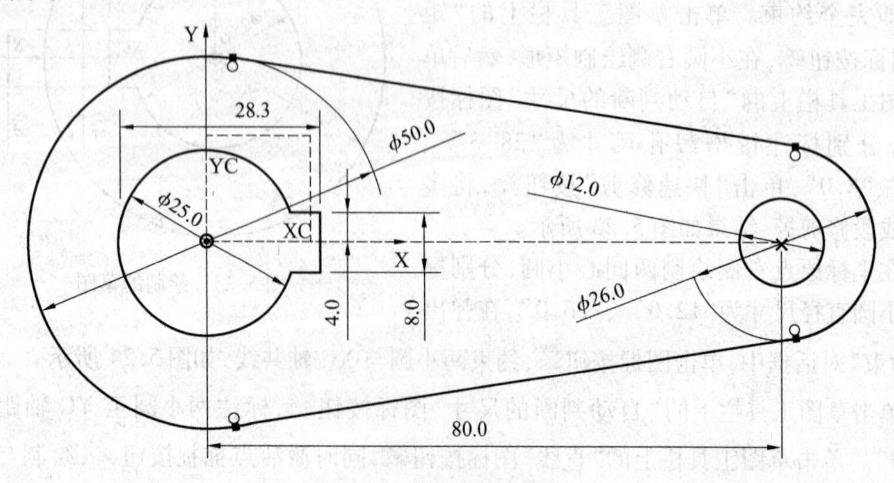

图 5.26 修剪多余圆弧

提示:在操作中可将尺寸表达式隐藏,使草图界面显得更加简洁。

单击草图生成器工具栏“完成草图”按钮 完成草图,退出“草图”绘制环境。

(3)单击特征工具栏上“拉伸”图标按钮,弹出“拉伸”对话框,在“限制”面板中将“结束”栏选择“对称值”,将“距离”设置为“10”,视图中显示预览结果,如图5.27所示。

单击“确定”按钮,生成拉伸实体。

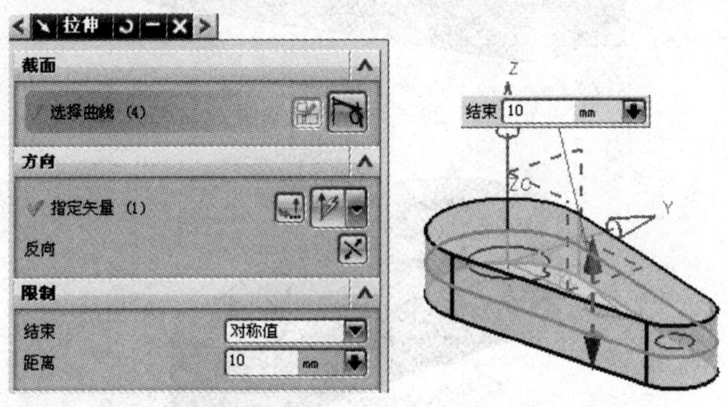

图5.27　拉伸对话框和预览结果

3. 创建连杆基体拉伸求差特征1

(1)创建草图平面。单击特征工具栏上的“拉伸”图标按钮,弹出“拉伸”对话框,在“截面”面板中单击“绘制截面”按钮,弹出“创建草图”对话框,在“草图平面”面板中选择“创建平面”选项,单击“完整平面工具”图标按钮,弹出“平面”对话框,在“类型”面板中选择“XC - YC平面”,设置“距离”值为10,如图5.28所示。单击“确定”按钮,进入草图绘制平面。

(2)单击草图工具栏上的“圆”图标按钮,分别选择两圆的中心点绘制两个圆。单击“直线”图标按钮绘制两圆切线,然后使用“快速修剪”将草图中两圆外侧弧线段修剪掉,修剪后的草图如图5.29所示。单击草图生成器工具栏“完成草图”按钮 完成草图,退出“草图”绘制环境。

图5.28　“平面”对话框

(3)在“拉伸”对话框中,单击“反向”按钮,指定矢量方向向下。设置开始距离值为“0”,结束距离值为“2”,“布尔”操作类型选择“求差”选项,单击“确定”按钮。创建连杆基体拉伸求差特征1,单击实用工具栏“隐藏”图标按钮,隐藏基准平面和草图,如图5.30所示。

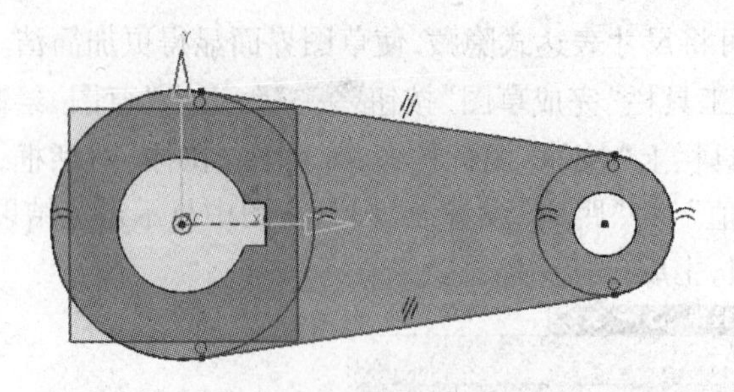

图 5.29　修剪后的草图

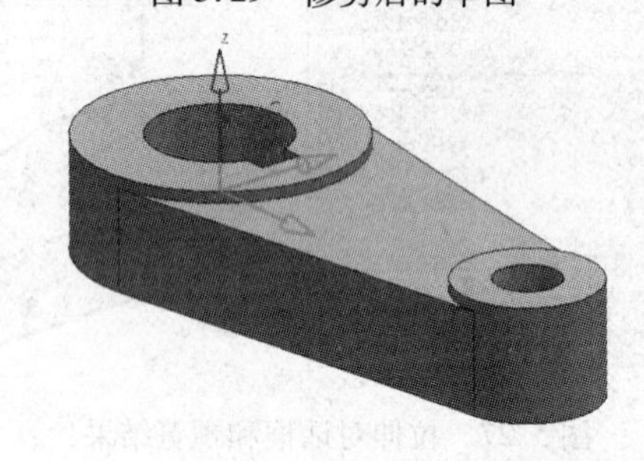

图 5.30　创建的连杆基体拉伸求差特征 1

4. 创建连杆基体拉伸求差特征 2

(1)创建草图平面。单击特征工具栏上的“拉伸”图标按钮，弹出“拉伸”对话框，在“截面”面板中单击“绘制截面”按钮，弹出“创建草图”对话框，在“草图平面”面板中选择“创建平面”选项，单击“完整平面工具”图标按钮，弹出“平面”对话框，在“类型”面板中选择“XC－YC 平面”，设置“距离”值为 8。单击“确定”按钮，进入草图绘制平面。

(2)单击草图工具栏上的“圆”图标按钮，分别选择两圆的中心点绘制两个圆。单击“直线”图标按钮绘制两圆切线，然后使用“快速修剪”将草图中两圆外侧弧线段修剪掉，然后单击草图工具栏上的“偏置曲线”图标按钮，弹出“偏置曲线”对话框，选择其中的一条曲线，偏置距离设置为“5”，如图 5.31 所示。单击“确定”按钮。

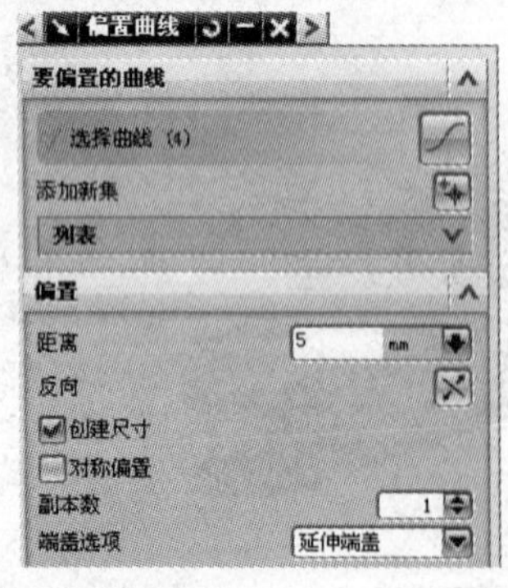

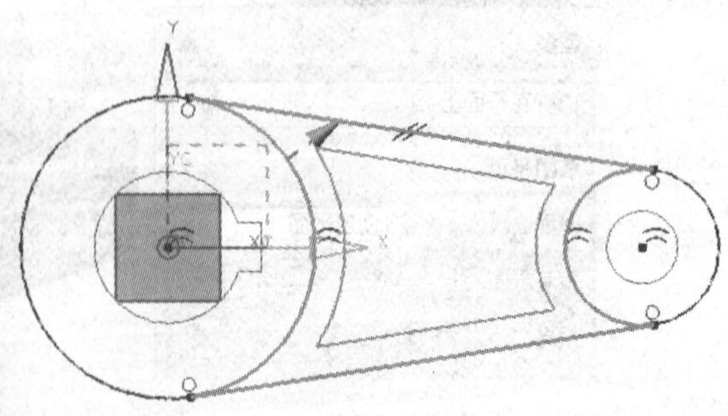

图 5.31　“偏置曲线”对话框

(3)单击草图工具栏上的“显示/移除约束”图标按钮，弹出“显示/移除约束”对话框，选择任意曲线，选择“显示约束”面板中的“偏置”选项，单击按钮“移除高亮显示的”，将“偏置”约束移除，如图 5.32 所示。单击“确定”按钮。

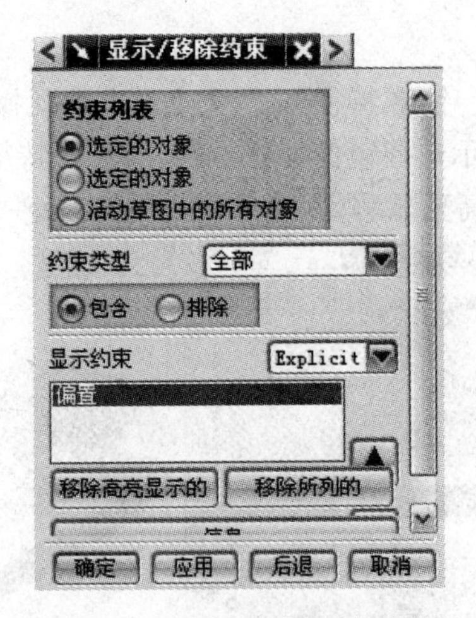

图 5.32　“显示/移除约束”对话框

(4)单击“快速修剪”将偏置曲线中外圈曲线修剪掉,修剪后的草图如图 5.33 所示。单击草图生成器工具栏“圆角”图标按钮创建圆角,圆角半径分别为“5.0”和“3.0”,如图5.34 所示。单击草图生成器工具栏“完成草图”按钮,退出“草图”绘制环境。

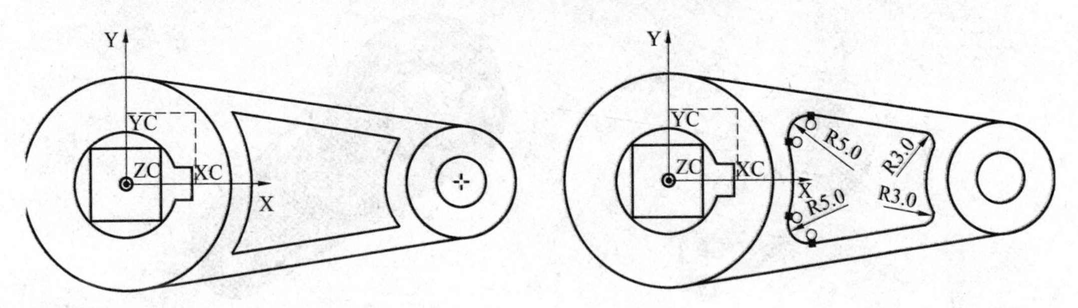

图 5.33　修剪后的草图　　　　图 5.34　创建圆角

(5)在“拉伸”对话框中,单击“反向”按钮,指定矢量方向向下。设置开始距离值为“0”,结束距离值为“2”,“布尔”操作类型选择“求差”选项,单击“确定”按钮。创建的连杆基体拉伸求差特征 2 如图 5.35 所示。

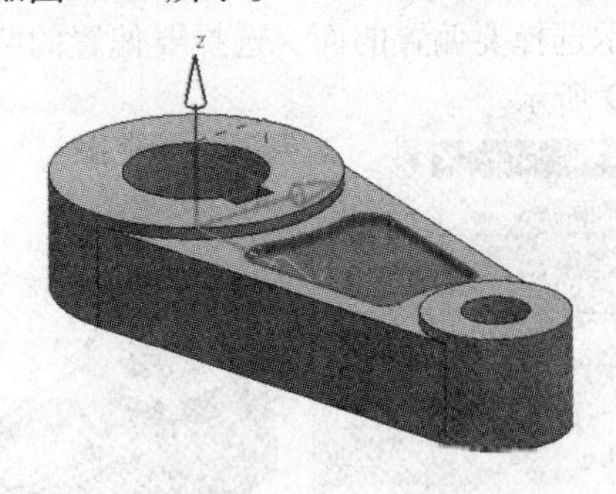

图 5.35　创建的连杆基体拉伸求差特征 2

5. 创建镜像特征

单击“插入→关联复制→镜像特征”命令,或单击特征操作工具条图标按钮,弹出“镜像特征”对话框,系统提示选择镜像特征。打开“相关特征”下拉菜单,按住 Ctrl 键,选择需镜像的特征,被选特征高亮显示,如图 5.36 所示。

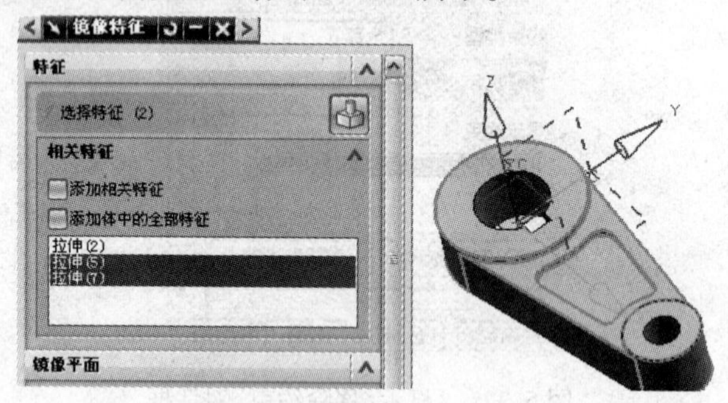

图 5.36　选择镜像特征

单击“指定平面”,并在视图中选择“XC - YC”平面为镜像平面,如图 5.37 所示。

单击“确定”按钮,创建的镜像特征如图 5.38 所示。

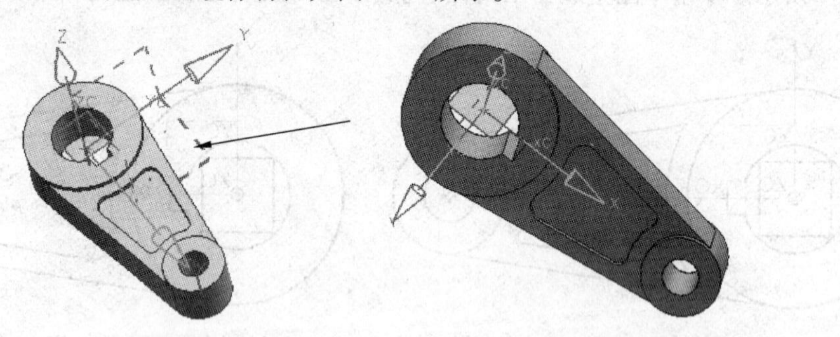

图 5.37　选择“XC - YC”平面　　　　图 5.38　创建的镜像特征

6. 创建偏置面特征

单击“插入→偏置/缩放→偏置面”命令,或单击特征操作工具条图标按钮,弹出“偏置面”对话框,系统提示选择要偏置的面。选择要偏置的两个面,被选面高亮显示,设置偏置值为“5”,如图 5.39 所示。

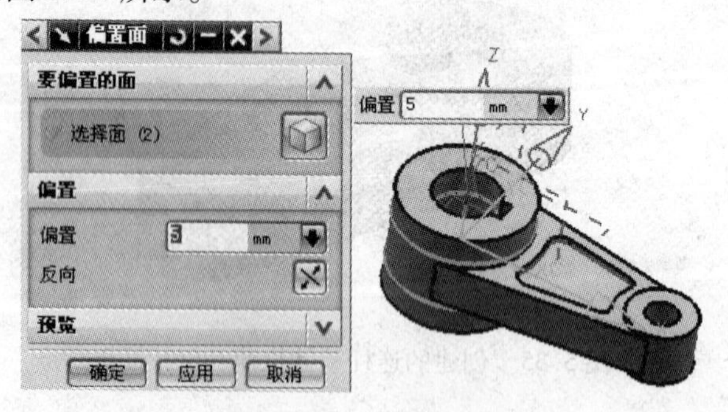

图 5.39　选择偏置面

单击“确定”按钮,创建的偏置面如图5.40所示。

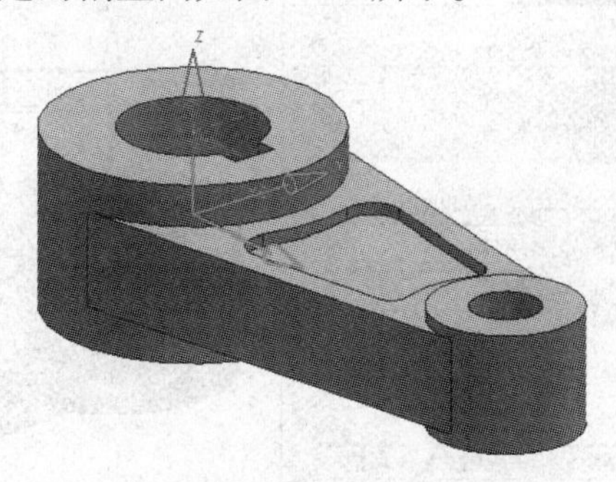

图5.40　创建的偏置面效果

7. 创建连杆边倒圆和倒斜角特征

(1)选择“插入→细节特征→边倒圆”命令,或单击特征操作工具栏上的边倒圆图标按钮,弹出“边倒圆”对话框。设置参数“Radius 2”值为“0.5”,选择需要边倒圆的四条边线,被选边线高亮显示,如图5.41所示。

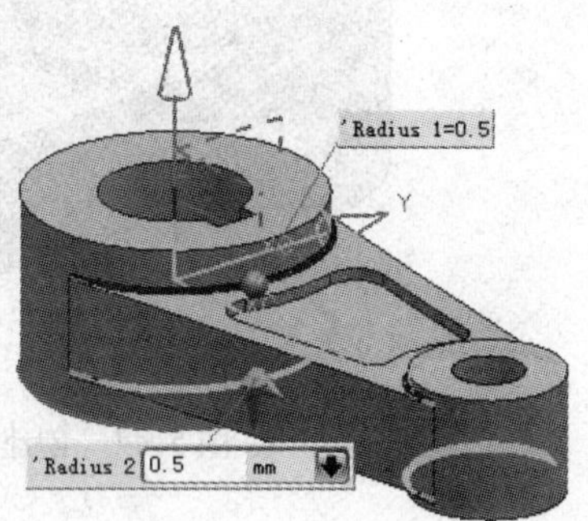

图5.41　选择边倒圆边线

单击“确定”按钮,创建的边倒圆特征如图5.42所示。

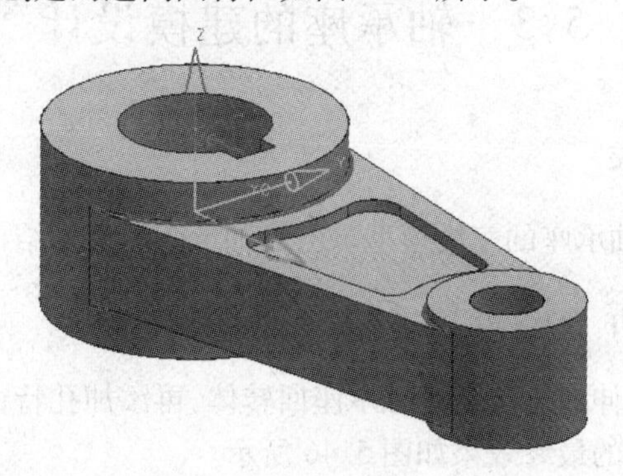

图5.42　创建的边倒圆效果

(2)选择“插入→细节特征→倒斜角”命令,或单击特征操作工具栏上的倒斜角图标按钮,弹出“倒斜角”对话框。默认“横截面”选项为“对称”,设置“距离”值为“0.5”,选择连杆键槽毂孔上下边和另一孔上下边,被选边高亮显示,如图5.43所示。

单击“确定”按钮,创建的倒斜角特征如图5.44所示。

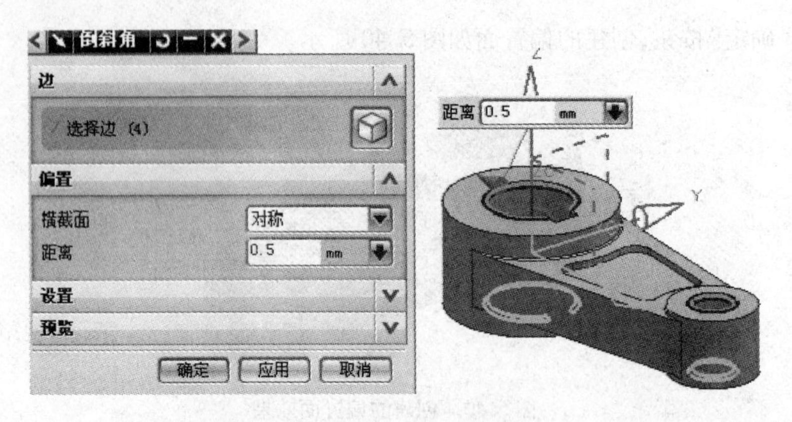

图 5.43　选择倒斜角边线

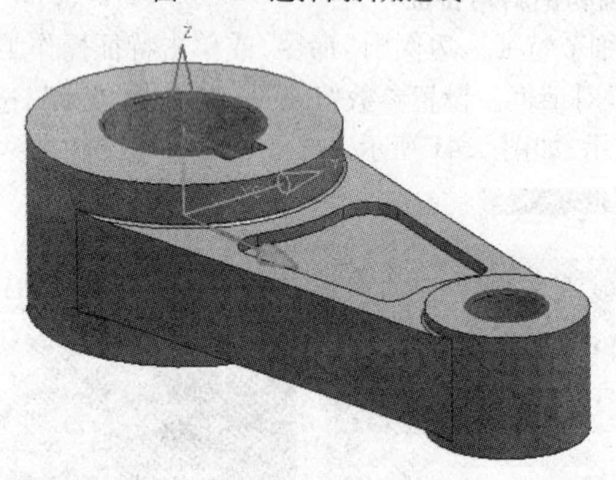

图 5.44　创建的倒斜角效果

8. 保存

选择“文件→保存”命令，或单击标准工具栏保存图标按钮，进行保存。

5.3　轴承座的建模设计

5.3.1　建模要求

在本例中，将建立轴承座的三维模型。已知轴承座的外形结构简图如图 5.45 所示。

5.3.2　建模分析

先通过草绘回转拉伸的方法创建轴承座回转体，再添加孔特征，最后用边倒圆和倒斜角创建细节特征。模型的最终效果如图 5.46 所示。

5.3.3　建模步骤

根据图 5.45 可知轴承座的外形尺寸，其建模步骤如下。

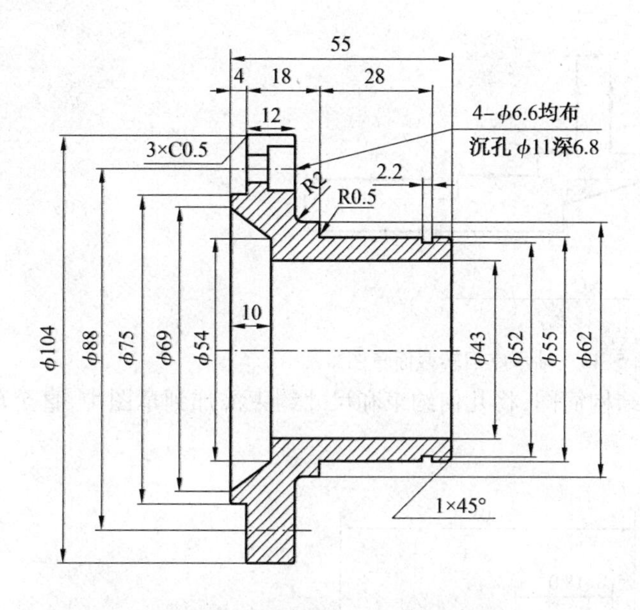

图 5.45　轴承座的外形结构简图

图 5.46　轴承座的三维模型

1. 新建部件文件

启动 UGNX6.0 后,单击“新建”按钮或者选择“文件→建模”命令,弹出“文件”对话框,选择“模型”选项卡。在“模型”模板中选择“模型”选项,单位设置为“毫米”,在“新文件名”选项卡下将名称设置为“ZhouChengZuo. prt”,保存路径改为“F:\UGlixi\”,单击“确定”按钮,进入建模模块。

2. 创建轴承座回转体

(1)创建草图平面。单击特征工具栏上的“回转”图标按钮,弹出“回转”对话框,在“截面”面板中单击“绘制截面”按钮,弹出“创建草图”对话框,在“草图平面”面板中选择“现有平面”选项,选择YC-ZC平面作为当前草图平面,如图5.47所示。单击“确定”按钮,进入草图绘制平面。

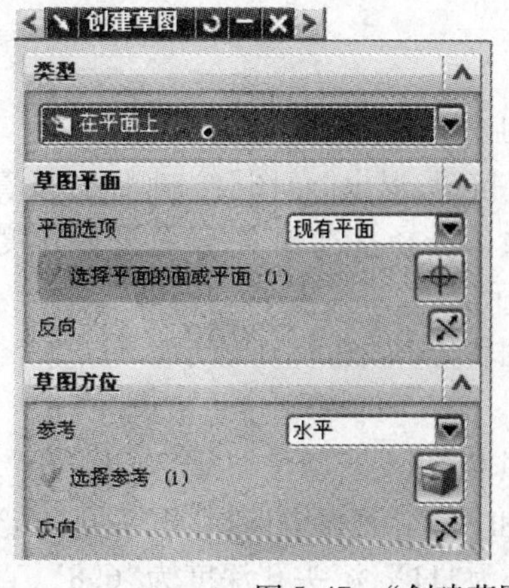

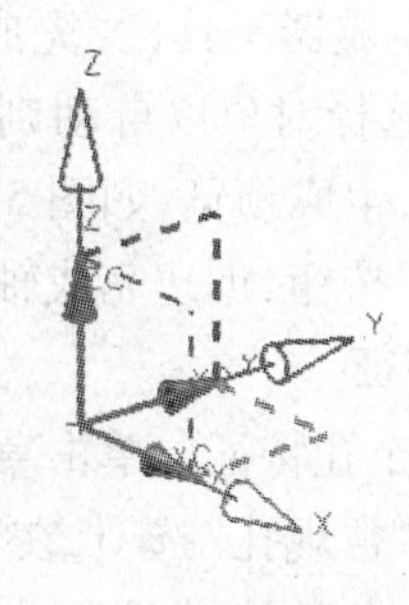

图 5.47　“创建草图”对话框

(2)绘制轴承座回转体。单击草图工具栏上的“配置文件”图标按钮,绘制轴承座回转截面草图,如图 5.48 所示。

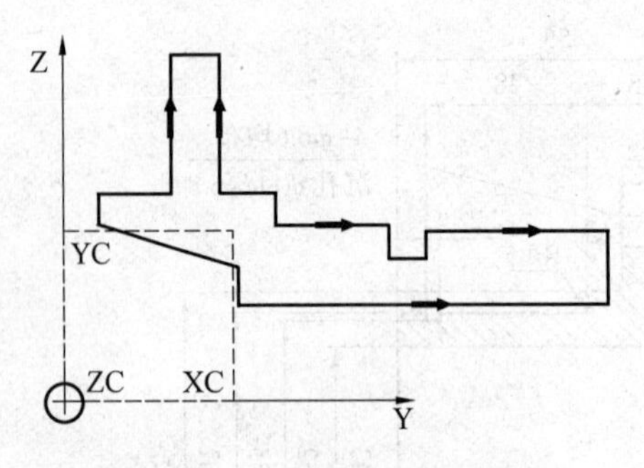

图 5.48　轴承座回转截面草图

参照图 5.45 轴承座的外形结构简图，将几何约束和尺寸约束添加到草图中，直至草图完全约束，如图 5.49 所示。

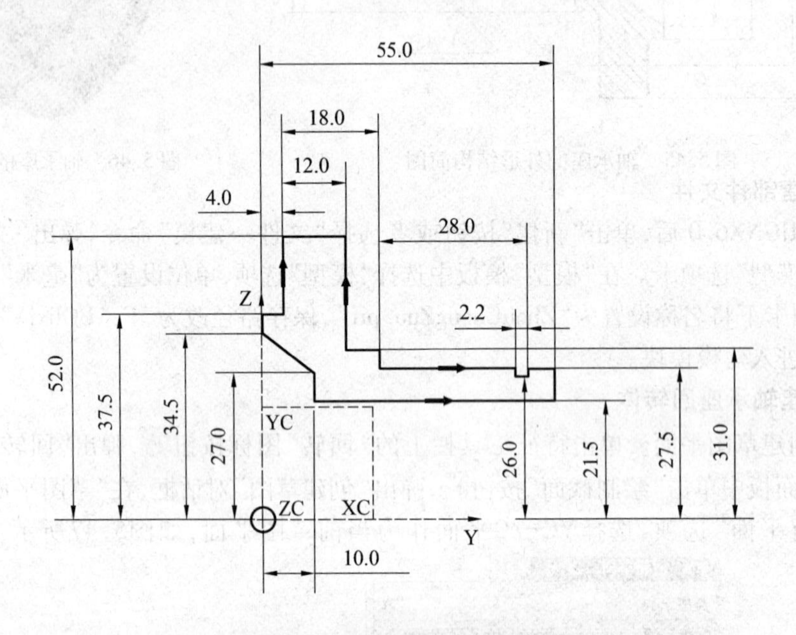

图 5.49　轴承座回转截面草图

单击草图生成器工具栏“完成草图”按钮，退出“草图”绘制环境，接着弹出“回转”对话框，系统提示选择对象以自动判断矢量。选择基准轴 Y，设置开始角度值为“0”，结束角度值为“360”，生成预览，如图 5.50 所示。

单击“确定”按钮，创建完成轴承座回转体，如图 5.51 所示。

3. 创建孔特征

(1)创建单个孔特征。单击草图工具栏“孔”图标按钮，弹出“孔”对话框。在“类型”面板中选择“常规孔”选项，在“形状和尺寸”面板中选择“沉头孔”选项，参照图 5.45 轴承座的外形结构简图，设置沉头孔直径为“11”，沉头孔深度为“6.8”，直径为“6.6”，极限深度为“直至下一个”，布尔操作选择“求差”选项。系统提示选择要草绘的平面或指定点，就是指选择孔放置面。选择草绘平面，高亮显示，如图 5.52 所示。

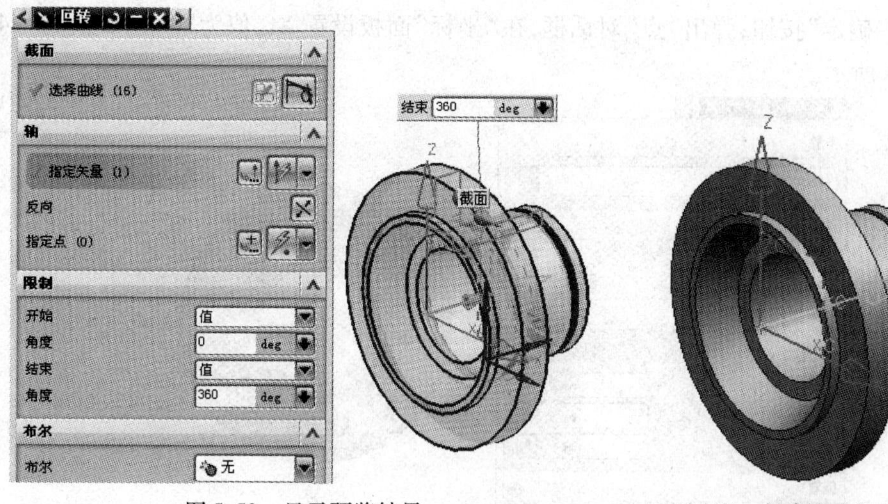

图5.50　显示预览结果　　图5.51　创建轴承座回转体

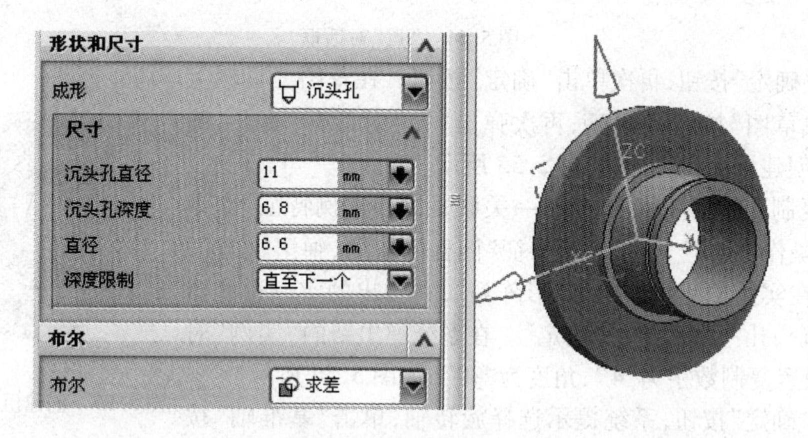

图5.52　选择草绘平面

弹出“创建草图”对话框。选择基准轴Z,如图5.53所示。

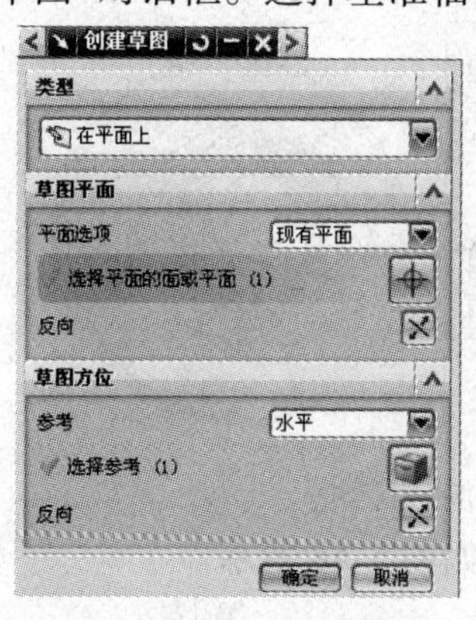

图5.53　选择基准轴Z

单击“确定”按钮，弹出“点”对话框，在“坐标”面板设置 XC 值为“0”，YC 值为“44”，如图 5.54 所示。

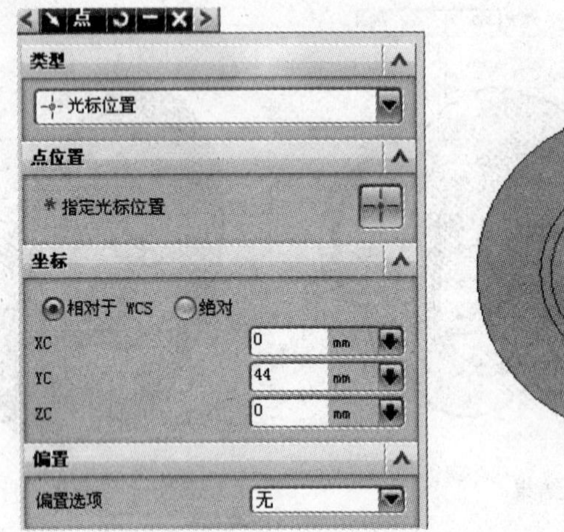

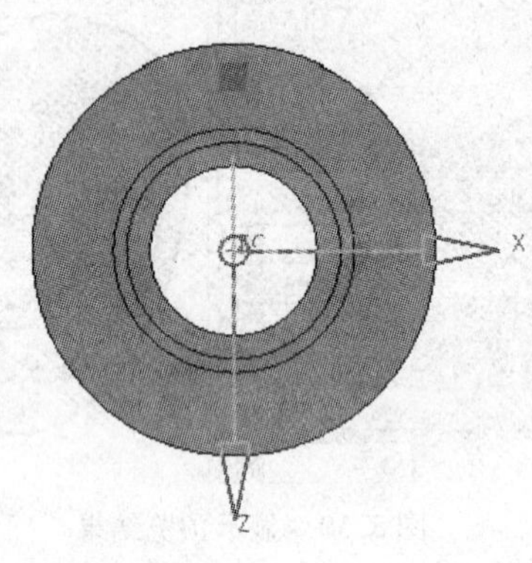

图 5.54 “点”对话框

单击“确定”按钮，再次单击“确定”按钮。在草图工具栏上单击“完成草图”按钮，再次弹出“孔”对话框，单击“确定”按钮，创建沉头孔特征，如图 5.55 所示。

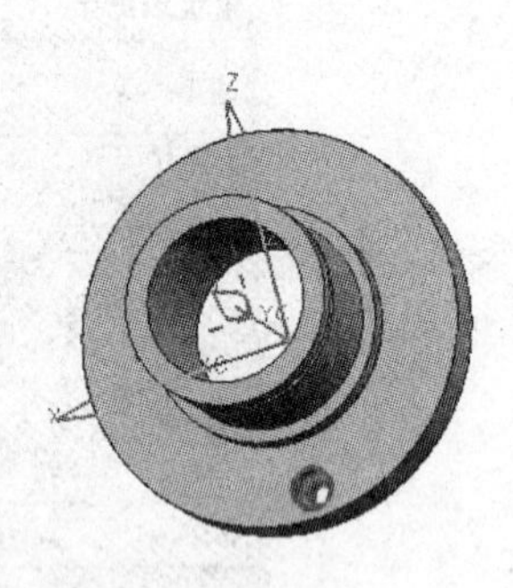

图 5.55 创建沉头孔特征

(2)复制孔特征。单击“插入→关联复制→实例特征”命令或在特征操作工具栏上选“实例特征”图标按钮，弹出“实例”对话框。在实例类型中选择“圆形阵列”，在弹出的实例过滤器中选择“沉头孔”，然后单击“确定”。在系统弹出新的“实例”对话框中，设置复制数字为“4”，角度为“90”，如图 5.56 所示。

单击“确定”按钮，系统提示选择旋转轴，单击“基准轴”按钮，选择基准轴 Y，如图5.57所示。

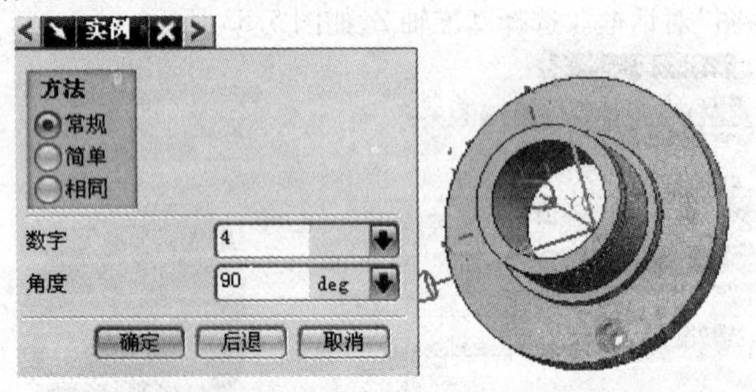

图 5.56 “实例”对话框

系统弹出“创建实例”对话框，选择“是”，如图 5.58 所示。

复制孔特征创建完毕，结果如图 5.59 所示。

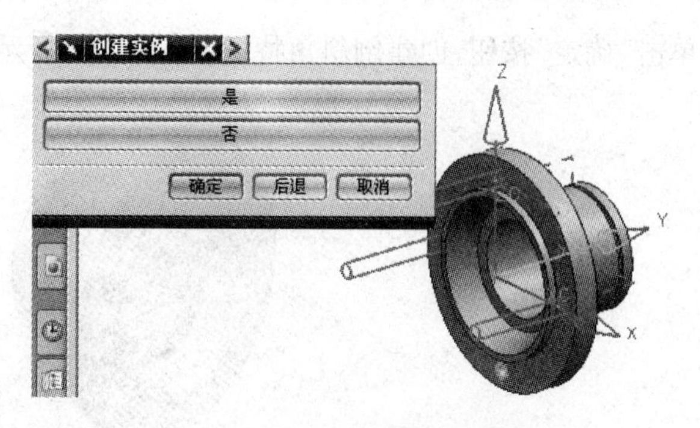

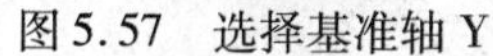

图5.57 选择基准轴Y　　图5.58 "创建实例"对话框

4. 创建轴承座边倒圆和倒斜角特征

(1)选择"插入→细节特征→边倒圆"命令,或单击特征操作工具栏上的边倒圆图标按钮,弹出"边倒圆"对话框。选择要倒圆的边后,单击"添加新集"按钮,分别设置参数"Radius 1"值为"0.5"和"2",单击"确定"按钮,创建边倒圆特征,如图5.60所示。

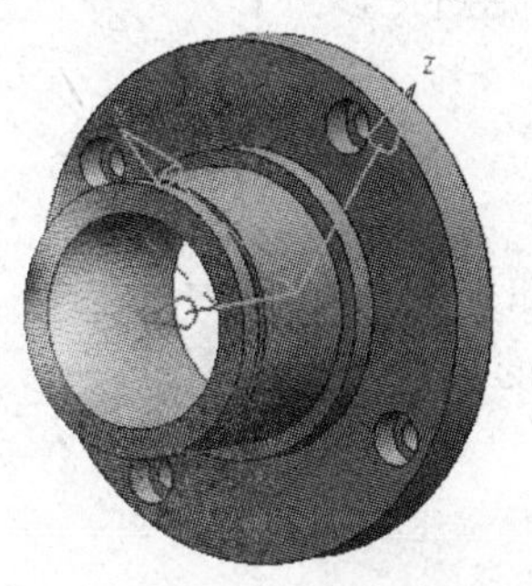

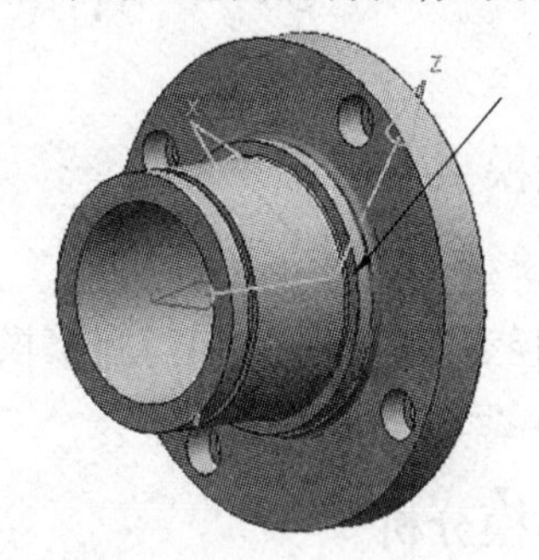

图5.59 复制孔特征　　图5.60 创建边倒圆特征

(2)选择"插入→细节特征→倒斜角"命令,或单击特征操作工具栏上的倒斜角图标按钮,弹出"倒斜角"对话框。默认"横截面"选项为"对称",设置"距离"值为"0.5",选择要倒斜角的边,被选边高亮显示,如图5.61所示。

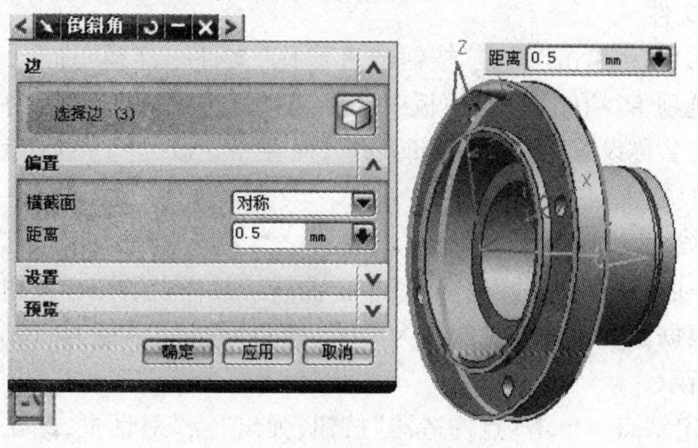

图5.61 "倒斜角"对话框

单击“确定”按钮，创建倒斜角特征，如图 5.62 所示。

图 5.62　创建倒斜角特征

5. 保存

选择“文件→保存”命令，或单击标准工具栏保存图标按钮，进行保存。

5.4　弹簧的建模设计

5.4.1　建模要求

在本例中，将建立弹簧的三维模型。已知弹簧的转数为10，螺距为4，半径为10，右旋方向。弹簧模型的最终效果如图5.63 所示。

图 5.63　弹簧的三维模型

5.4.2　建模分析

先创建螺旋线，再创建剖面圆，生成扫掠体，最后创建弹簧挂钩。

5.4.3　建模步骤

1. 新建部件文件

启动 UGNX6.0 后，单击“新建”按钮或者选择“文件→建模”命令，弹出“文件”对话框，选择“模型”选项卡。在“模型”模板中选择“模型”选项，单位设置为“毫米”，在“新文件名”选项卡下将名称设置为“TanHuang. prt”，保存路径改为“F:\UGlixi\”，单击“确定”按钮，进入建模模块。

2. 创建螺旋线

选择“插入→曲线→螺旋线”命令，或单击曲线工具栏上的图标按钮，系统弹出“螺旋线”对话框。根据已知条件设置圈数为“10”，螺距为“4”，半径为“10”，旋转方向为“右旋”，如图 5.64 所示。

系统提示指定基点。单击“点构造器”按钮，弹出“点”对话框，默认 XC、YC、ZC 坐标值为 0，单击“确定”按钮，再次单击“确定”按钮，生成螺旋线，如图 5.65 所示。

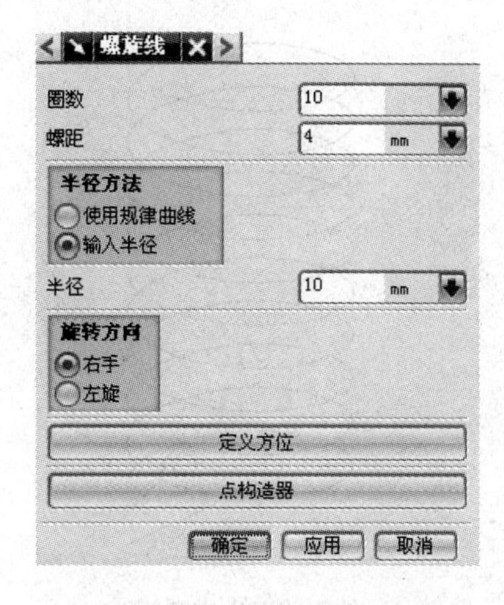

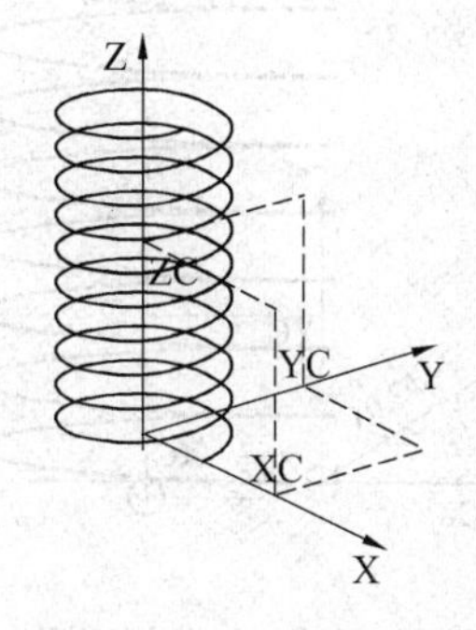

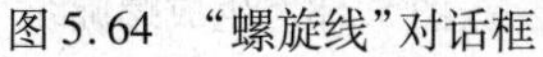
图5.64　“螺旋线”对话框　　　　图5.65　生成螺旋线

3. 创建剖面圆

(1)创建草图。单击特征工具栏上的“草图”图标按钮，弹出“创建草图”对话框，在“类型”下拉列表框中选择“在轨迹上”选项。系统提示选择相切连续路径，选择螺旋线的起点，设置% 圆弧长为“0”，如图5.66所示。

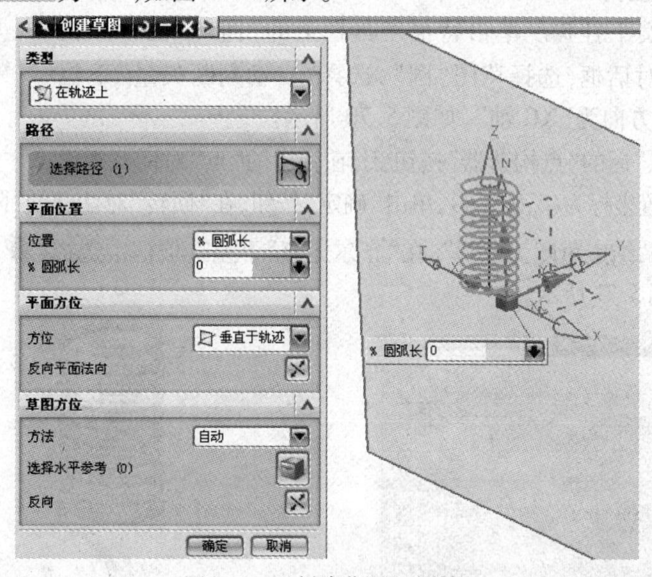

图5.66　“创建草图”对话框

单击“确定”按钮，即可在螺旋线的起点创建一个垂直于起点的草图平面。

(2)创建剖面圆。单击草图工具栏上的“圆”图标按钮，选择草图平面的坐标原点绘制一个直径约为2的圆，然后单击草图工具栏上的“自动判断的尺寸”图标按钮，标注圆直径尺寸为“2”，如图5.67所示，圆即完全约束。

(3)单击草图生成器工具栏“完成草图”按钮，退出“草图”绘制环境，得到的图形如图5.68所示。

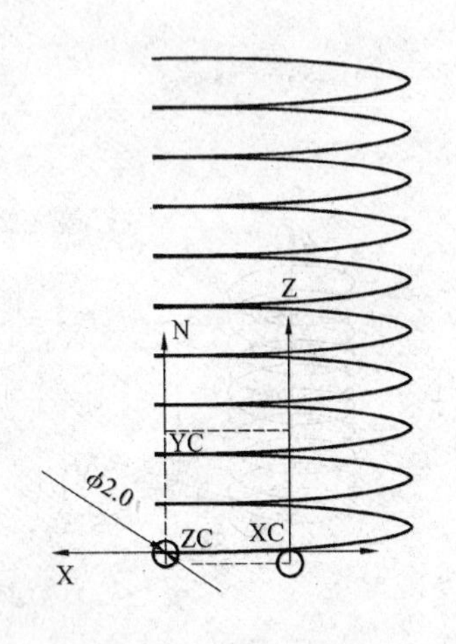

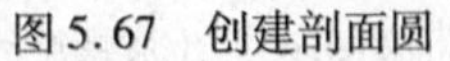

图 5.67　创建剖面圆

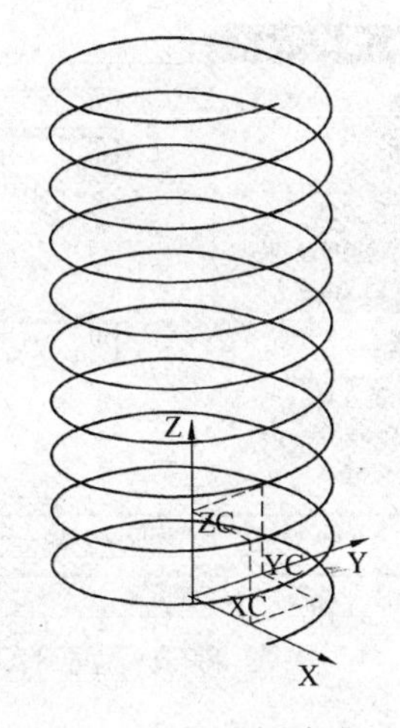

图 5.68　生成螺旋线

4. 创建扫掠体

选择“插入→扫掠→沿引导线扫掠”命令，系统弹出“沿引导线扫掠”对话框。选择草图“圆”作为剖面对象，然后选择螺旋线作为引导线，单击“确定”按钮，完成扫掠体的创建，如图 5.69 所示。

图 5.69　创建扫掠体

5. 创建弹簧挂钩

(1)创建弹簧下挂钩。单击特征工具栏上的“回转”图标按钮，弹出“回转”对话框，选择草图“圆”，选择“自动判断矢量”下拉列表框选择矢量方向为“XC 轴”，如图 5.70 所示。

单击“指定点”后的“点构造器”按钮，在弹出的“点”对话框中设置回转轴原点位置坐标为(0,0, -9)，单击“确定”按钮，在“回转”对话框的“限制”选项组中设置开始角度为“0”，结束角度为“270”，在“布尔运算”下拉选项框中选择“求和”选项，单击“确定”按钮，如图 5.71 所示。

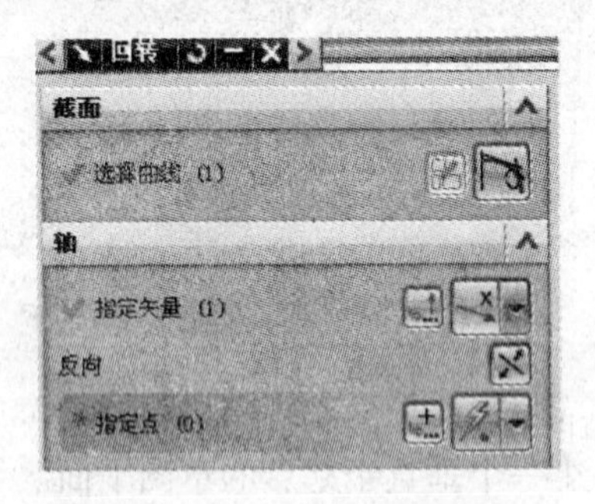

图 5.70　“回转”对话框

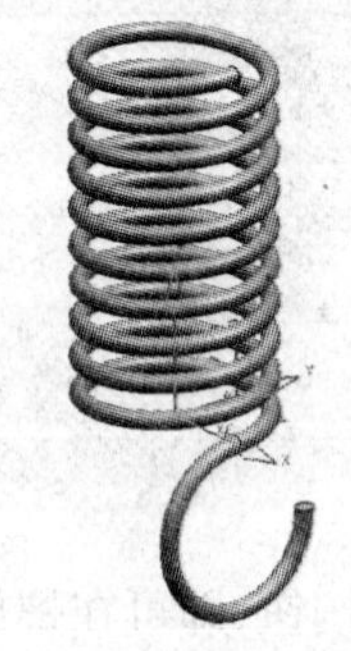

图 5.71　创建弹簧下挂钩

(2)创建弹簧上挂钩。再单击特征工具栏上的“回转”图标按钮，弹出“回转”对话框，选择上端面的边线，如图 5.72 所示。

选择“自动判断矢量”下拉列表框选择矢量方向为“XC 轴”，单击“指定点”后的“点构造器”按钮，在弹出的“点”对话框中设置回转轴原点位置坐标为(0,0,51)，单击“确定”按钮,在“回转”对话框的“限制”选项组中设置开始角度为“0”,结束角度为“270”,在“布尔运算”下拉选项框中选择“求和”选项,单击“确定”按钮,如图5.73所示。

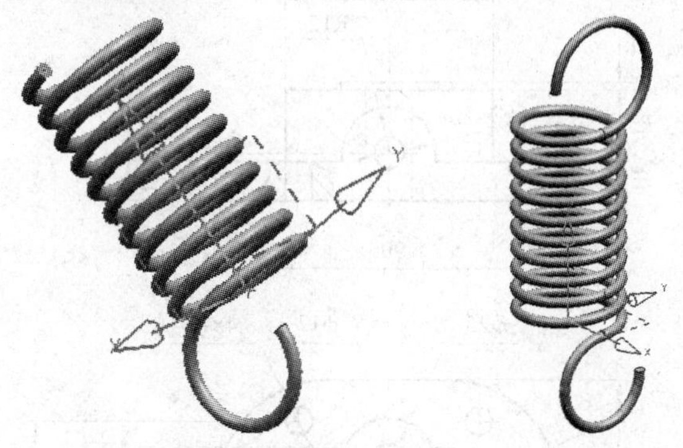

图5.72　选择上端面的边线　　　　图5.73　创建弹簧上挂钩

6. 保存

选择“文件→保存”命令,或单击标准工具栏保存图标按钮,进行保存。

本章小结

本章通过4个实例介绍了在UGNX6.0中制作简单基本零件的操作过程。能够制作基本零件是学习UG的基本内容,也是必备的基本技能,在下一章中将学习制作一些较复杂的零件的操作过程。

习　题

1. 按照图5.74所示的图形创建实体。

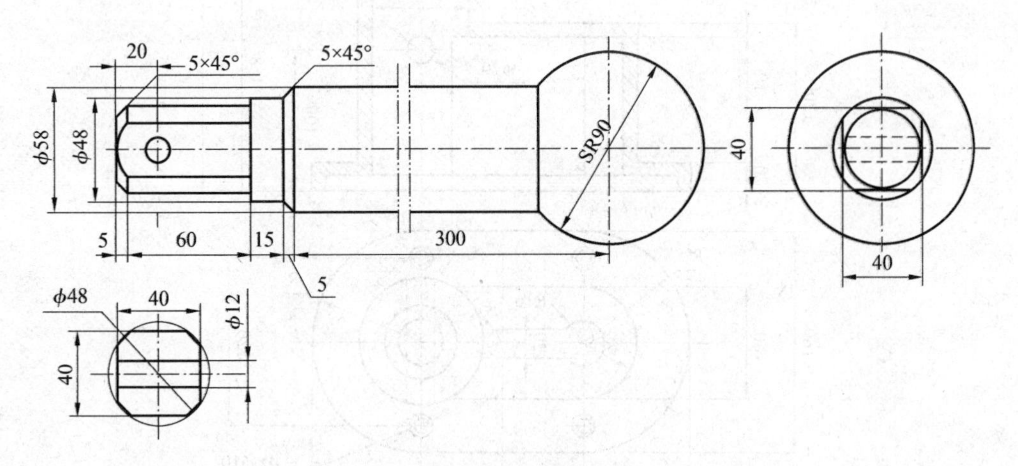

图5.74　零件图

2. 按照图 5.75 所示的图形创建实体。

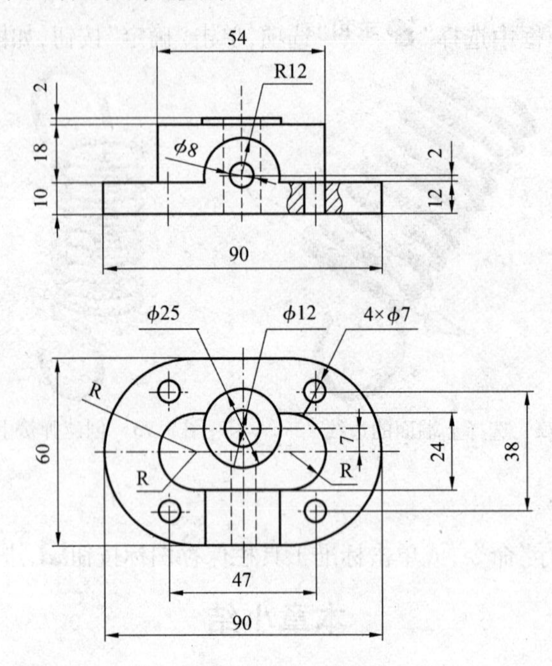

图 5.75　零件图

3. 按照图 5.76 所示的图形创建实体。

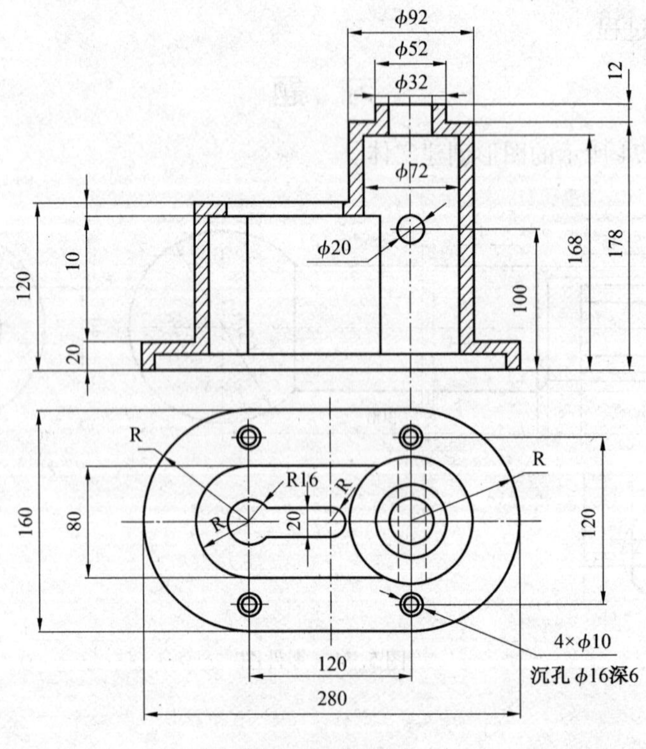

图 5.76　零件图

第6章 复杂零件

本章通过4个实例介绍一些复杂零件的建模过程和方法。本章制作的复杂零件包括定位轴,齿轮,手轮,活塞。复杂零件的制作在UGNX6.0中属于常用的且有一定难度的建模,现实生活、工作中应用广泛。

6.1 定位轴的建模设计

6.1.1 建模要求

在本例中,将建立定位轴的三维模型。已知定位轴的外形结构简图如图6.1所示。

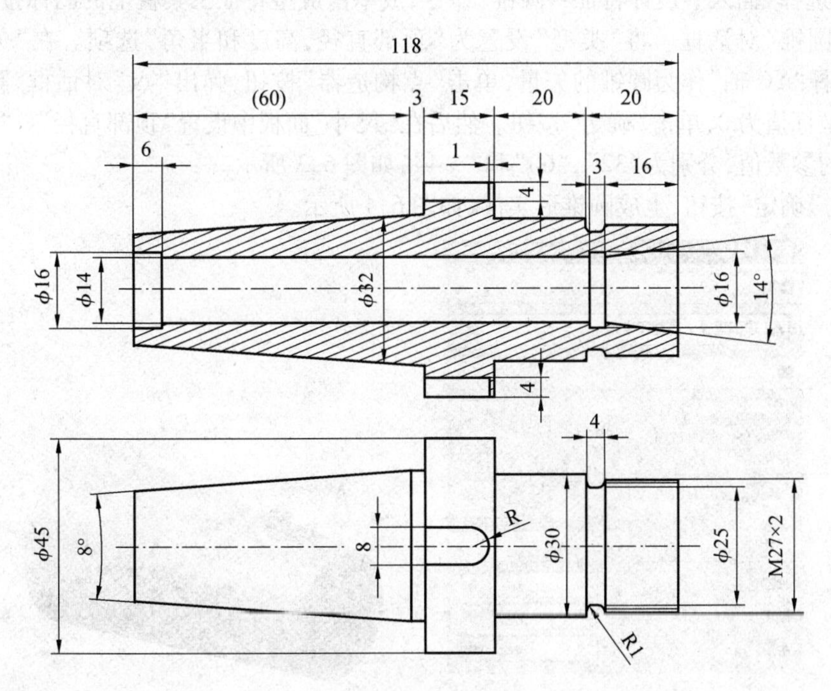

图6.1 定位轴外形结构简图

6.1.2 建模分析

在建模过程中,需要进行几次拉伸操作,再制作出轴上的键槽、孔、螺纹等特征。模型的最终效果如图 6.2 所示。

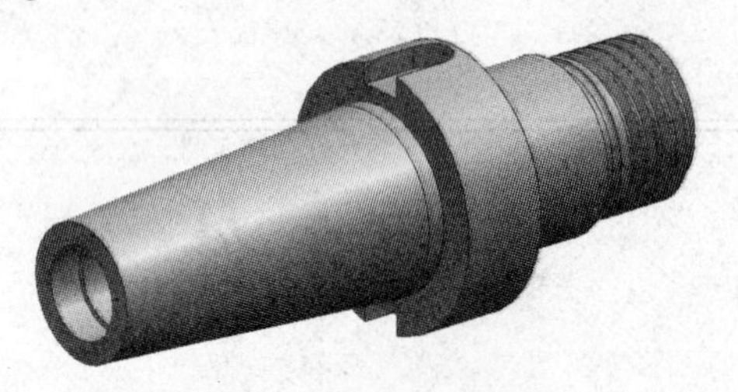

图 6.2 定位轴效果图

6.1.3 建模步骤

1. 新建部件文件

启动 UGNX6.0 后,单击“新建”按钮 或者选择“文件→建模”命令,弹出“文件”对话框,选择“模型”选项卡。在“模型”模板中选择“模型”选项,单位设置为“毫米”,在“新文件名”选项卡下将名称设置为“dingweizhou. prt”,保存路径改为“F:\UGlixi\”,单击“确定”按钮,进入建模模块。

2. 创建定位轴各轴段成型特征

(1)选择“插入→设计特征→圆锥”命令,或单击成型特征工具栏上的图标按钮,系统弹出“圆锥”对话框。将“类型”设置为“顶部直径,高度和半角”选项。在“矢量构造器”中选择“YC 轴”作为圆锥的矢量,单击“点构造器”按钮,弹出“点”对话框,默认 XC、YC、ZC 坐标值为 0,单击“确定”按钮。然后在“尺寸”面板中设置“顶部直径”、“高度”和“半角”的参数值,分别为“32”,“60”和“ -4”,如图 6.3 所示。

单击“确定”按钮,生成圆锥形实体,如图 6.4 所示。

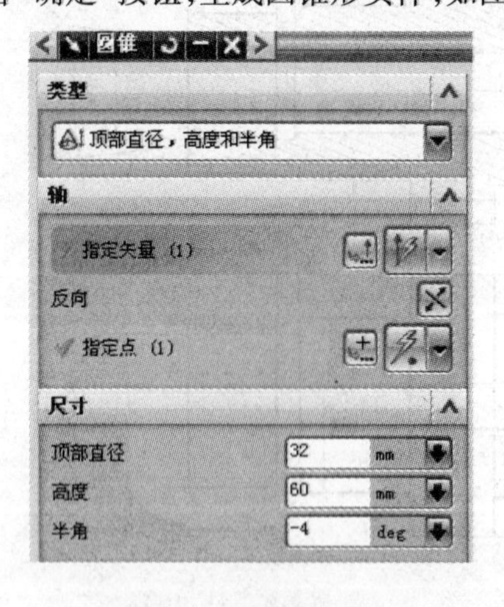

图 6.3 “圆锥”对话框

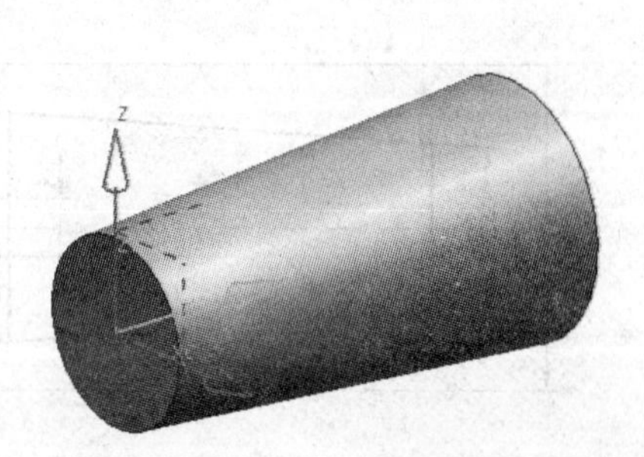

图 6.4 生成圆锥体

(2)选择“插入→设计特征→凸台”命令,或单击成型特征工具栏上的图标按钮,系统弹出“凸台”对话框。选择顶面为放置平面,设置直径、高度、锥角分别为“32、3、0”,如图6.5所示。

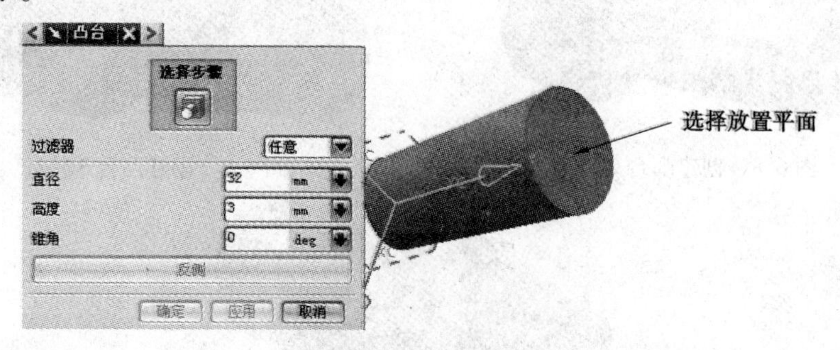

图6.5 选择放置平面

单击“确定”按钮,弹出“定位”对话框。选择“点到点”按钮,选择圆锥体顶面为目标对象,如图6.6所示。

在弹出的“设置圆弧上的点”对话框中选择“圆弧中心”,创建凸台1特征,如图6.7所示。

图6.6 选择目标对象

图6.7 创建凸台1特征

(3)选择“插入→设计特征→凸台”命令,或单击成型特征工具栏上的图标按钮,系统弹出“凸台”对话框。选择凸台顶面为放置平面,设置直径、高度、锥角分别为“45、15、0”,单击“确定”按钮,弹出“定位”对话框。选择“点到点”按钮,选择凸台顶面为目标对象,在弹出的“设置圆弧上的点”对话框中选择“圆弧中心”,创建凸台2特征,如图6.8所示。

(4)选择“插入→设计特征→凸台”命令,或单击成型特征工具栏上的图标按钮,系统弹出“凸台”对话框。选择凸台顶面为放置平面,设置直径、高度、锥角分别为“30、20、0”,单击“确定”按钮,弹出“定位”对话框。选择“点到点”按钮,选择凸台顶面为目标对象,在弹出的“设置圆弧上的点”对话框中选择“圆弧中心”,创建凸台3特征,如图6.9所示。

(5)选择“插入→设计特征→凸台”命令,或单击成型特征工具栏上的图标按钮,系统弹出“凸台”对话框。选择凸台顶面为放置平面,设置直径、高度、锥角分别为“27、20、0”,单击“确定”按钮,弹出“定位”对话框。选择“点到点”按钮,选择凸台顶面为目标对象,在弹出的“设置圆弧上的点”对话框中选择“圆弧中心”,创建凸台4特征,如图6.10所示。

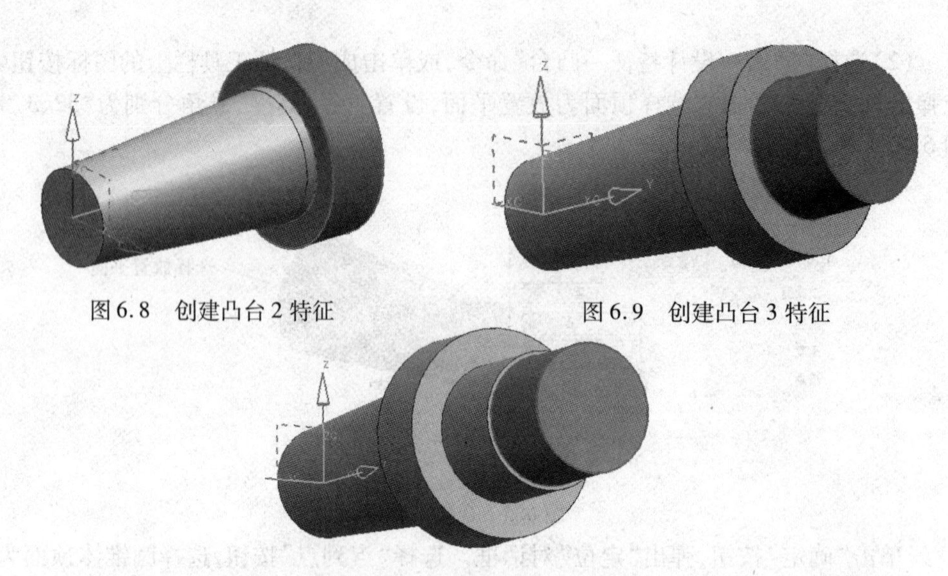

图 6.8　创建凸台 2 特征

图 6.9　创建凸台 3 特征

图 6.10　创建凸台 4 特征

3. 创建内孔特征

单击草图工具栏“孔”图标按钮，弹出“孔”对话框。在“类型”面板中选择“常规孔”选项，在“形状和尺寸”面板中选择“沉头孔”选项，如图 6.11 所示。

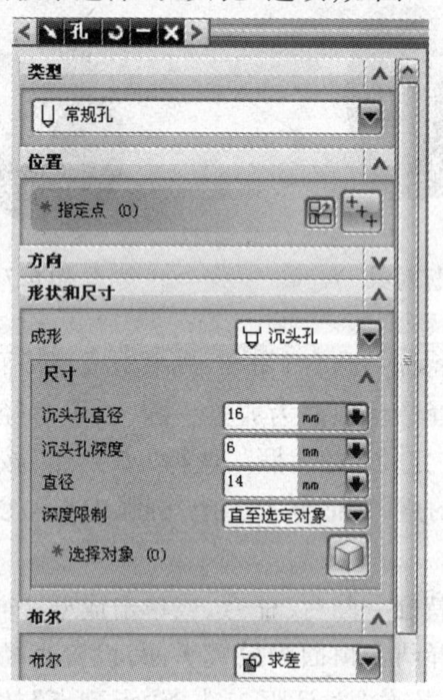

图 6.11　“内孔”对话框

设置沉头孔直径为“16”，沉头孔深度为“6”，直径为“14”，深度限制为“直至选定对象”，布尔操作选择“求差”选项。系统提示选择要草绘的平面或指定点，选择圆锥底面圆心作为孔的位置点，如图 6.12 所示。

单击“确定”按钮，创建内孔特征，如图 6.13 所示。

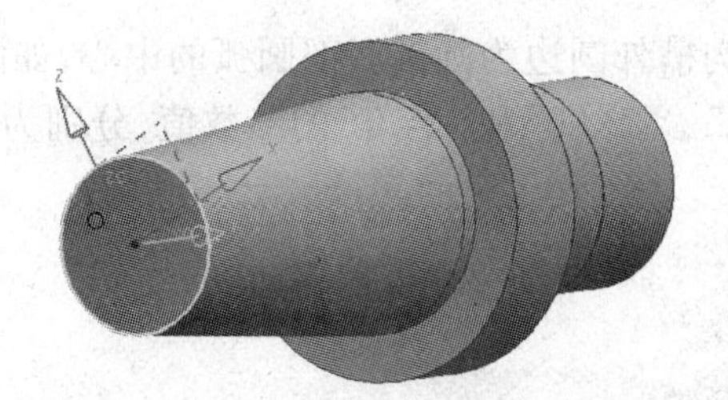

图6.12　选择孔的位置点

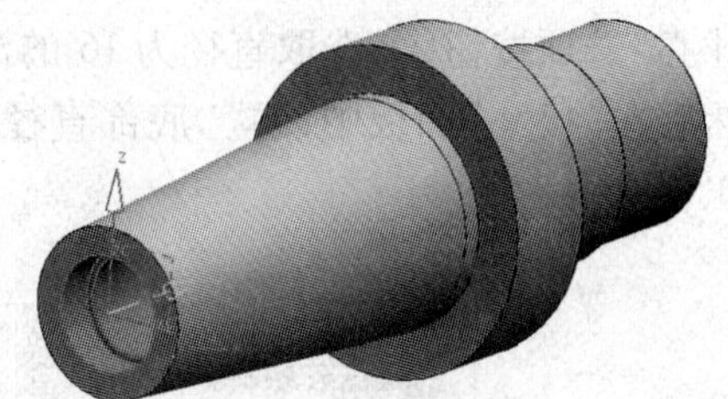

图6.13　创建内孔特征

4. 创建沟槽特征

选择“编辑→对象显示”命令,或单击实用工具栏上的对象显示按钮,弹出“类选择”对话框。选择轴实体作为要编辑的对象,弹出“编辑对象显示”对话框。调整透明度指针至70,单击“确定”按钮,将实体透明化,如图6.14所示。

选择“插入→设计特征→沟槽”命令,或单击特征操作工具栏上的沟槽图标按钮,弹出“沟槽”对话框。选择“矩形”选项,选择内孔为放置面,如图6.15所示。

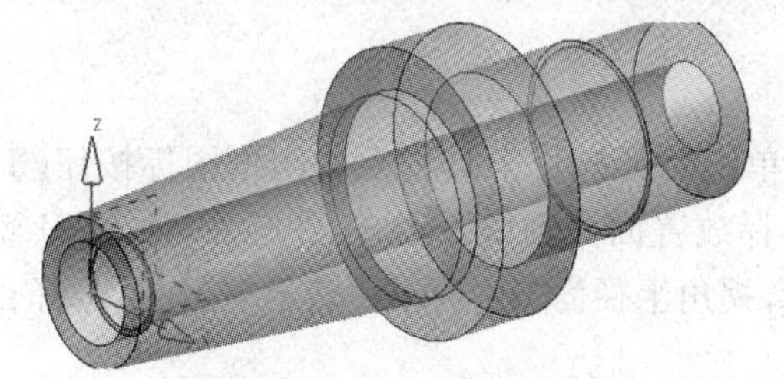

图6.14　提高轴透明度

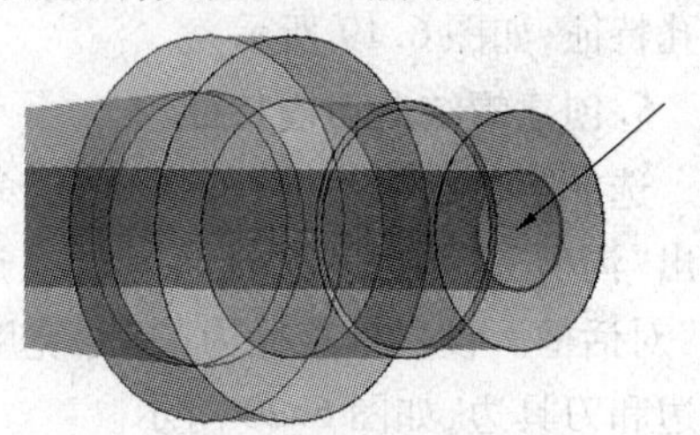

图6.15　选择内孔

弹出“矩形槽”对话框。设置槽直径为“16”,宽度为“3”,单击“确定”按钮。选择轴段直径28端面外圆边为目标边,选择刀具边,如图6.16所示。

输入距离值为“16”,单击“确定”按钮。再单击“退出”按钮,创建沟槽特征,如图6.17所示。

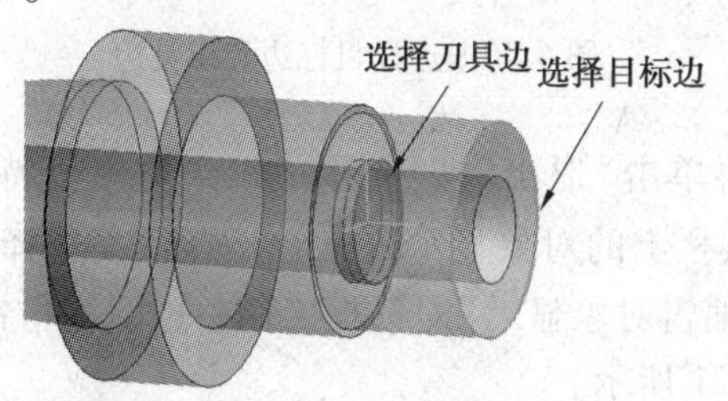

图6.16　选择目标边和刀具边

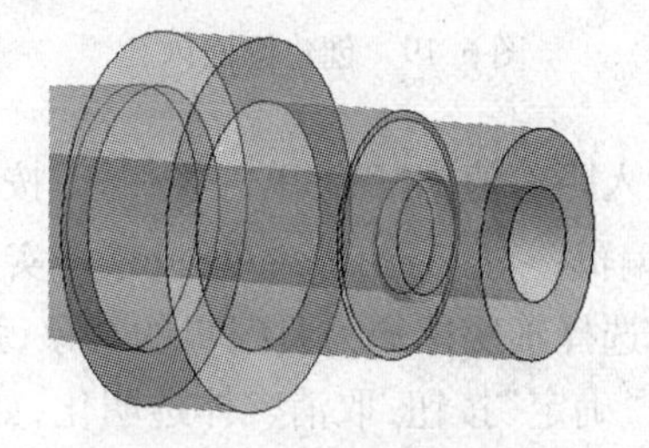

图6.17　创建沟槽特征

5. 创建锥面内孔

选择“插入→设计特征→圆锥”命令,或单击特征操作工具栏上的圆锥图标按钮,弹出“圆锥”对话框。将“类型”设置为“底部直径,高度和半角”选项。在“矢量构造器”中选择“YC轴”作为圆锥的矢量,单击“自动判断的点”下拉列表框,选择“圆弧中心/椭圆中心/球心”选项按钮⊙,选取直径为 16 的沟槽外圆边为圆锥底部圆弧的中心,如图6.18 所示,然后在“尺寸”面板中设置“底部直径”、“高度”和“半角”的参数值,分别为“14”,“16”和“ -7”。

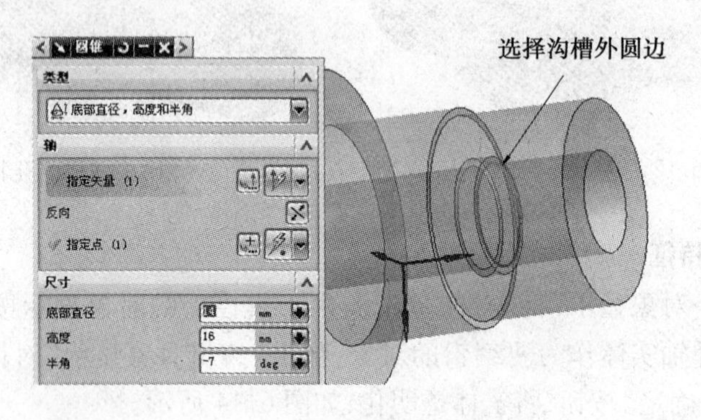

图 6.18　选择沟槽外圆边

选择布尔操作为“求差”,再选择轴实体作为求差的体,单击“确定”按钮,创建锥面内孔特征,如图 6.19 所示。

6. 创建螺纹退刀槽特征

选择“插入→设计特征→沟槽”命令,或单击特征操作工具栏上的沟槽图标按钮,弹出“沟槽”对话框。选择“U 型槽”选项,选择放置面为轴段直径 27 外圆面,弹出“U 型槽”对话框。设置槽直径为“25”,宽度为“4”,拐角半径为“1”,单击“确定”按钮。选择目标边和刀具边,如图 6.20 所示。

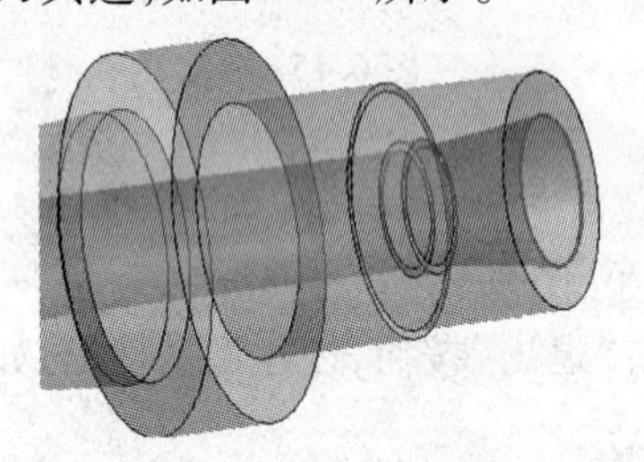

图 6.19　创建锥面内孔

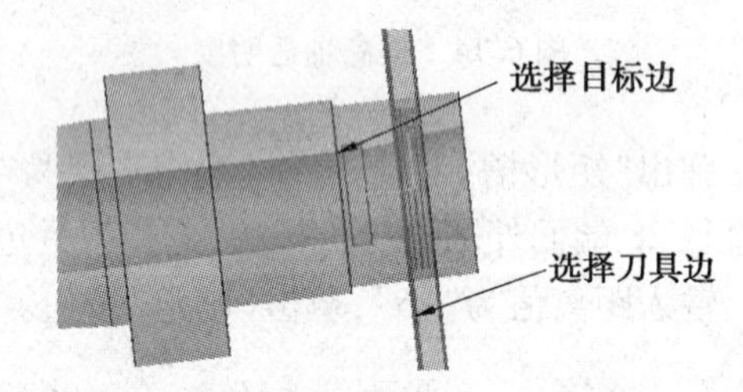

图 6.20　选择目标边和刀具边

输入距离值为“0”,单击“确定”按钮。再单击“退出”按钮,生成螺纹退刀槽特征。选择“编辑→对象显示”命令,或单击实用工具栏上的对象显示按钮,弹出“类选择”对话框。选择轴实体作为要编辑的对象,弹出“编辑对象显示”对话框。调整透明度指针至0,单击“确定”按钮,取消实体透明化,如图 6.21 所示。

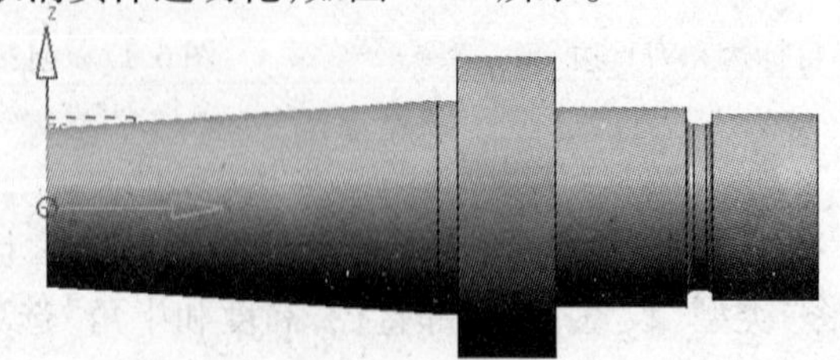

图 6.21　创建螺纹退刀槽

7. 创建螺纹特征

选择“插入→设计特征→螺纹”命令，或单击特征操作工具栏上的螺纹图标按钮，弹出“螺纹”对话框。螺纹类型选择“详细”选项，选择放置面为轴段直径27外圆面，设置“螺距”为“2”，默认螺纹旋转方向为“右手”，如图6.22所示。

单击“确定”按钮。创建螺纹槽特征，如图6.23所示。

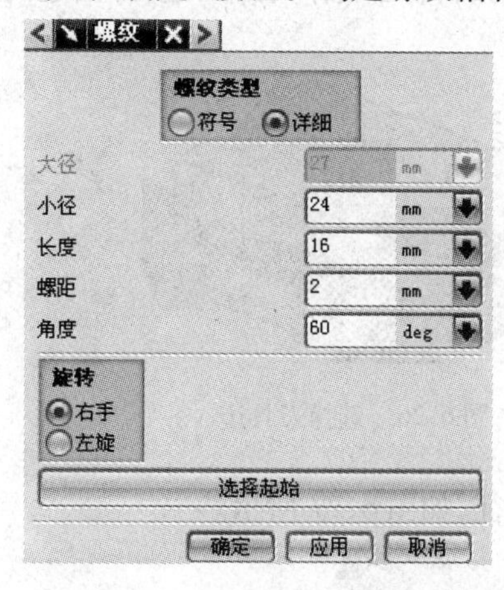

图6.22　“螺纹”对话框

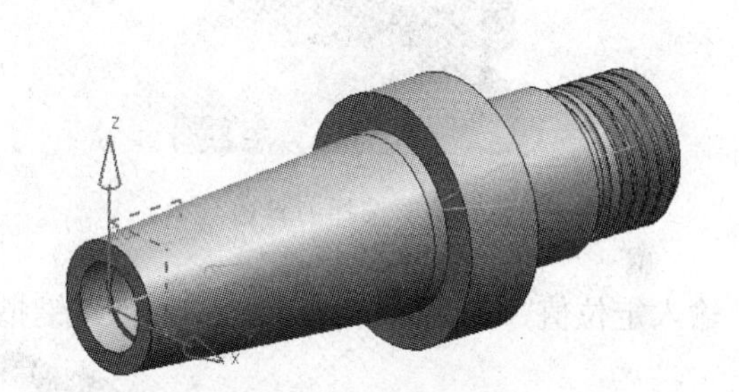

图6.23　创建螺纹特征

8. 创建键槽特征

(1)选择“格式→图层设置”命令，或单击实用工具栏上的图层设置图标按钮，设置当前图层为61。选择“插入→基准/点→基准平面”命令，或单击特征工具栏上的图层图标按钮，弹出“基准平面”对话框。在“类型”下拉列表框内选择“XC－YC平面”，输入距离为“22.5”，单击“确定”按钮，生成基准面。

(2)选择“格式→图层设置”命令，或单击实用工具栏上的图层设置图标按钮，设置当前图层为1。选择“插入→设计特征→键槽”命令，或单击特征操作工具栏上的键槽图标按钮，弹出“键槽”对话框。选择新建的基准面作为放置面，单击“确定”按钮，弹出“水平参考”对话框。选择“基准轴”选项，选择Y轴作为基准轴，弹出“矩形键槽”对话框。设置长度、宽度、深度分别为“28”、“8”、“4”，单击“确定”按钮，弹出“定位”对话框。选择“水平”按钮图标，选择轴段直径45外圆边作为目标对象，目标对象高亮显示，如图6.24所示。

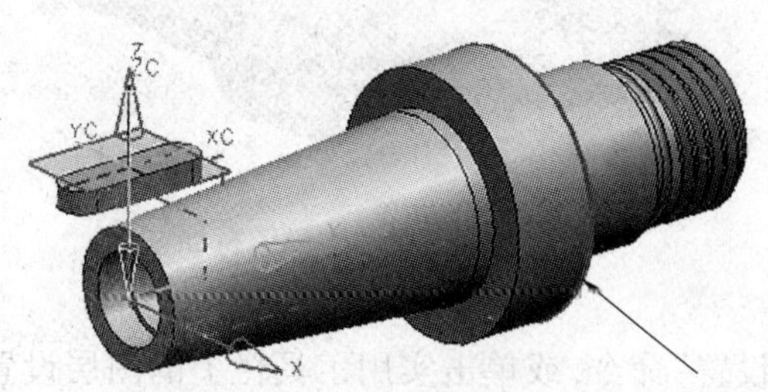

图6.24　选择目标对象

弹出“设置圆弧的位置”对话框，选择“圆弧中心”选项。选择键槽竖直中心线作为刀具边，如图 6.25 所示。

输入定位值“15”，单击“确定”按钮，完成水平定位。弹出“定位”对话框。选择“竖直”按钮图标，选择轴段直径 45 外圆边作为目标对象，如图 6.24 所示。弹出“设置圆弧的位置”对话框，选择“圆弧中心”选项。选择键槽水平中心线作为刀具边，刀具边高亮显示，如图 6.26 所示。

图 6.25　选择刀具边

图 6.26　选择刀具边

输入定位值“0”。单击“确定”按钮，创建键槽特征，如图 6.27 所示。

图 6.27　创建键槽特征

9. 镜像键槽特征

选择“插入→关联复制→镜像特征”命令，或单击实用工具栏上的镜像特征图标按钮，弹出“镜像特征”对话框。选择键槽作为镜像特征。在“平面”下拉列表框中选择“新平面”，点击“完整平面工具”按钮，在“类型”下拉列表框中选择 XC - YC 平面作为镜像平面，偏置距离为“0”，单击“确定”按钮，创建键槽镜像特征，如图 6.28 所示。

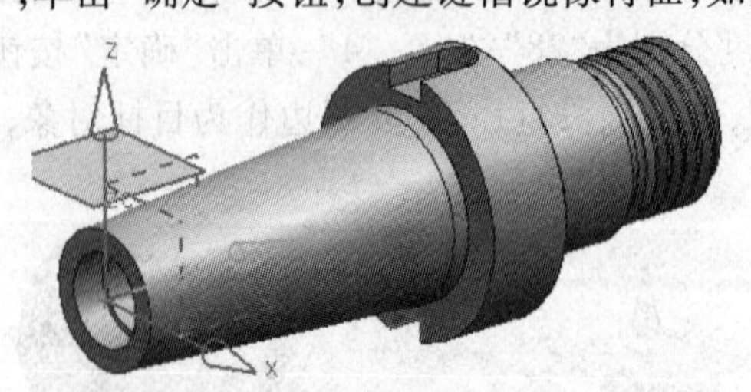

图 6.28　创建键槽镜像特征

10. 隐藏基准面

选择“格式→图层设置”命令，或单击实用工具栏上的图层设置图标按钮，设置当前图层为 1，复选图层 61，使图层 61 不可见。如图 6.29 所示。

单击“关闭”按钮，隐藏基准面，完成定位轴创建，如图 6.30 所示。

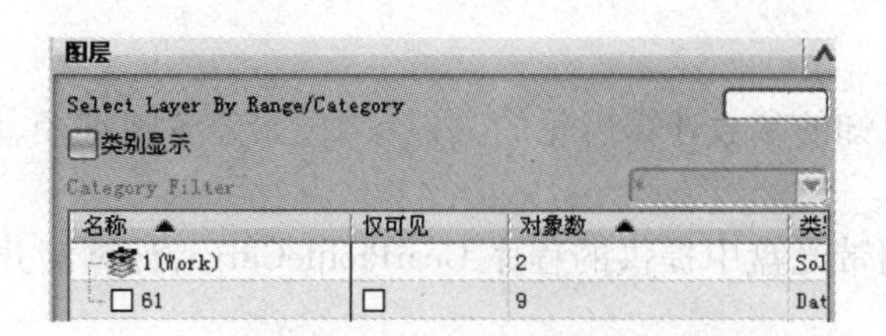

图6.29　图层设置

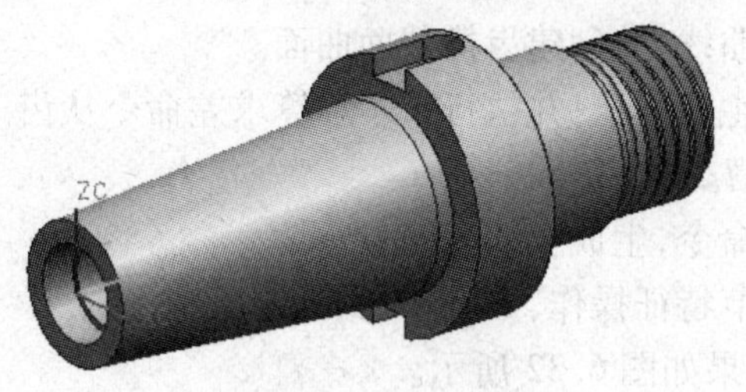

图6.30　创建定位轴

11. 保存

选择"文件→保存"命令,或单击标准工具栏保存图标按钮,进行保存。

6.2　齿轮的建模设计

6.2.1　建模要求

在本例中,将建立渐开线直齿圆柱齿轮的三维模型,齿轮的外形结构简图如图6.31所示。已知齿轮的参数为:齿数 $z=24$,模数 $m=4$,压力角 $\alpha=20°$。

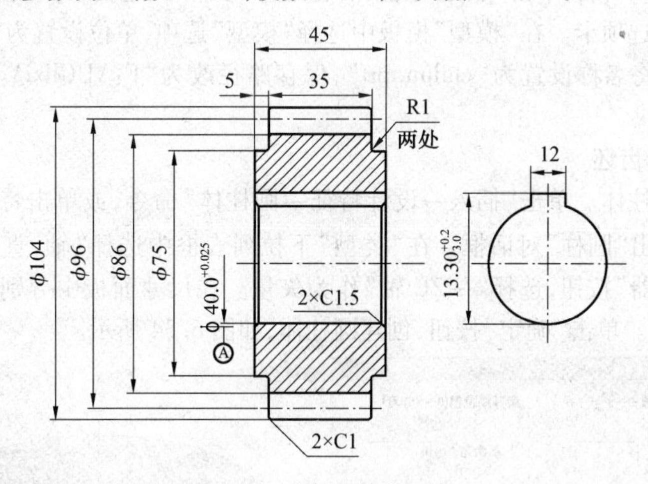

图6.31　齿轮的结构尺寸

6.2.2　建模分析

齿轮的典型结构为辐板式齿轮。辐板式齿轮由轮齿、轮缘、辐板、轮毂和键槽组成。其中轮齿部分的建模设计最为复杂,理论性也最强。利用UG软件进行渐开线齿轮建模的一般方法如下：

(1)根据齿轮已知的参数计算齿轮的其他参数，如分度圆直径、齿顶圆直径、齿根圆直径等。

(2)利用本书附带光盘中提供的程序 GearProfileCurve，计算渐开线齿廓曲线上特定点的三维坐标。

(3)创建齿轮齿坯。

(4)绘制齿轮轮廓曲线，并创建齿槽截面曲面。

(5)执行拉伸命令生成齿槽，并执行布尔运算求差命令从齿坯上切除材料，生成齿槽。

(6)执行圆周阵列命令，生成全部齿槽。

(7)对模型进行细节特征操作，如倒角、倒圆等。

齿轮模型的最终效果如图 6.32 所示。

图 6.32　齿轮的三维模型

6.2.3　建模步骤

根据图 6.31 可知齿轮的外形尺寸。

1. 计算渐开线轮廓曲线的三维坐标

运行程序 GearProfileCurve，选择“设置齿轮参数”按钮，弹出“设置参数”对话框，将模数、齿数分别设置为“4”、“24”。其余参数默认，如图 6.33 所示，单击“确定”按钮，程序自动计算渐开线轮廓曲线上指定展角的点的三维坐标，并将计算结果保存在文件 GearProfileCurve. dat 中。然后将文件 GearProfileCurve. dat 重命名为 chilun. dat。

2. 新建部件文件

启动 UGNX6.0 后，单击“新建”按钮或者选择“文件→建模”命令，弹出“文件”对话框，选择“模型”选项卡。在“模型”模板中选择“模型”选项，单位设置为“毫米”，在“新文件名”选项卡下将名称设置为“chilun. prt”，保存路径改为“F:\UGlixi\”，单击“确定”按钮，进入建模模块。

3. 创建齿轮齿坯

(1)创建圆柱体。单击“插入→设计特征→圆柱体”命令，或单击特征工具条圆柱体图标按钮，弹出“圆柱”对话框。在“类型”下拉列表框中选择“轴、直径和高度”，然后单击“矢量构造器”按钮，选择“-ZC 轴”作为矢量。在尺寸面板中分别设置直径和高度值为“75”和“5”。单击“确定”按钮，创建圆柱体，如图 6.34 所示。

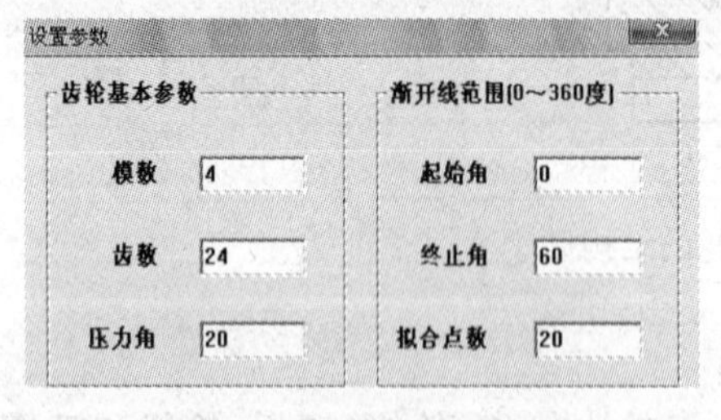

图 6.33　齿轮的参数设置

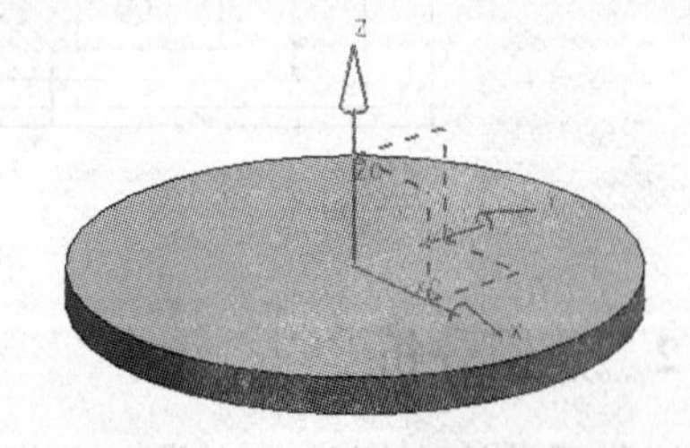

图 6.34　创建圆柱体

(2)创建凸台 1。单击“插入→设计特征→凸台”命令,或单击特征工具条凸台图标按钮,弹出“凸台”对话框。先选择 XC – YC 平面作为放置平面,并分别设置直径、高度尺寸为“104”、“35”,单击“确定”按钮,弹出“定位”对话框。选择“点到点”按钮,选择目标对象,如图 6.35 所示。

系统弹出“设置圆弧的位置”对话框,选择“圆弧中心”选项,凸台 1 与圆柱体同心。如图 6.36 所示。

图 6.35　选择目标对象

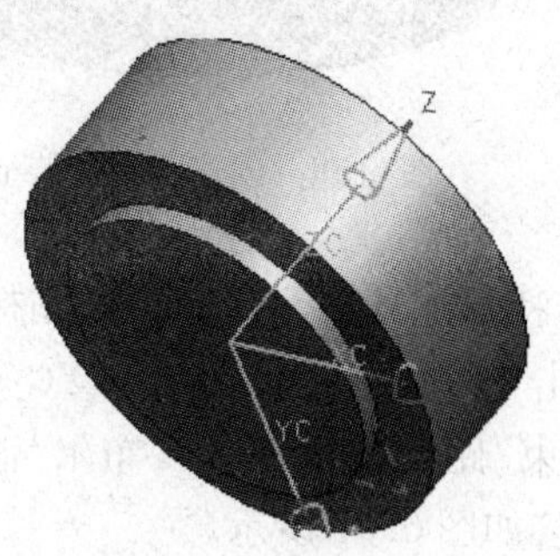

图 6.36　创建凸台 1 特征

(3)创建凸台 2。单击“插入→设计特征→凸台”命令,或单击特征工具条凸台图标按钮,弹出“凸台”对话框。分别设置直径、高度尺寸为“75”、“5”,并选择平面作为放置平面,如图 6.37 所示,单击“确定”按钮,弹出“定位”对话框。

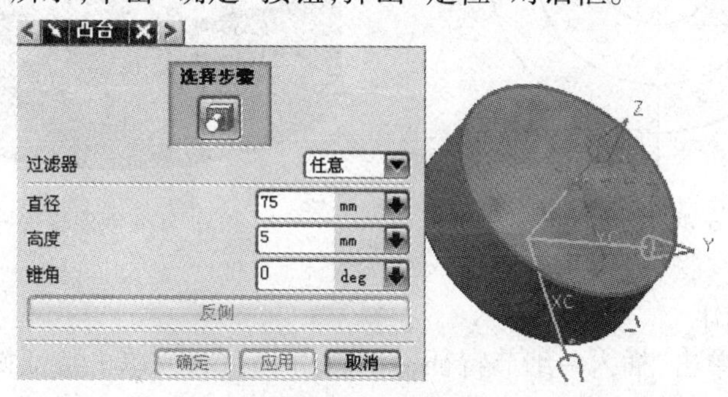

图 6.37　“凸台”对话框

选择“点到点”按钮,选择目标对象,系统弹出“设置圆弧的位置”对话框,选择“圆弧中心”选项,凸台 2 与圆柱体同心。如图 6.38 所示。

(4)创建轮毂孔。单击特征工具栏上的“草图”图标按钮,弹出“创建草图”对话框,选择草图平面,如图 6.39 所示。单击“确定”按钮。则以圆柱上表面作为草图平面,进入草绘状态。

绘制轮毂孔草图,尺寸如图 6.40 所示,要求草图的圆心与圆柱的圆心同轴。单击草图生成器工具栏“完成草图”按钮,退出“草图”绘制环境。

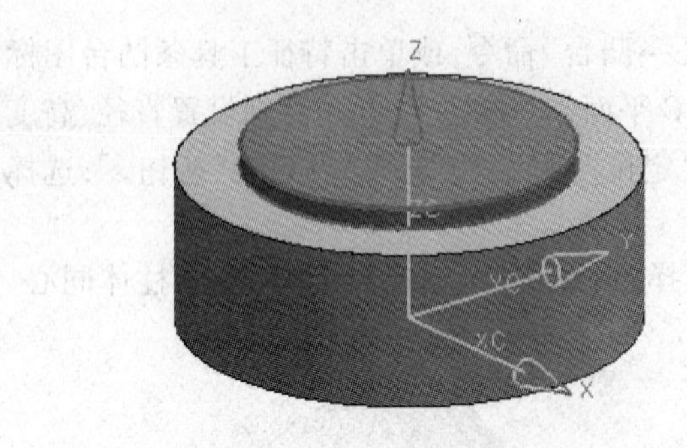

图 6.38　创建凸台 2 特征

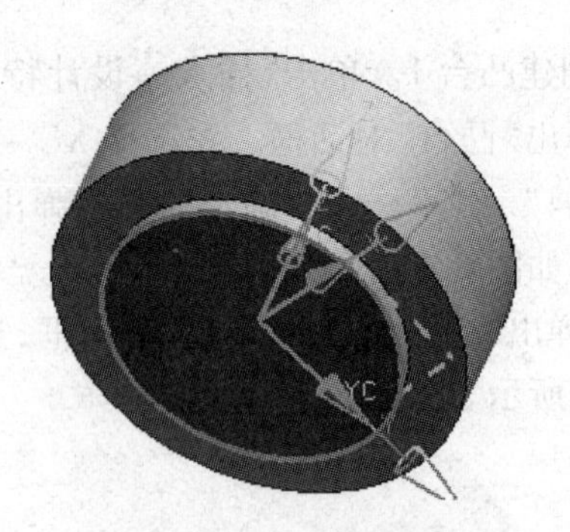

图 6.39　选取草图平面

单击特征工具栏上的“拉伸”图标按钮，弹出“拉伸”对话框，选取刚才绘制的的草图，再点击“矢量构造器”，选择“YC 轴”作为矢量。在“限制”面板中设置“起始”距离为“0”，“结束”距离为“45”，在“布尔”面板中设置“求差”选项，单击“确定”按钮，完成轮毂的孔创建，如图 6.41 所示。

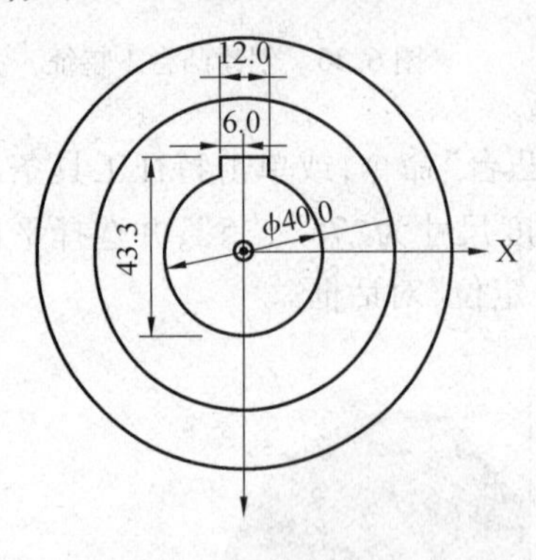

图 6.40　绘制草图

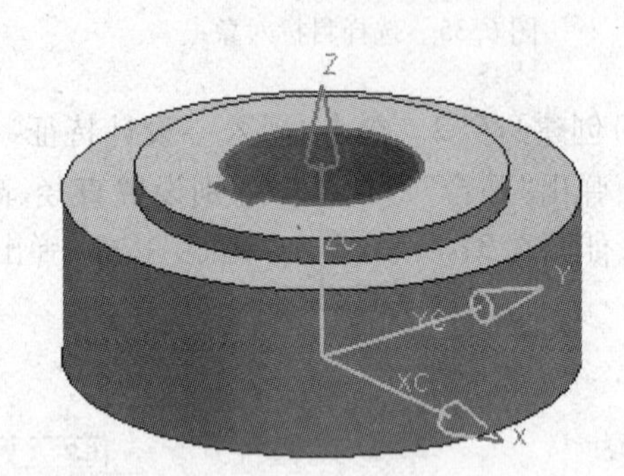

图 6.41　创建轮毂孔

4. 细节特征操作

(1)倒斜角。单击“插入→细节特征→倒斜角”命令，或单击特征操作工具条倒斜角图标按钮，弹出“倒斜角”对话框，系统提示选择要倒斜角的边，选择孔口前后两条边，“横截面”类型选择“对称”，距离设置为“1.5”，单击“应用”按钮。再选择齿坯外径两条边，如图 6.42 所示。

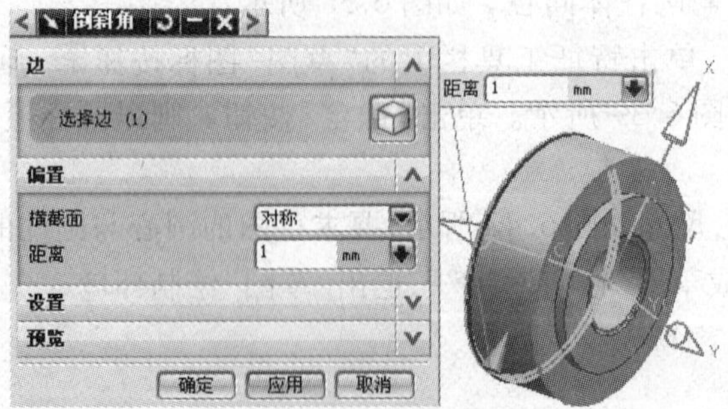

图 6.42　“倒斜角”对话框

“横截面”类型选择“对称”，距离设置为“1”，单击“确定”按钮，结果如图6.43所示。

(2)边倒圆。单击“插入→细节特征→边倒圆”命令，或单击特征操作工具条边倒圆图标按钮，弹出“边倒圆”对话框，系统提示选择要倒圆的边，选择要倒圆的两条边，如图6.44所示，倒圆半径设置为“1”，单击“确定”按钮，完成边倒圆特征的创建。

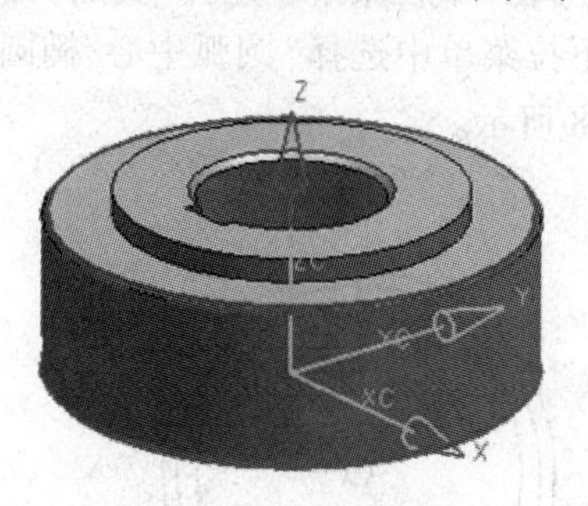

图6.43　创建倒斜角特征

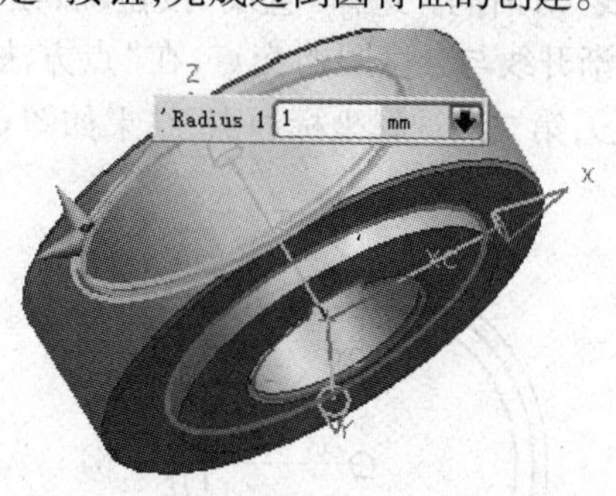

图6.44　选择要倒圆的边

(3)隐藏特征。单击“编辑→显式和隐藏→隐藏”命令，或单击实用工具条样条图标按钮，弹出“类选择”对话框，系统提示选择要隐藏的对象，选择齿坯特征和草图，单击“确定”按钮，将工作界面中的所有特征隐藏。

5. 创建齿轮

(1)创建渐开线。单击“插入→曲线→样条”命令，或单击曲线工具条样条图标按钮～，弹出“样条”对话框。选择“通过点”作为样条创建方法。弹出“通过点生成样条”对话框。选择“文件中的点”，系统提示指定存储点坐标的文件。定位先前所创建的文件chilun. dat，单击按钮“OK”，弹出“通过点生成样条”对话框，单击“确定”按钮，再单击“取消”按钮，生成渐开线，如图6.45示。

(2)绘制分度圆。单击曲线工具条基本曲线图标按钮，弹出“基本曲线”对话框。单击“圆”图标按钮。系统提示指出圆心，点击“点方法”下拉菜单，选择点构造器图标“”，弹出“点”对话框，设置坐标原点为圆心。单击“确定”按钮，系统提示指出圆弧上的点，在“坐标”面板中设置XC值或YC值为“48”，单击“确定”按钮，生成分度圆，如图6.46所示。

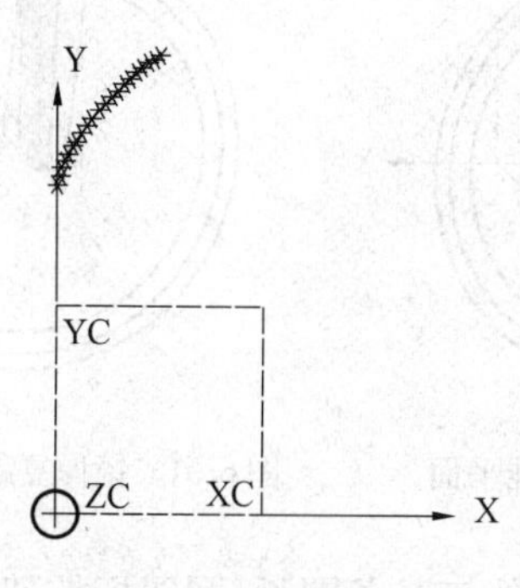

图6.45　生成渐开线

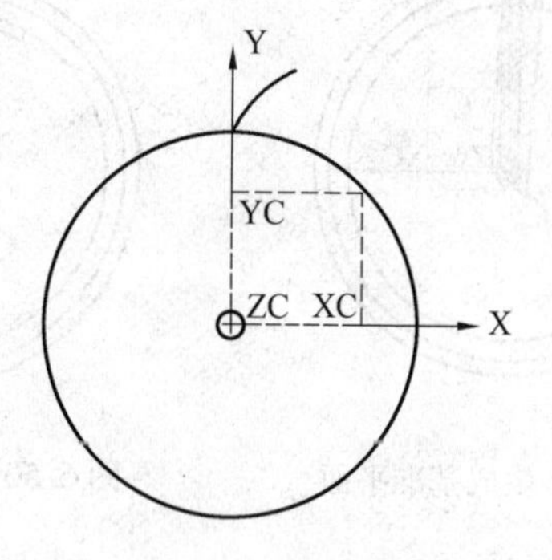

图6.46　绘制分度圆

(3)同理,以坐标原点为圆心,分别绘制齿轮的齿顶圆和齿根圆,其半径分别是 52 和 43,如图 6.47 所示。

(4)绘制齿槽截面曲线。绘制一条直线,单击曲线工具条基本曲线图标按钮,弹出"基本曲线"对话框。选择"直线"按钮,在"点方法"下拉菜单中选择"交点"图标,第一点选择渐开线与分度圆的交点,在"点方法"下拉菜单中选择"圆弧中心/椭圆中心/球心"图标,第二点选择坐标原点,结果如图 6.48 所示。

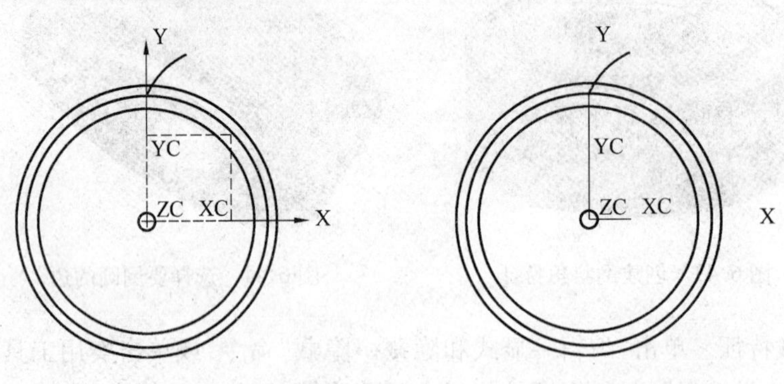

图 6.47　绘制齿顶圆和齿根圆　　图 6.48　绘制一条直线

单击特征工具条基准平面图标按钮,弹出"基准平面"对话框。在"类型"下拉列表框中选择"两直线"选项,然后分别选择刚才绘制的一条直线和 ZC 轴,单击"应用"按钮,接着在"类型"下拉列表框中选择"成一角度"选项,平面参考选择刚才生成的基准平面,再选择 ZC 轴,旋转角度输入" -3.75",单击"确定"按钮,生成基准平面,如图 6.49 所示。

单击标准工具条变换图标按钮,弹出"变换"对话框。选择渐开线和刚才绘制的直线作为要变换的对象,单击"确定"按钮,弹出"变换"对话框。选择"通过一平面镜像"选项,弹出"平面"对话框。选择基准平面作为镜像平面,如图 6.50 所示。

单击"确定"按钮,又弹出"变换"对话框,选择"复制"选项,再单击"取消"按钮,完成镜像复制渐开线和直线,结果如图 6.51 所示。

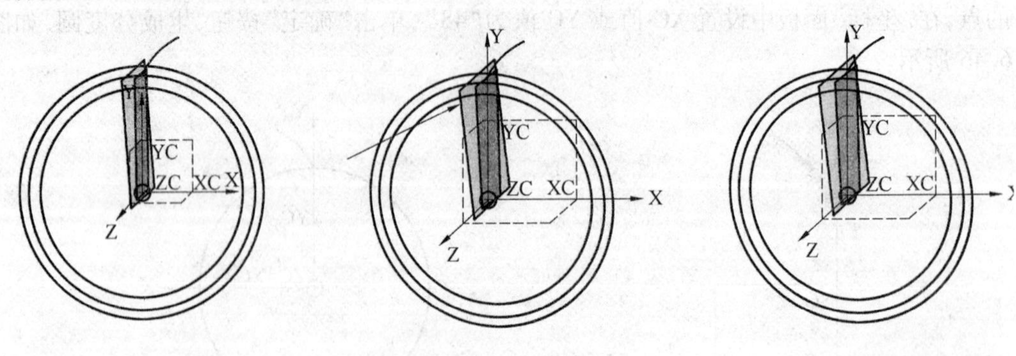

图 6.49　生成基准平面　　图 6.50　选择基准平面　　图 6.51　镜像复制渐开线和直线

单击"插入→曲线→圆弧/圆"命令,或单击曲线工具条圆弧/圆图标按钮,弹出"圆弧/圆"对话框。起点选择渐开线的起始点,结果如图 6.52 所示。

端点选择与齿根圆相切点,半径为2,结果如图6.53所示。

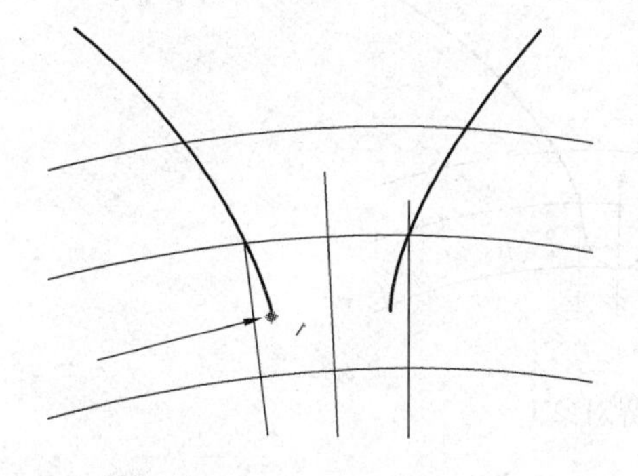

图6.52　选择起点

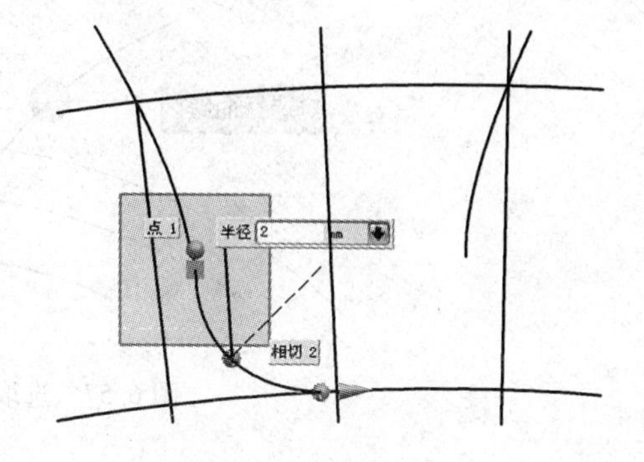

图6.53　绘制与齿根圆相切

单击“确定”按钮,创建齿根圆相切弧线。结果如图6.54所示。

同理,创建右侧渐开线与齿根圆相切弧线,如图6.55所示。

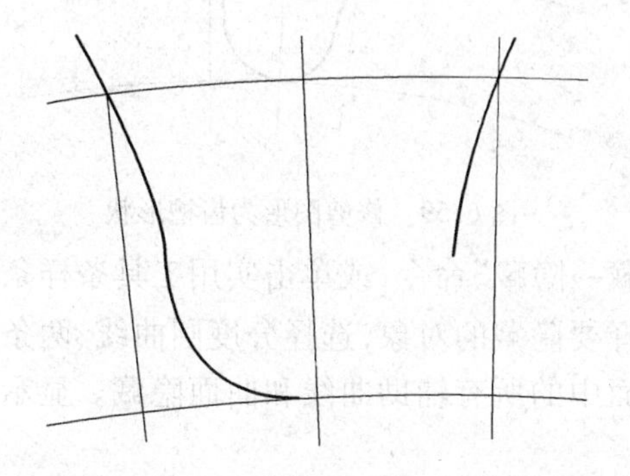

图6.54　创建与齿根圆相切弧线

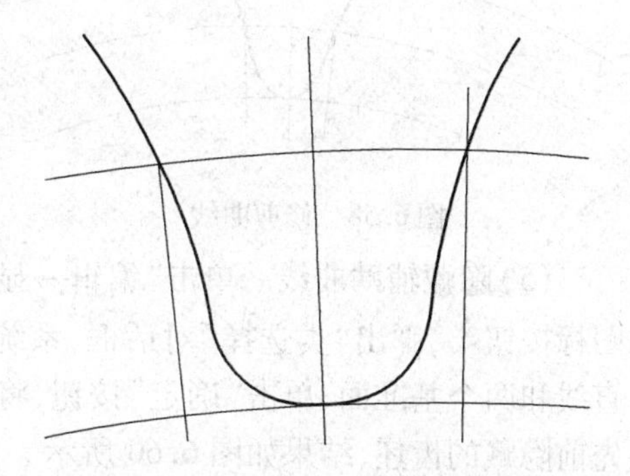

图6.55　创建右侧与齿根圆相切弧线

单击“编辑→曲线→修整”命令,或单击曲线工具条基本曲线图标按钮,弹出“基本曲线”对话框,选择修剪按钮,弹出“修剪曲线”对话框,设置“要修剪的端点”为“开始”,结果如图6.56所示。

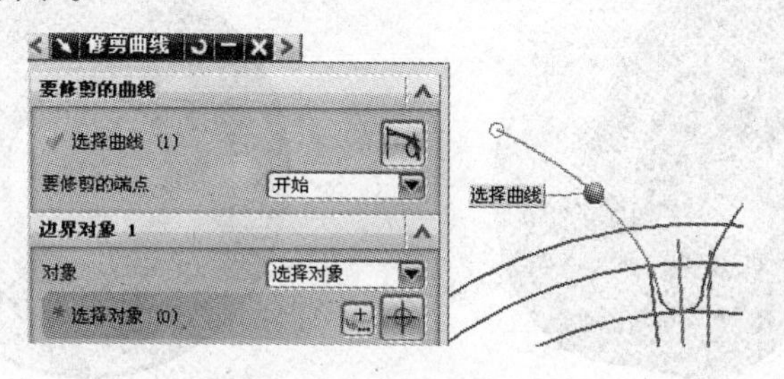

图6.56　“修剪曲线”对话框

选取边界对象1,如图6.57所示。

单击“应用”按钮,结果如图6.58所示。

同理,对图形其他多余曲线进行修剪,结果如图6.59所示。

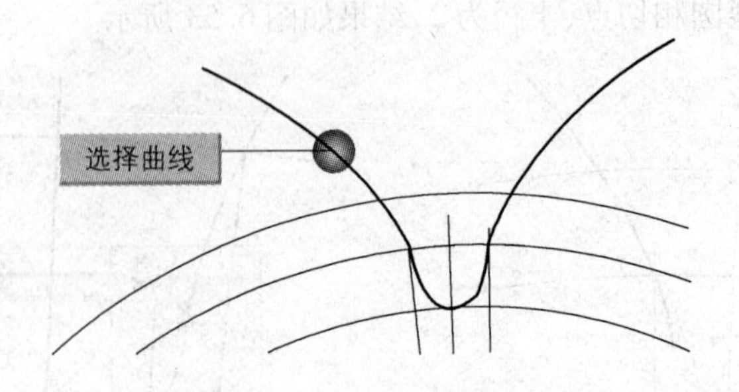

图 6.57　选取边界对象 1

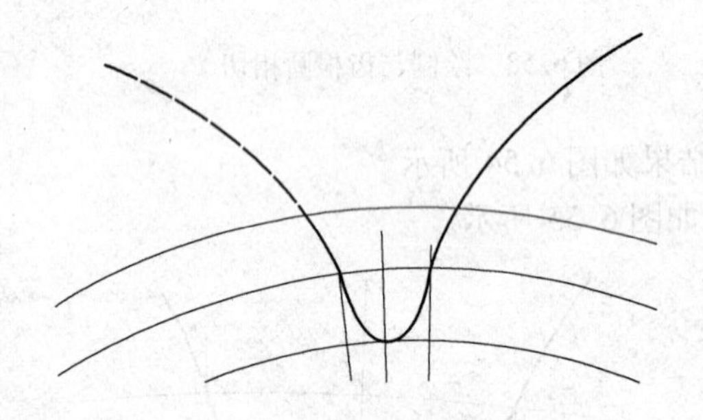

图 6.58　修剪曲线

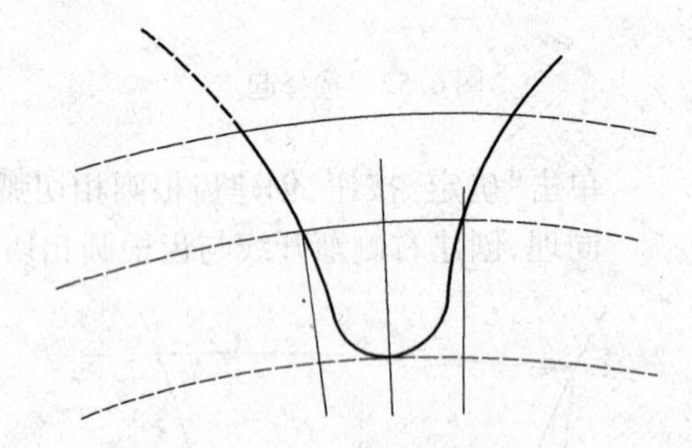

图 6.59　修剪图形为齿槽形状

(5)隐藏辅助曲线。单击“编辑→显式和隐藏→隐藏”命令,或单击实用工具条样条图标按钮,弹出“类选择”对话框,系统提示选择要隐藏的对象,选择分度圆曲线、两条直线和两个基准面,单击“确定”按钮,将工作界面中的所有辅助曲线和曲面隐藏。显示先前隐藏的齿坯,结果如图 6.60 所示。

(6)生成单个齿槽。单击“插入→设计特征→拉伸”命令,或单击特征工具条拉伸图标按钮,弹出“拉伸”对话框。系统提示选择截面几何图形,选取前面绘制的齿槽截面曲线,距离设置为“直至下一个”,设置布尔运算为“求差”,单击“确定”按钮,生成单个齿槽,结果如图 6.61 所示。

图 6.60　显示齿坯

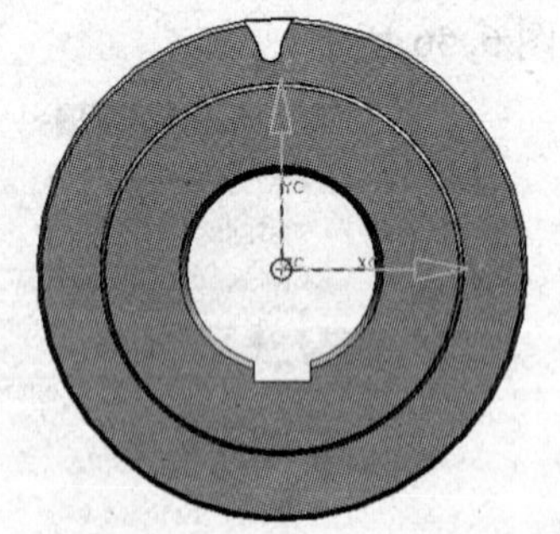

图 6.61　生成单个齿槽

(7)创建全部轮齿。单击“插入→关联复制→实例特征”命令,或单击特征工具条实例特征图标按钮,弹出“实例”对话框,选择“圆形阵列”选项,在过滤器中选择要引用的特征“拉伸 23”,此时齿槽特征高亮显示,单击“确定”按钮,输入圆形阵列参数;数字为

"24",角度为"15",如图6.62所示。

系统提示选择旋转轴,选择基准轴 ZC,选择选项"是",完成轮齿的创建,结果如图6.63所示。

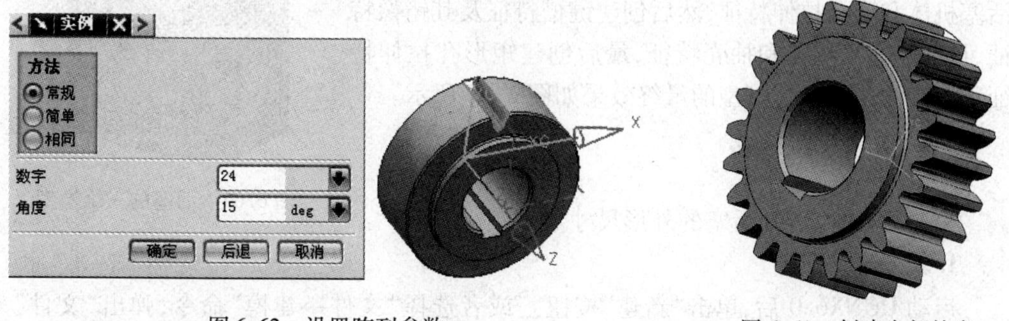

图6.62　设置阵列参数　　图6.63　创建全部轮齿

6. 保存

选择"文件→保存"命令,或单击标准工具栏保存图标按钮,进行保存。

6.3　活塞的建模设计

6.3.1　建模要求

在本例中,将建立一个活塞的三维模型,活塞的外形结构简图如图6.64所示。

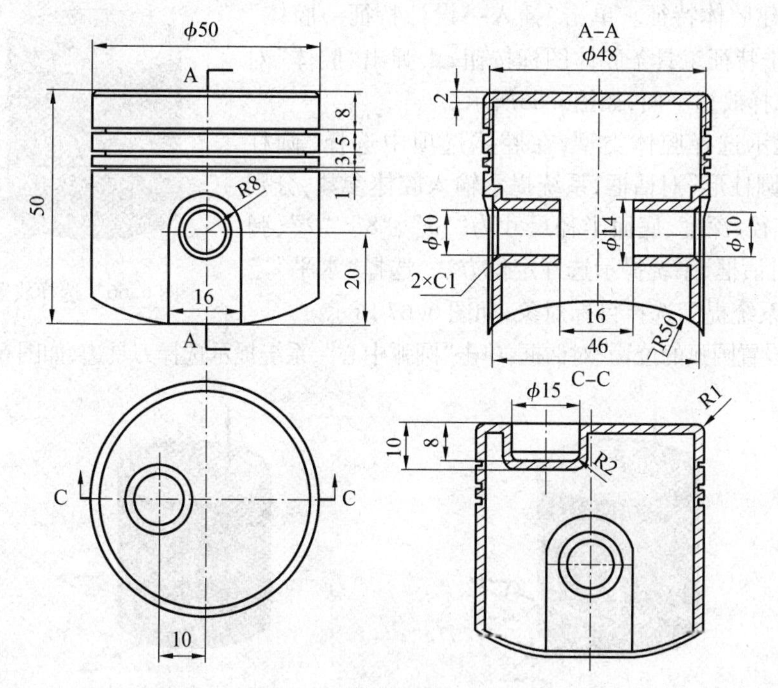

图6.64　活塞的结构尺寸

6.3.2 建模分析

根据结构尺寸和结构特征，建模过程中可先创建创建活塞机体和通孔拉伸特征，然后创建键槽特征及其镜像特征，再创建通槽特征和抽壳特征，最后创建矩形孔拉伸特征和矩形沟槽特征。模型的最终效果如图 6.65 所示。

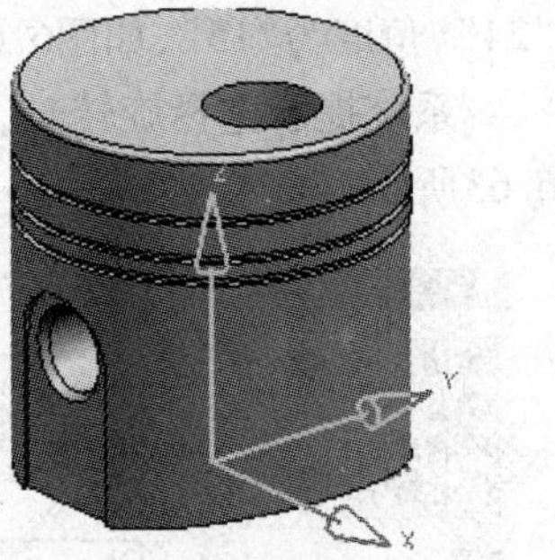

图 6.65 活塞的三维模型

6.3.3 建模步骤

根据图 6.64 可知活塞的外形尺寸。

1. 新建部件文件

启动 UGNX6.0 后，单击“新建”按钮或者选择“文件→建模”命令，弹出“文件”对话框，选择“模型”选项卡。在“模型”模板中选择“模型”选项，单位设置为“毫米”，在“新文件名”选项卡下将名称设置为“huosai. prt”，保存路径改为“F:\UGlixi\”，单击“确定”按钮，进入建模模块。

2. 创建活塞机体

(1)创建圆柱体。单击“插入→设计特征→圆柱体”命令，或单击特征工具条圆柱体图标按钮，弹出“圆柱”对话框。在“类型”下拉列表框中选择“轴、直径和高度”，然后点击“矢量构造器”按钮，选择“ZC 轴”作为矢量。在尺寸面板中分别设置直径和高度值为“50”和“50”。单击“确定”按钮，生成圆柱体。

(2)创建腔体特征。单击“插入→设计特征→腔体”命令，或单击特征工具条腔体图标按钮，弹出“腔体”对话框。先选择放置平面，如图6.66所示。

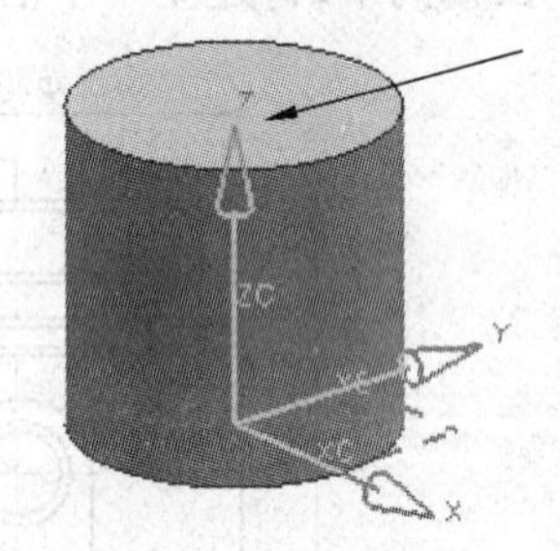

图 6.66 选择放置平面

系统提示选择腔体类型，在腔体选项中选择“圆柱形”，弹出“圆柱形”对话框，系统提示输入腔体参数，分别设置腔体直径、深度、底面半径尺寸为“15”、“8”、“2”，弹出“定位”对话框，系统提示选择定位方法，选择“水平”定位按钮，系统提示选择目标对象，如图 6.67 所示。

弹出“设置圆弧的位置”对话框，单击“圆弧中心”，系统提示选择刀具边，如图 6.68 所示。

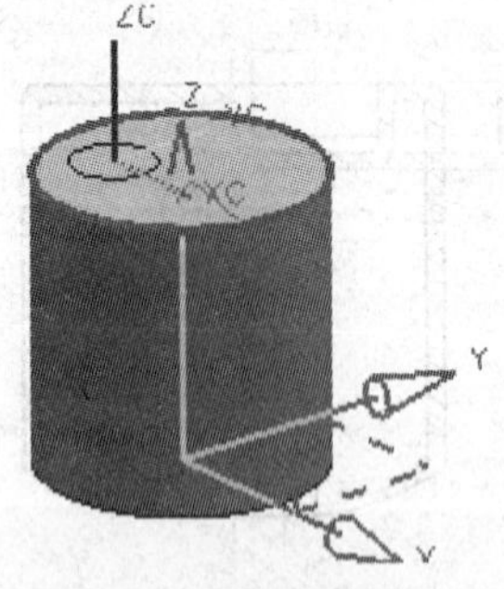

图 6.67 选择目标对象

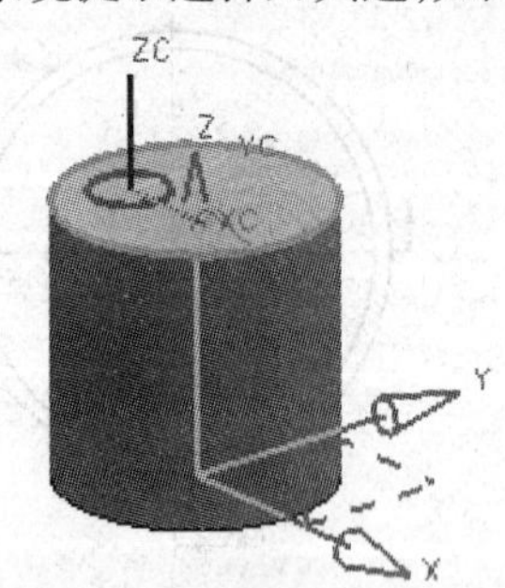

图 6.68 选择刀具边

系统弹出“设置圆弧的位置”对话框，选择“圆弧中心”选项，弹出“创建表达式”对话框，输入新的定位值“10”，单击“确定”按钮，系统又弹出“定位”对话框，系统提示选择定位方法，选择“竖直”定位按钮，系统提示选择目标对象，如图6.67所示。弹出“设置圆弧的位置”对话框，单击“圆弧中心”，系统提示选择刀具边，如图6.68所示。系统弹出“设置圆弧的位置”对话框，选择“圆弧中心”选项，弹出“创建表达式”对话框，输入新的定位值“0”，单击“确定”按钮，再单击“取消”按钮，创建腔体特征，如图6.69所示。

3. 创建通孔拉伸特征

单击特征工具栏上的“拉伸”图标按钮，弹出“拉伸”对话框，系统提示选择要草绘的平面，单击“截面”面板中“绘制截面”图标按钮，弹出“创建草图”对话框。在“草图选项”下拉列表中选择“创建平面”。再单击“完整平面工具”图标按钮，系统弹出“平面”对话框，在“类型”下拉列表框中选择“XC－ZC平面”选项，单击“确定”按钮，单击草图工具栏上的“圆”图标按钮，弹出“圆”对话框，绘制一个圆，直径为“10.0”，圆心坐标为(0，－20)，如图6.70所示。

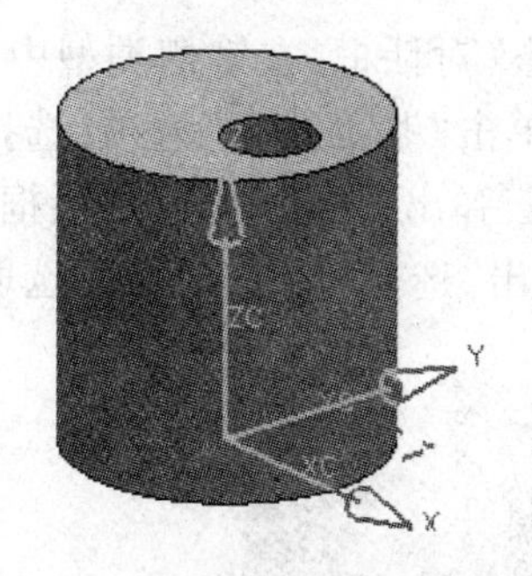

图6.69　创建腔体特征

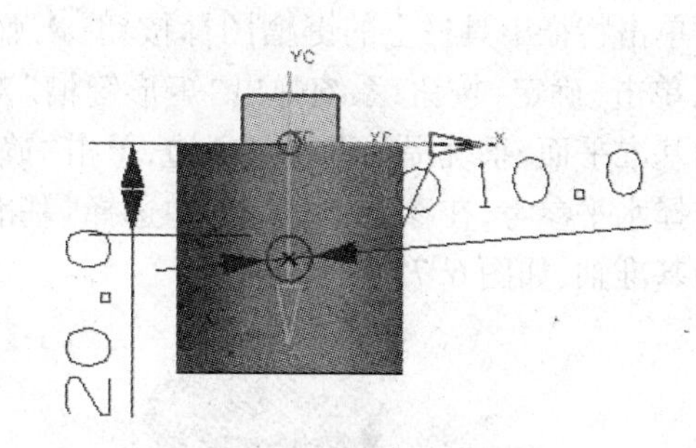

图6.70　绘制一个圆

单击草图生成器上的“完成草图”按钮，完成创建草图工作。系统弹出“拉伸”对话框，在“限制”面板中分别输入开始距离和结束距离值为“30”、“－30”，在“布尔”操作下拉列表框中选择“求差”选项，如图6.71所示。单击“确定”按钮，生成通孔，效果如图6.72所示。完成通孔拉伸特征的创建。

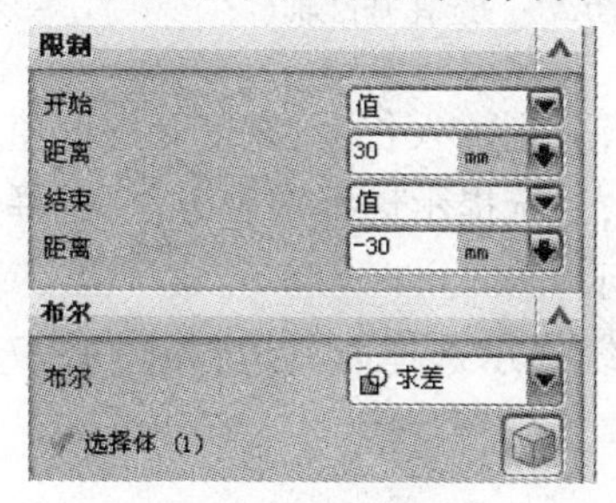

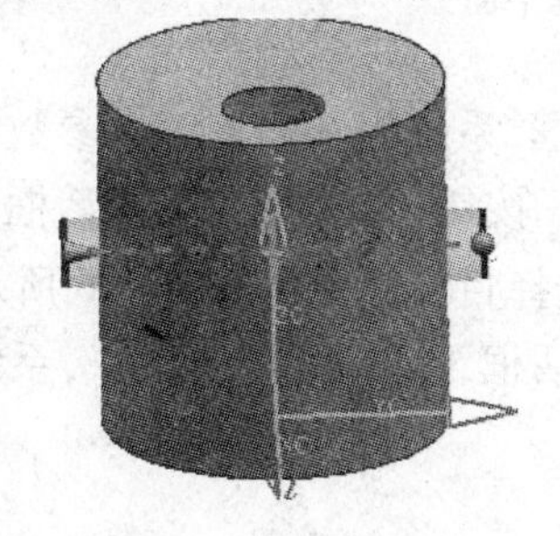

图6.71　设置距离参数

图6.72　通孔拉伸特征

4. 创建键槽特征

先创建基准平面。设置当前图层为61，选择“插入→基准/点→基准平面”命令，或单

击特征工具栏上的平面图标按钮，弹出“基准平面”对话框，在“类型”下拉列表框内选择“按某一距离”，输入距离“25”，选择“XC－ZC 平面”作为平行平面参考，如图6.73所示。

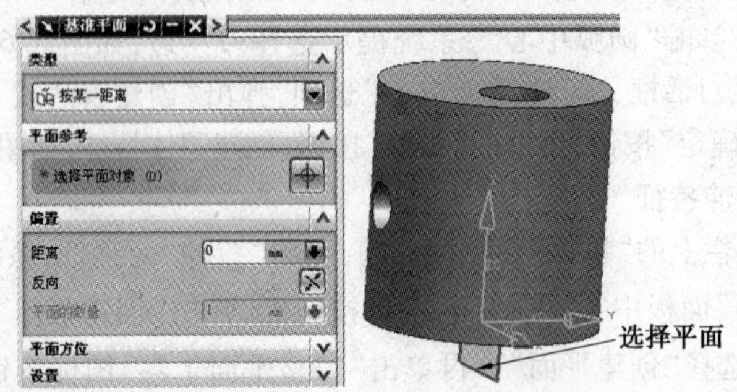

图6.73　选择平行平面参考

在“偏置”对话框中输入距离值为“25”，单击“确定”按钮，创建基准平面，如图 6.74 所示。

单击特征工具栏上的键槽图标按钮，弹出“键槽”对话框，在键槽类型中选择“矩形”，单击“确定”按钮，系统弹出“矩形键槽”对话框，单击“基准平面”选项，选择上面生成的基准平面，系统提示选择特征边，单击“确定”按钮，弹出“水平参考”对话框，系统提示选择水平参考，在参考类型选项中选择“基准轴”，弹出“选择对象”对话框，选取“Z 轴”作为基准轴，如图 6.75 所示。

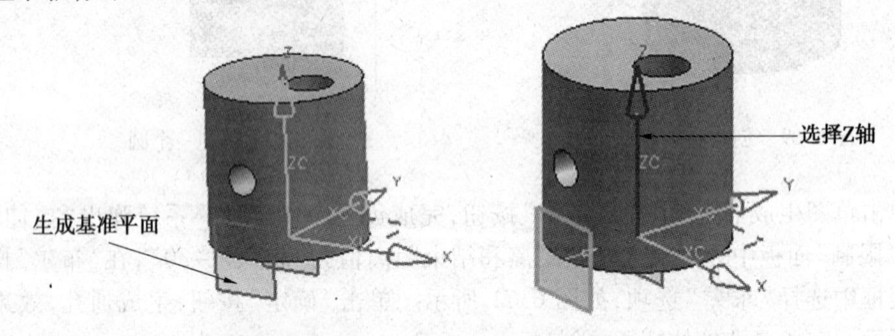

图 6.74　创建基准平面　　　　图 6.75　选择基准轴

系统弹出“矩形键槽”对话框，系统提示输入键槽参数，分别输入长度、宽度和深度值为“56”、“16”、“2”。单击“确定”按钮，弹出“定位”对话框，系统提示选择定位方法，选择“水平”定位按钮，系统提示选择目标对象，如图 6.76 所示。

弹出“设置圆弧的位置”对话框，单击“圆弧中心”，系统提示选择刀具边，如图 6.77 所示。

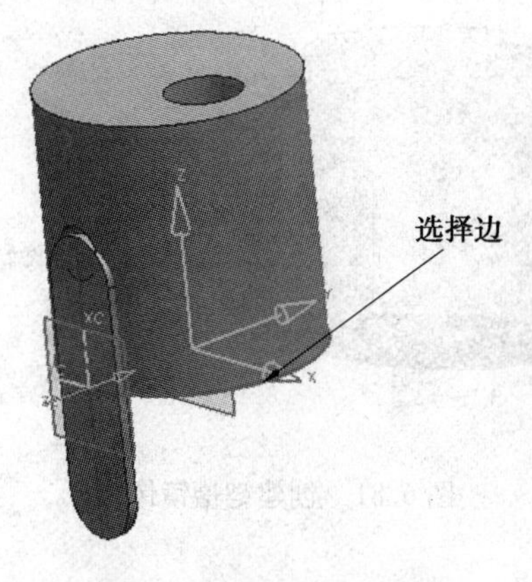

图6.76　选择目标对象

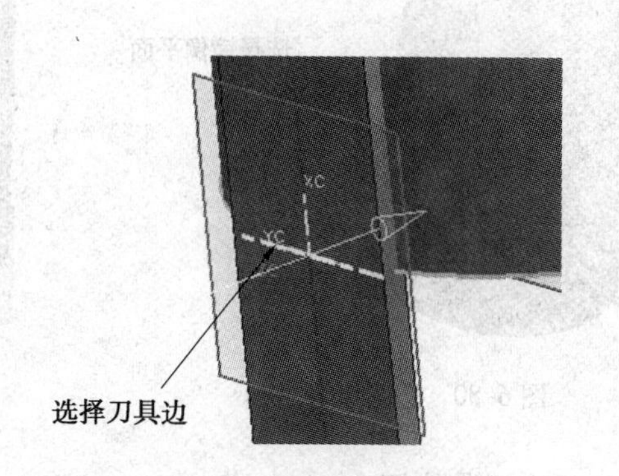

图6.77　选择刀具边

弹出“创建表达式”对话框,输入新的定位值“0”,单击“确定”按钮,系统又弹出“定位”对话框,系统提示选择定位方法,选择“竖直”定位按钮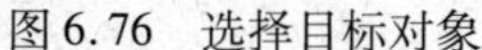,系统提示选择目标对象,如图6.76所示。弹出“设置圆弧的位置”对话框,单击“圆弧中心”,系统提示选择刀具边,如图6.78所示。

弹出“创建表达式”对话框,输入新的定位值“0”,单击“确定”按钮,创建键槽特征,如图6.79所示。

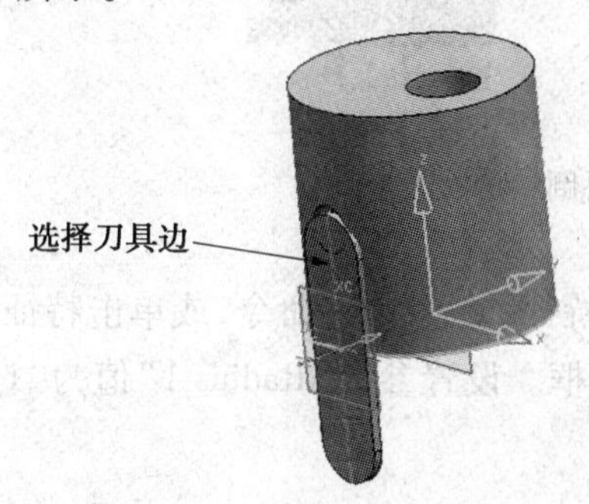

图6.78　选择刀具边

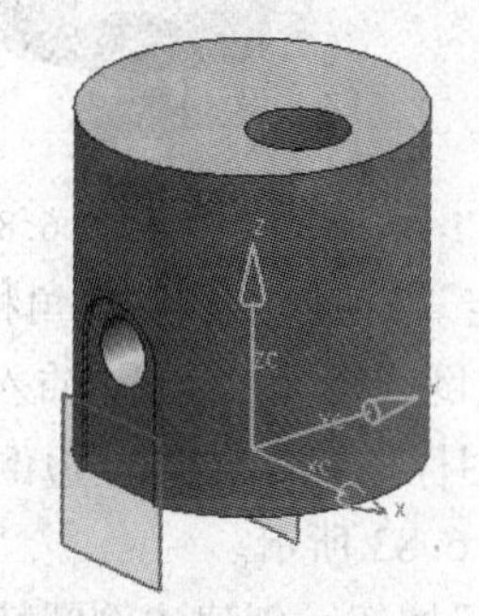

图6.79　创建键槽特征

4. 创建键槽镜像特征

选择“插入→关联复制→镜像特征”命令,或单击实用工具栏上的镜像特征图标按钮,弹出“镜像特征”对话框。选择矩形键槽作为镜像特征。单击“选择平面”按钮,选取基准平面,如图6.80所示。

单击“确定”按钮,创建镜像键槽特征,如图6.81所示。

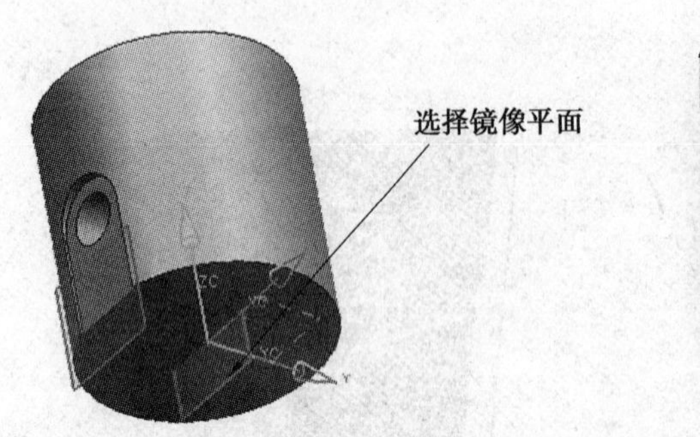

图 6.80　选择镜像平面

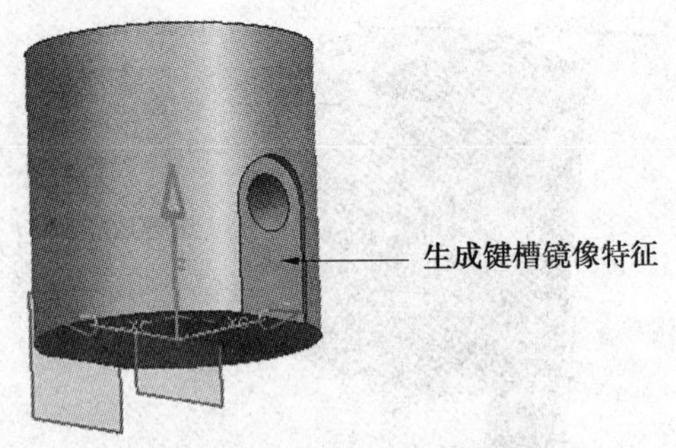

图 6.81　创建键槽镜像特征

5. 创建细节特征

(1)创建倒斜角特征。选择"插入→细节特征→倒斜角"命令,或单击特征操作工具栏上的倒斜角图标按钮,弹出"倒斜角"对话框。默认"横截面"选项为"对称",设置"距离"值为"1",分别选择要倒斜角的边,如图 6.82 所示。

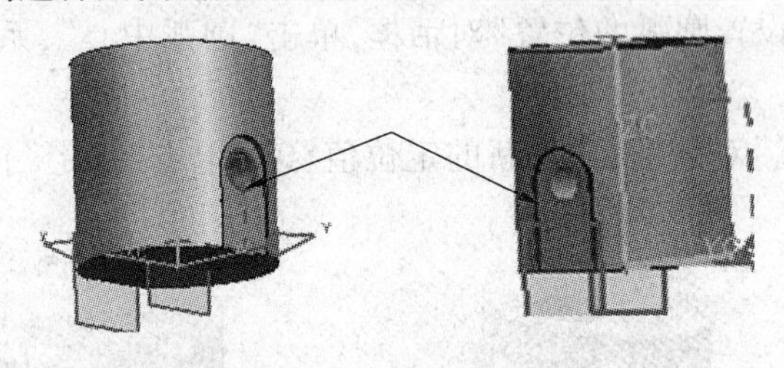

图 6.82　选择要倒斜角的边

单击"确定"按钮。生成倒斜角特征。

(2)创建边倒圆特征。选择"插入→细节特征→边倒圆"命令,或单击特征操作工具栏上的边倒圆图标按钮,弹出"边倒圆"对话框。设置参数"Radius 1"值为"1",选择要倒圆的边,如图 6.83 所示。

单击"确定"按钮。创建边倒圆特征。

6. 创建通槽特征

选择"编辑→对象显示"命令,或单击实用工具栏上的对象显示按钮,弹出"类选择"对话框。选择活塞实体作为要编辑的对象,弹出"编辑对象显示"对话框。调整透明度指针至 70,单击"确定"按钮,将实体透明化。

单击特征工具栏上的"拉伸"图标按钮,弹出"拉伸"对话框,系统提示选择要草绘的平面,单击"截面"面板中"绘制截面"图标按钮,弹出"创建草图"对话框。在"草图选项"下拉列表中选择"现有平面",选择 YC – ZC 平面,如图 6.84 所示,单击"确定"按钮。

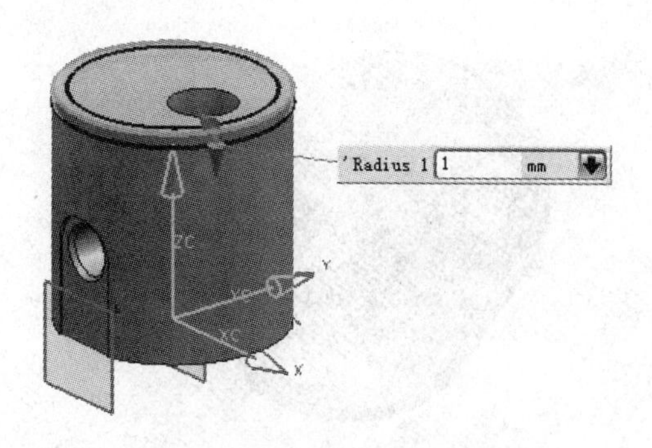

图6.83 选择要倒圆的边

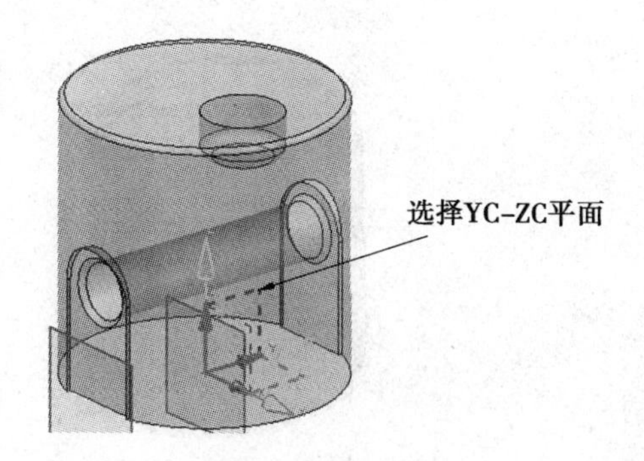

图6.84 选择现有平面

单击草图工具栏上的"直线"图标按钮，在底面绘制一条直线，如图6.85所示。

单击草图工具栏上的"圆弧"图标按钮，在直线上绘制一条圆弧，半径为"85"，如图6.86所示。

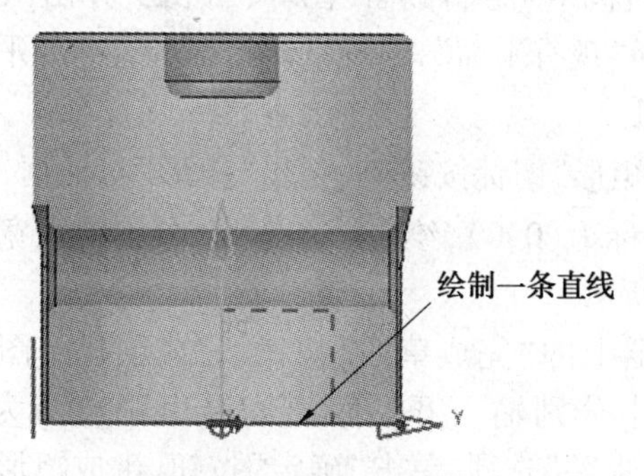

图6.85 绘制一条直线

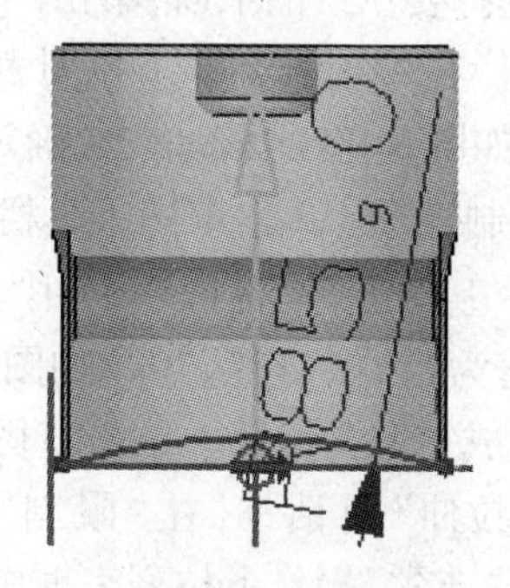

图6.86 绘制一条圆弧

单击草图生成器上的"完成草图"按钮，完成创建草图工作。系统弹出"拉伸"对话框，在"限制"面板中分别输入开始距离和结束距离值为"30"、"-30"，在"布尔"操作下拉列表框中选择"求差"选项，单击"确定"按钮，生成通槽特征，效果如图6.87所示。

选择"编辑→对象显示"命令，或单击实用工具栏上的对象显示按钮，弹出"类选择"对话框。选择活塞实体作为要编辑的对象，弹出"编辑对象显示"对话框。调整透明度指针至0，单击"确定"按钮，取消实体透明化。

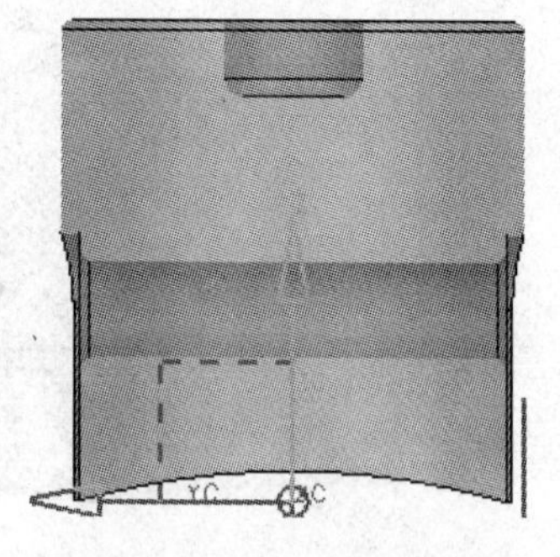

图6.87 创建通槽特征

7. 创建抽壳特征

单击特征工具栏上的"抽壳"图标按钮，弹出"抽壳"对话框，设定厚度值为"2"，选择要移除的面，如图6.88所示。

单击"确定"按钮，创建抽壳特征，如图6.89所示。

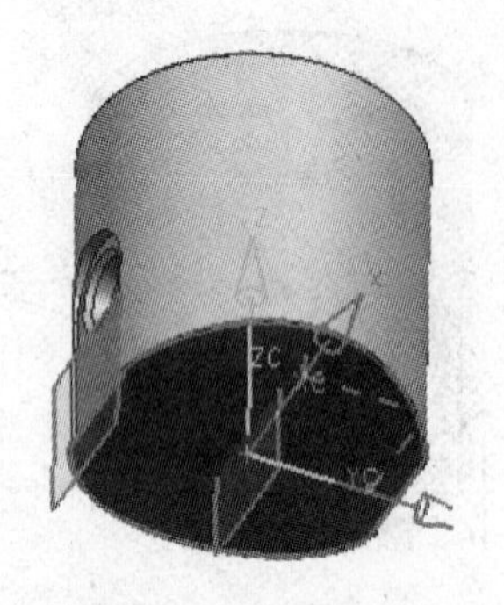

图 6.88　选择要移除的面

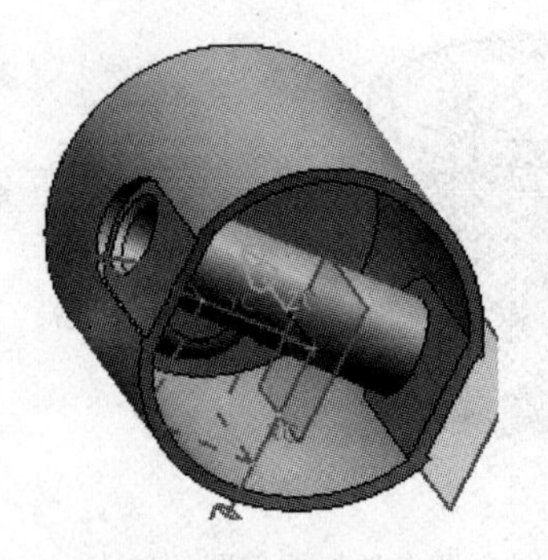

图 6.89　创建抽壳特征

8. 创建矩形孔拉伸特征

(1)创建基准平面。单击特征工具栏上的“拉伸”图标按钮，弹出“拉伸”对话框，系统提示选择要草绘的平面，单击“截面”面板中“绘制截面”图标按钮，弹出“创建草图”对话框。在“草图选项”下拉列表中选择“现有平面”，系统默认选择 XC - YC 平面，并高亮显式，如图 6.90 所示，单击“确定”按钮。

(2)绘制矩形。单击草图工具栏上的“矩形”图标按钮，弹出“矩形”对话框，“矩形方法”选择“从中心”图标按钮，中心点坐标为(0,0)，绘制一个矩形，分别输入宽度、高度和角度值为“16”、“16”、“0”，如图 6.91 所示。

(3)生成矩形孔特征。单击草图生成器上的“完成草图”按钮，完成创建草图工作。系统弹出“拉伸”对话框，在“限制”面板中分别输入开始距离和结束距离值为“0”、“ - 30”，在“布尔”操作下拉列表框中选择“求差”选项，单击“确定”按钮，生成矩形孔，效果如图 6.92 所示，完成矩形孔拉伸特征的创建。

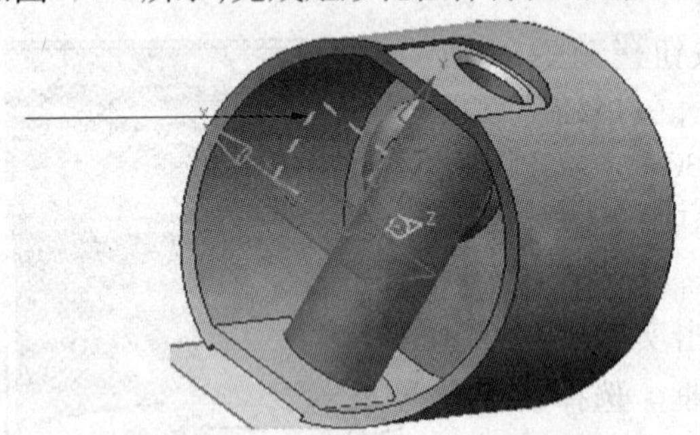

图 6.90　创建基准平面

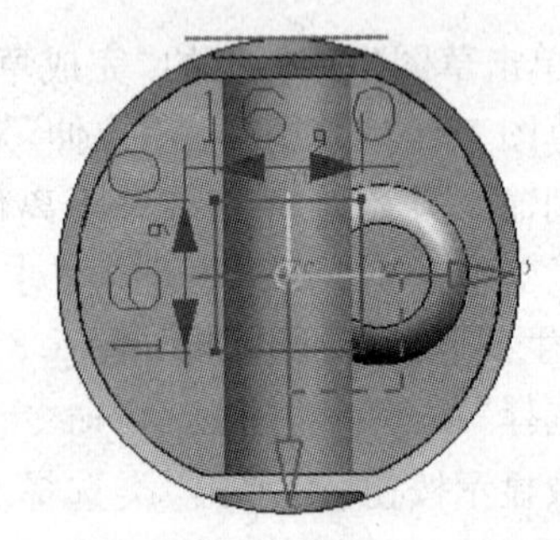

图 6.91　绘制矩形

9. 创建矩形沟槽特征

单击特征工具栏上的“沟槽”图标按钮，弹出“沟槽”对话框，系统提示选择槽类型，选择“矩形”选项，系统弹出“矩形槽”对话框，选择放置面，放置面高亮显示，如图6.93所示。

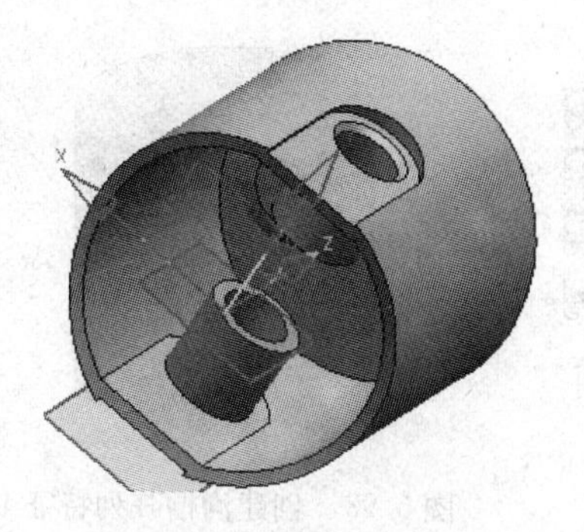
图6.92　创建矩形孔特征

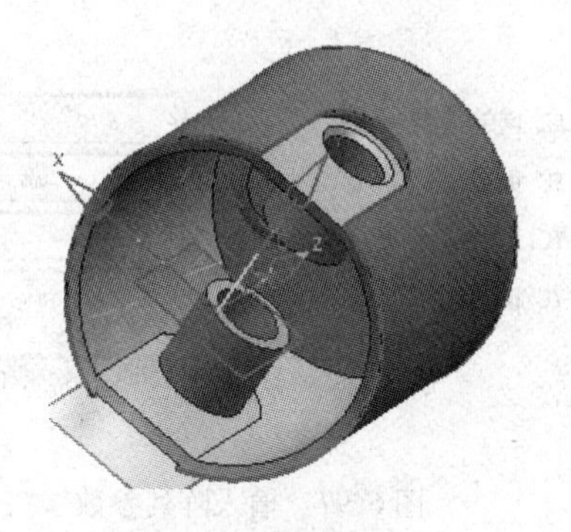
图6.93　选择放置面

系统弹出“矩形槽”对话框，分别输入槽直径、宽度值“48”、“1”，单击“确定”按钮，系统弹出“定位槽”对话框，系统提示选择目标边，选择目标边，如图6.94所示。

系统提示选择刀具边，选择刀具边，如图6.95所示。

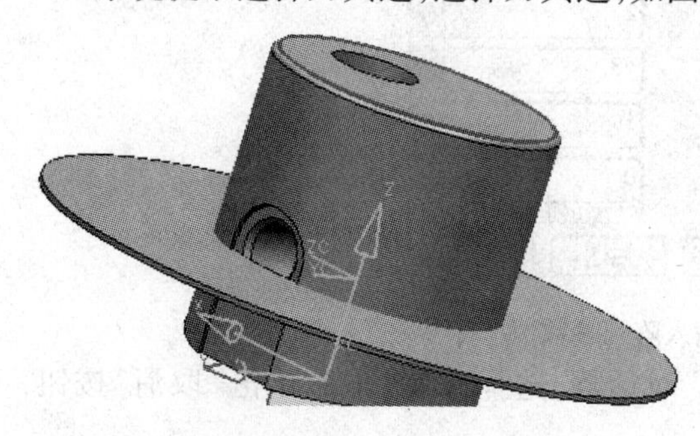
图6.94　选择目标边

图6.95　选择刀具边

系统弹出“创建表达式”，输入新的定位值为“8”，单击“确定”按钮，再单击“取消”按钮，创建矩形沟槽特征，如图6.96所示。

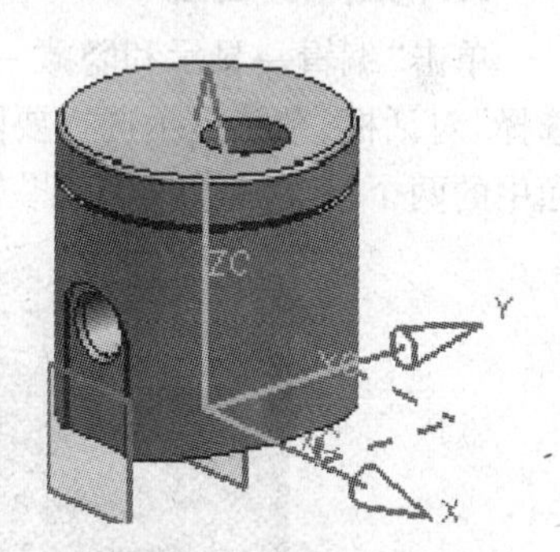
图6.96　生成矩形沟槽特征

10. 创建沟槽阵列特征

（1）旋转坐标系。单击“格式－WCS－旋转”命令，弹出“选择WCS绕…”对话框，系统提示选择WCS旋转的轴和角度，在旋转轴选项中选择“- YC 轴：XC --> ZC”选项，默认旋转角度为90°，单击“确定”按钮，使坐标系发生旋转。

（2）创建阵列沟槽特征。单击“插入→关联复制→实例特征”命令，或单击特征工具条实例特征图标按钮，弹出“实例”对话框，选择“矩形阵列”选项，在过滤器中选择要引用的特征“矩形槽14”，此时矩形槽特征高亮显示，单击“确定”按钮，弹出“输入参数”对话框，在参数中分别输入参数：“2”、“－5”、“1”、“0”，如图6.97所示。

单击“确定”按钮，系统弹出“创建实例”对话框，选择选项“是”，创建沟槽阵列特征1，如图6.98所示。

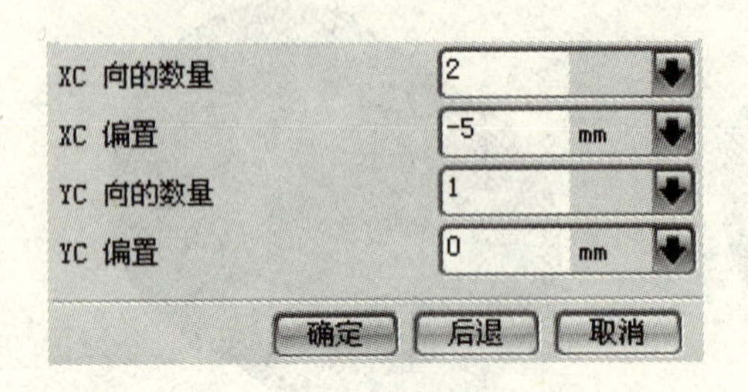

图 6.97　输入阵列参数

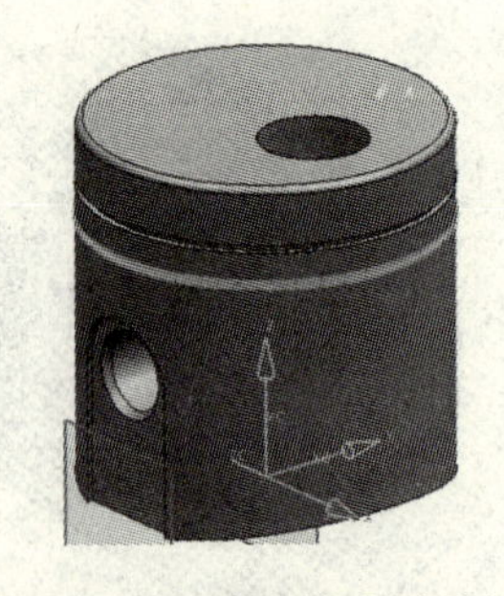

图 6.98　创建沟槽阵列特征 1

系统又弹出“实例”对话框，在过滤器中选择要引用的特征“**实例[1,0](15)/矩形槽(14)**”，此时矩形槽特征高亮显示，单击“确定”按钮，弹出“输入参数”对话框，在参数中分别输入参数：“2”、“－3”、“1”、“0”，如图 6.99 所示。

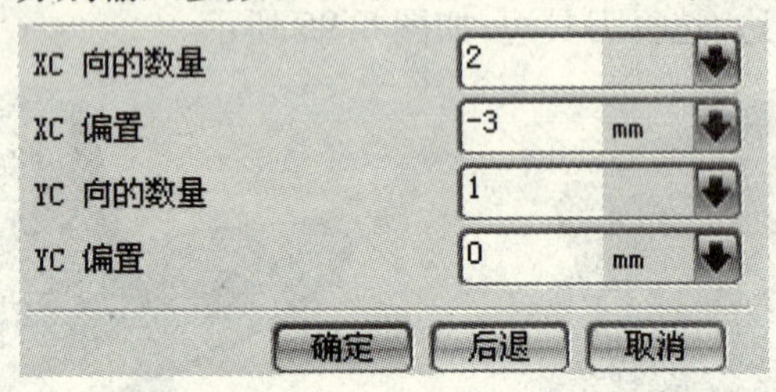

图 6.99　输入阵列参数

单击“确定”按钮，系统弹出“创建实例”对话框，选择选项“是”，单击“取消”按钮，创建沟槽阵列特征 2，如图 6.100 所示。

11. 隐藏辅助曲面

单击“编辑→显示和隐藏→隐藏”命令，或单击实用工具条样条图标按钮，弹出“类选择”对话框，系统提示选择要隐藏的对象，选择两个基准面，单击“确定”按钮，将工作界面中的两个基准面隐藏。结果如图 6.101 所示。

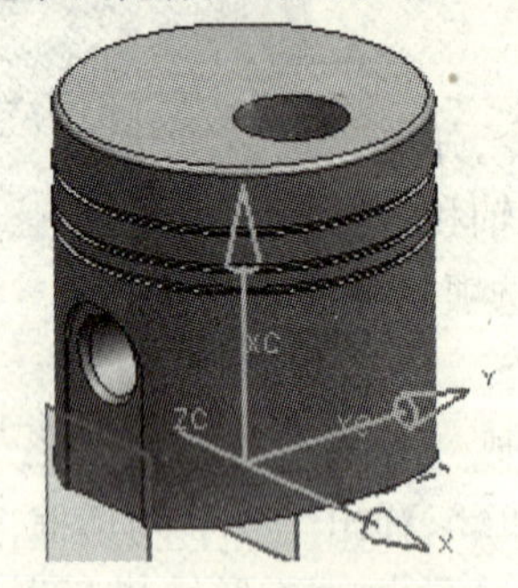

图 6.100　创建沟槽阵列特征 2

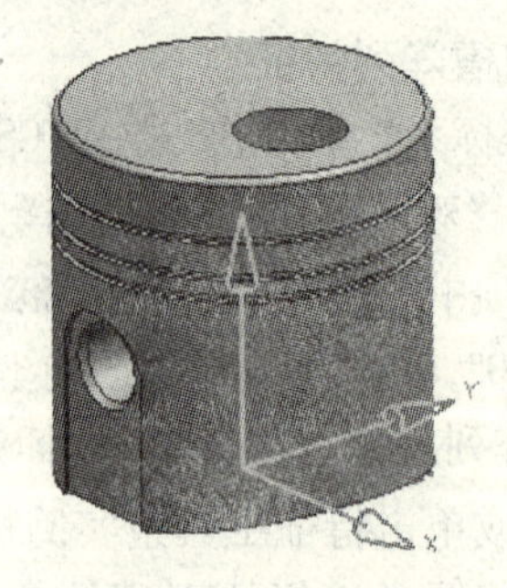

图 6.101　隐藏基准面

12. 保存

选择“文件→保存”命令，或单击标准工具栏保存图标按钮，进行保存。

6.4　三通管的建模设计

6.4.1　建模要求

在本例中,将建立一个三通管的三维模型,其外形结构简图如图6.102所示。

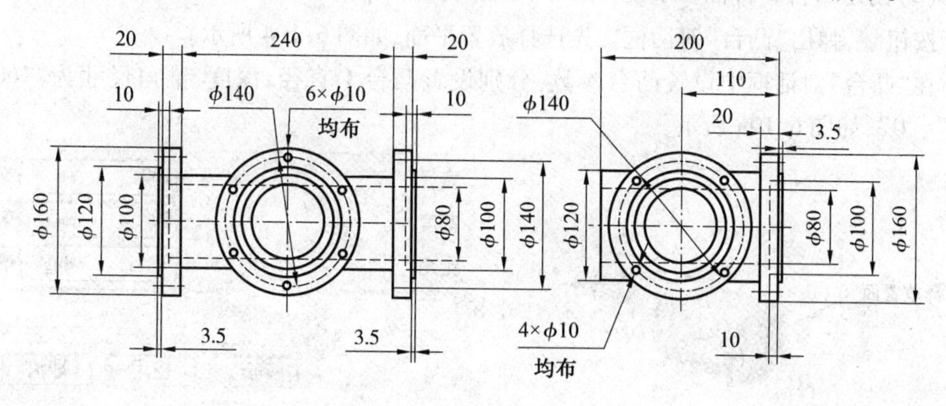

图6.102　三通管的结构尺寸

6.4.2　建模分析

根据结构尺寸和结构特征,建模过程中可先创建三通管机体和沉头孔特征,然后创建连接孔1及其镜像特征,最后创建连接孔2及其镜像特征。模型的最终效果如图6.103所示。

图6.103　三通管的三维模型

6.4.3　建模步骤

1. 新建部件文件

启动UGNX6.0后,单击"新建"按钮或者选择"文件→建模"命令,弹出"文件"对话框,选择"模型"选项卡。在"模型"模板中选择"模型"选项,单位设置为"毫米",在"新文件名"选项卡下将名称设置为"santongguan. prt",保存路径改为"F:\UGlixi\",单击"确定"按钮,进入建模模块。

2. 创建三通管机体

(1)创建圆柱体。单击“插入→设计特征→圆柱体”命令,或单击特征工具条圆柱体图标按钮,弹出“圆柱”对话框。在“类型”下拉列表框中选择“轴、直径和高度”,然后点击“矢量构造器”按钮,选择“-YC 轴”作为矢量,单击“确定”按钮,在尺寸面板中分别设置直径和高度值为“100”和“120”。单击“确定”按钮,生成圆柱体。

(2)创建凸台 1 特征。单击“插入→设计特征→凸台”命令,或单击特征工具条凸台图标按钮,弹出“凸台”对话框。先选择放置平面,如图 6.104 所示。

在“凸台”对话框中设置凸台参数,分别设置凸台 1 直径、深度、锥角尺寸为“160”、“20”、“0”,如图 6.105 所示。

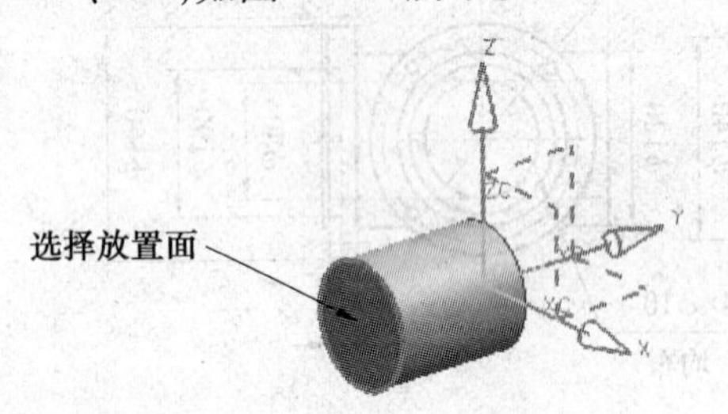

图 6.104　选择放置面

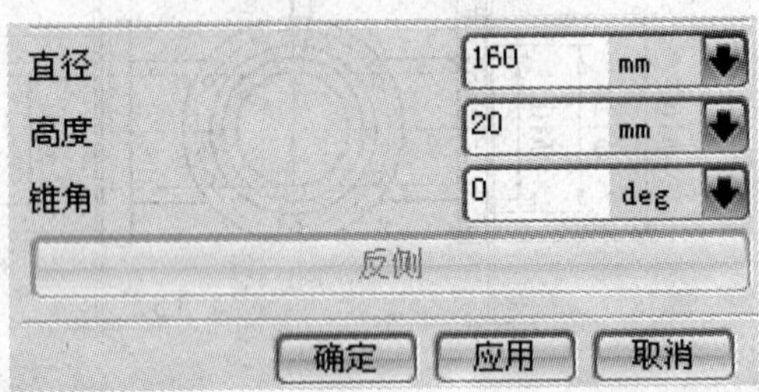

图 6.105　设置凸台 1 参数

单击“确定”按钮,弹出“定位”对话框,系统提示选择定位方法,选择“点到点”定位按钮,系统提示选择目标对象,如图 6.106 所示。

弹出“设置圆弧的位置”对话框,单击“圆弧中心”,生成与圆柱体同心的凸台 1 特征。

(3)创建凸台 2 特征。单击“插入→设计特征→凸台”命令,或单击特征工具条凸台图标按钮,弹出“凸台”对话框。先选择放置平面,如图 6.107 所示。在“凸台”对话框中设置凸台参数,分别设置凸台 2 直径、深度、锥角尺寸为“120”、“3.5”、“0”,如图 6.108 所示。

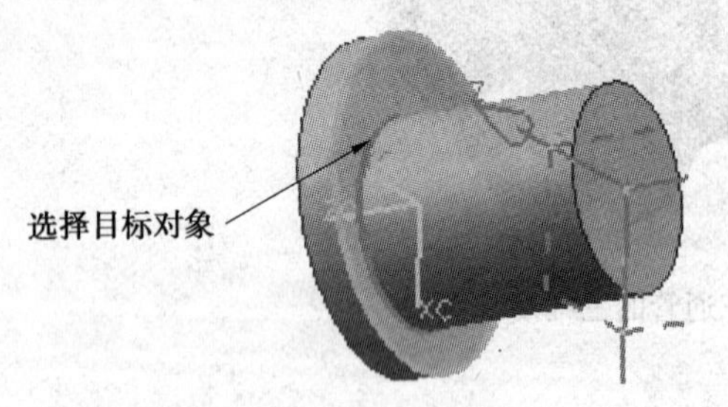

图 6.106　选择目标对象

图 6.107　选择放置面

单击“确定”按钮,弹出“定位”对话框,系统提示选择定位方法,选择“点到点”定位按钮,系统提示选择目标对象,如图 6.109 所示。

弹出“设置圆弧的位置”对话框,单击“圆弧中心”,创建与凸台 1 同心的凸台 2 特征,如图 6.110 所示。

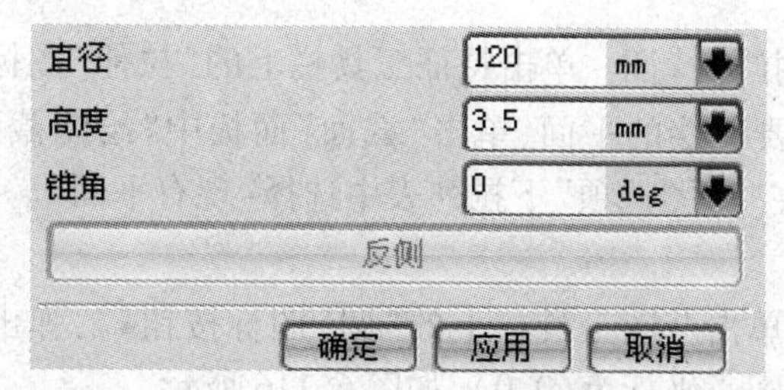

图 6.108　设置凸台 2 参数

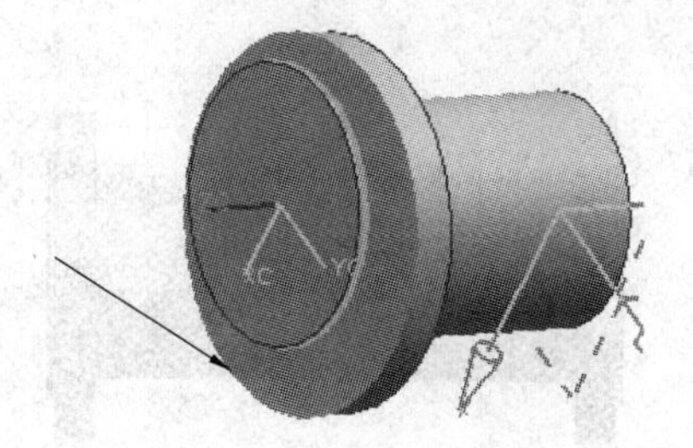

图 6.109　选择目标对象

图 6.110　创建凸台 2 特征

(4)创建圆柱体、凸台镜像特征。选择“插入→关联复制→镜像特征”命令,或单击实用工具栏上的镜像特征图标按钮,弹出“镜像特征”对话框。选择上面创建的全部特征作为镜像特征。单击“选择平面”按钮,选取基准平面,如图 6.111 所示。

单击“确定”按钮,创建镜像特征,如图 6.112 所示。

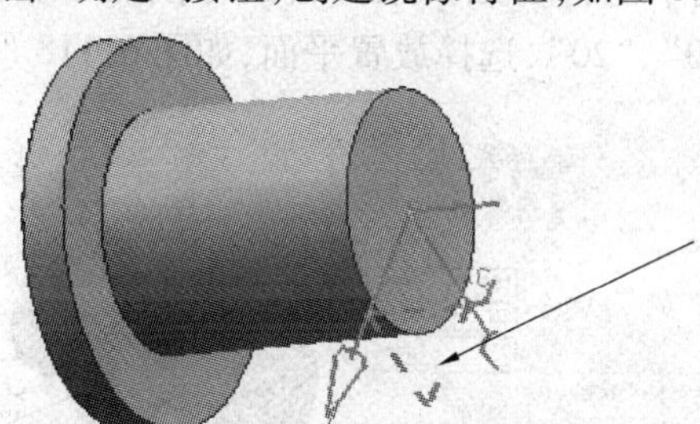

图 6.111　选取镜像基准平面

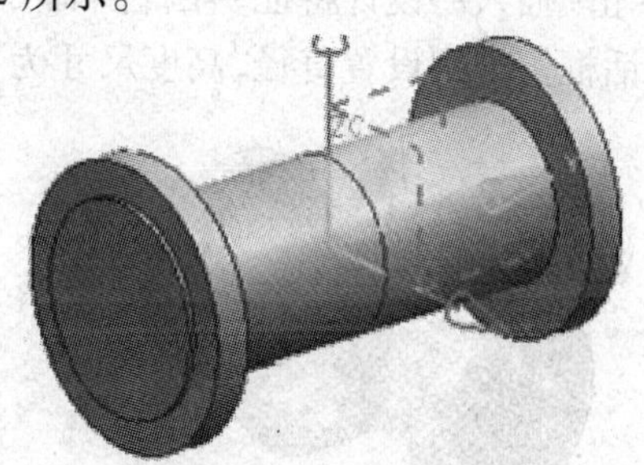

图 6.112　创建镜像特征

(5)创建圆柱体、凸台镜像特征。选择“插入→组合体→求和”命令,或单击特征操作工具栏上的求和特征图标按钮,弹出“求和”对话框,选择目标体,如图 6.113 所示。再选择刀具体,如图 6.114 所示。单击“确定”按钮,生成联合的实体。

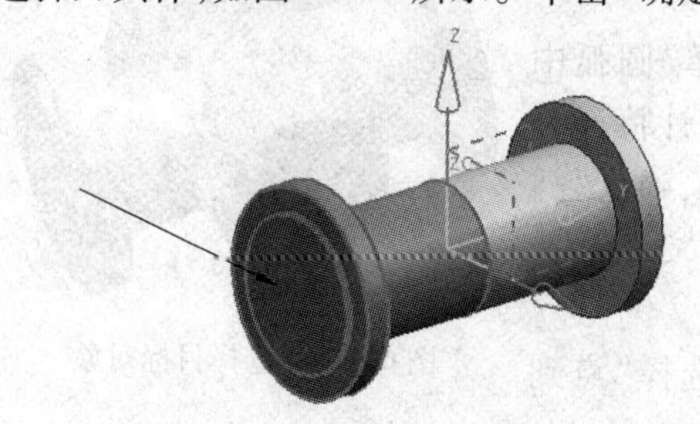

图 6.113　选择目标体

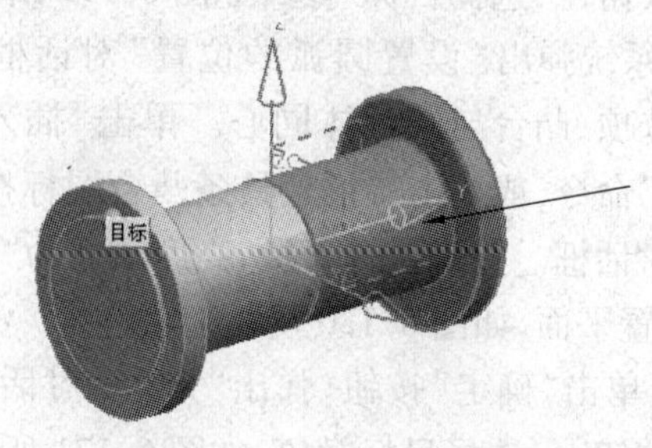

图 6.114　选择刀具体

(6)创建侧壁圆柱拉伸特征。单击特征工具栏上的“拉伸”图标按钮，弹出“拉伸”对话框，系统提示选择要草绘的平面，单击“截面”面板中“绘制截面”图标按钮，弹出“创建草图”对话框。在“草图选项”下拉列表中选择“现有平面”。选择“XC－ZC平面”，如图6.115所示。

单击“确定”按钮，单击草图工具栏上的“圆”图标按钮，弹出“圆”对话框，绘制一个圆，圆直径为“120”，圆心坐标为(0,0)，如图6.116所示。

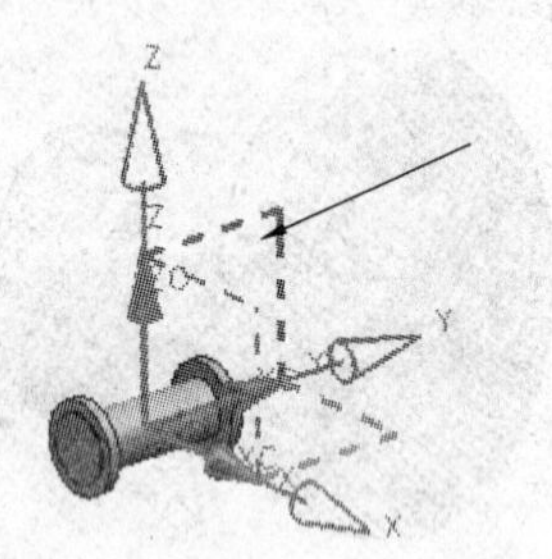

图6.115　选择草图平面

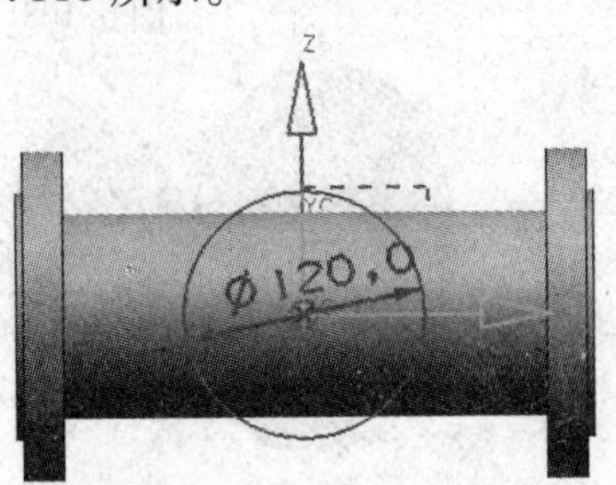

图6.116　绘制一个圆

单击草图生成器上的“完成草图”按钮，完成创建草图工作。系统弹出“拉伸”对话框，在“限制”面板中分别输入开始距离和结束距离值为“－90”、“90”，在“布尔”操作下拉列表框中选择“求和”选项，创建侧壁圆柱拉伸特征，如图6.117所示。

单击“插入→设计特征→凸台”命令，或单击特征工具条凸台图标按钮，弹出“凸台”对话框。分别设置直径、高度尺寸为“160”、“20”，选择放置平面，如图6.118所示。

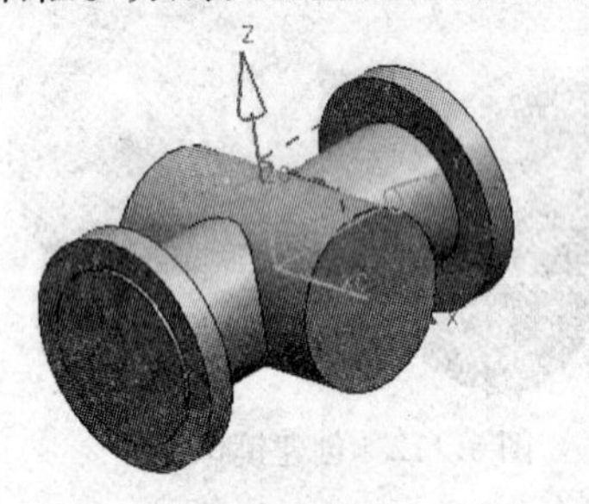

图6.117　创建拉伸特征

图6.118　设置凸台参数

单击“确定”按钮，弹出“定位”对话框。选择“点到点”按钮，选择目标对象，如图6.119所示。

图6.119　选择目标对象

系统弹出“设置圆弧的位置”对话框，选择“圆弧中心”选项，凸台与圆柱体同心。单击“插入→设计特征→凸台”命令，或单击特征工具条凸台图标按钮，弹出“凸台”对话框。分别设置直径、高度尺寸为“120”、“3.5”，选择放置平面，如图6.120所示。

单击“确定”按钮，弹出“定位”对话框。选择“点到点”按钮，选择目标对象，如图6.121所示。

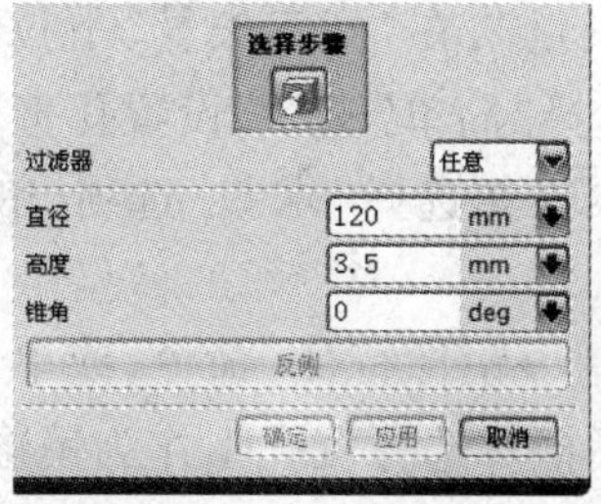

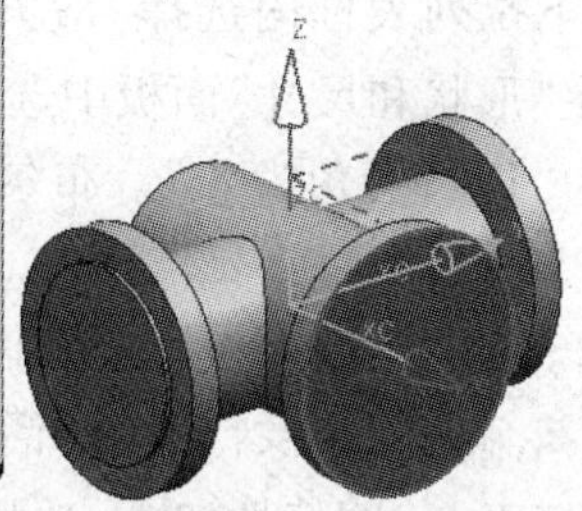

图6.120　设置凸台参数

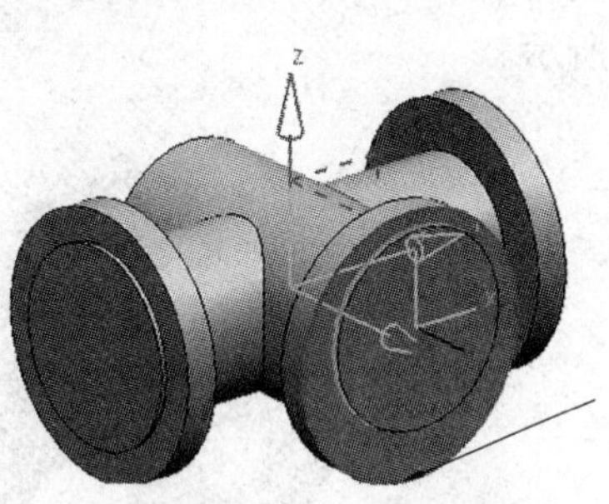

图6.121　选择目标对象

系统弹出"设置圆弧的位置"对话框,选择"圆弧中心"选项,生成凸台3,且凸台3与圆柱体同心。

3. 创建沉头孔特征

(1)创建通孔1。单击草图工具栏"孔"图标按钮,弹出"孔"对话框。在"类型"面板中选择"常规孔"选项,在"形状和尺寸"面板中选择"简单"选项,设置孔直径为"80",深度限制选择"贯通体",布尔操作选择"求差"选项,系统提示选择要草绘的平面或指定点,选择凸台2顶面作为放置面,如图6.122所示。

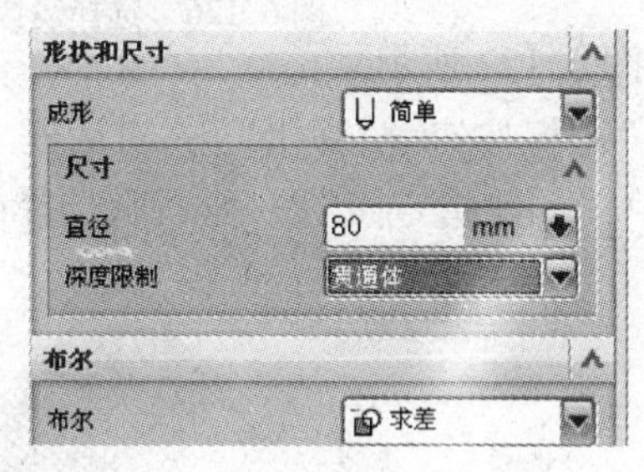

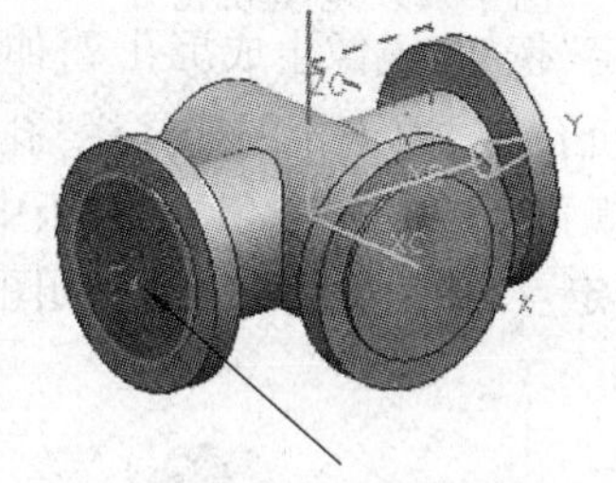

图6.122　选择放置面

系统进入"创建草图"对话框,单击"确定"。在弹出的"点"对话框内"类型"下拉列表框中选择"圆弧中心/椭圆中心/球心",选择凸台2外圆边,单击"确定"按钮,再单击"完成草图"按钮,完成草图,弹出"孔"对话框,单击"确定"按钮,创建通孔1,如图6.123所示。

(2)创建沉孔1。单击草图工具栏"孔"图标按钮,弹出"孔"对话框。在"类型"面板中选择"常规孔"选项。在"位置"面板中,单击"指定点"图标按钮,选择凸台2外圆边的圆心作为指定点,如图6.124所示。

图6.123　创建通孔1

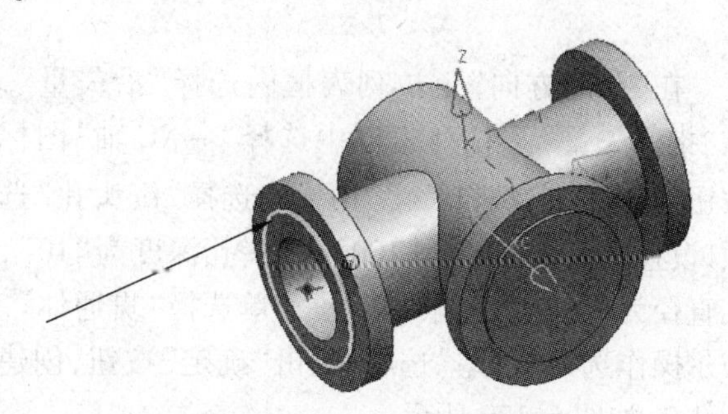

图6.124　选择指定点

在“孔的方向”下拉列表框内选择“沿矢量”,在“指定矢量”下拉列表框中选择“YC轴”图标按钮。在“形状和尺寸”面板中选择“简单”选项,设置孔直径为“100”,深度限制选择“值”,深度为“10”,尖角为“0”。布尔操作选择“求差”选项,单击“确定”按钮,创建沉孔 1,如图 6.125 所示。

(3)创建沉孔 2。选择“插入→关联复制→镜像特征”命令,或单击实用工具栏上的镜像特征图标按钮,弹出“镜像特征”对话框。选择沉孔 1 作为镜像特征。在“镜像平面”面板中单击“选择平面”图标按钮,选择“XC - ZC 平面”作为镜像平面,如图 6.126 所示。

图 6.125 创建沉孔 1

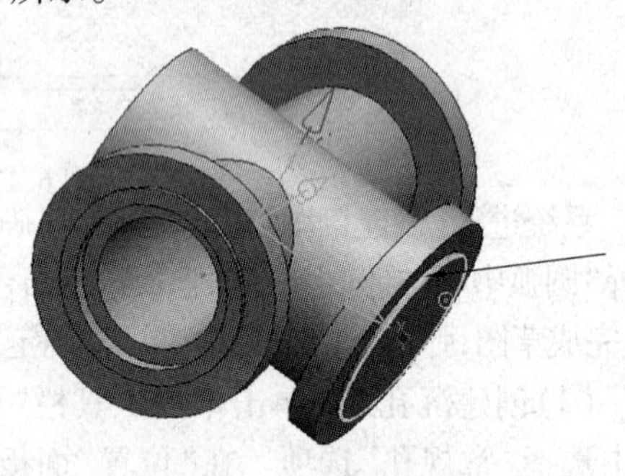

图 6.126 选择镜像平面

单击“确定”按钮,镜像生成沉孔 2,如图 6.127 所示。

(4)创建沉孔 3。单击草图工具栏“孔”图标按钮,弹出“孔”对话框。在“类型”面板中选择“常规孔”选项。在“位置”面板中,单击“指定点”图标按钮,选择凸台 3 外圆边的圆心作为指定点,外圆边高亮显示,如图 6.128 所示。

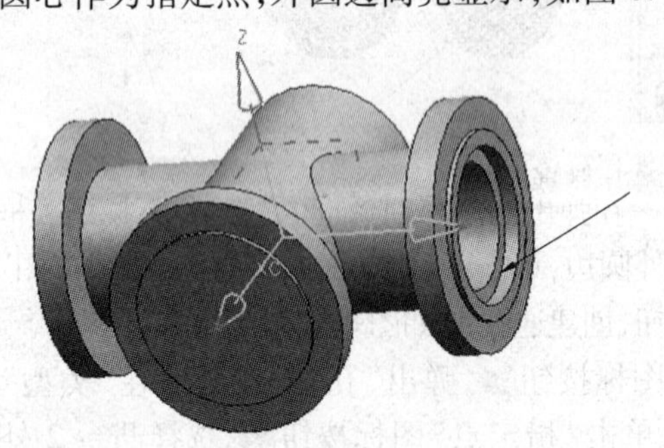

图 6.127 创建沉孔 2

图 6.128 选择指定点

在“孔的方向”下拉列表框内选择“沿矢量”,在“指定矢量”下拉列表框中选择“ - XC 轴”图标按钮。在“形状和尺寸”面板中选择“沉头孔”选项,设置沉头孔直径为“100”,沉头孔深度为“10”,孔直径为“80”,深度限制下拉菜单选择“贯通体”。布尔操作选择“求差”选项,单击“确定”按钮,创建沉孔 3,如图 6.129 所示。

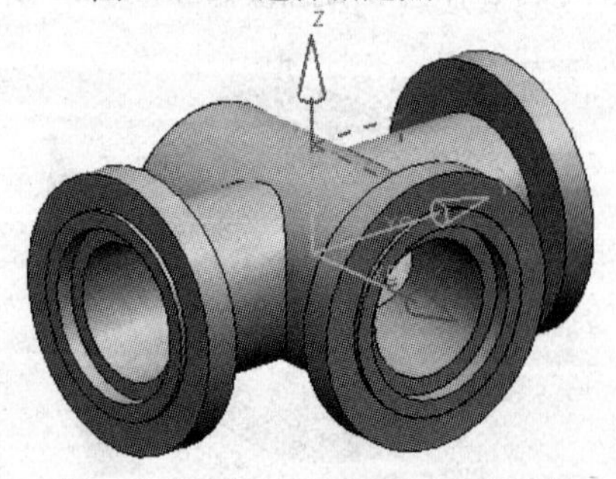

图 6.129 创建沉孔 3

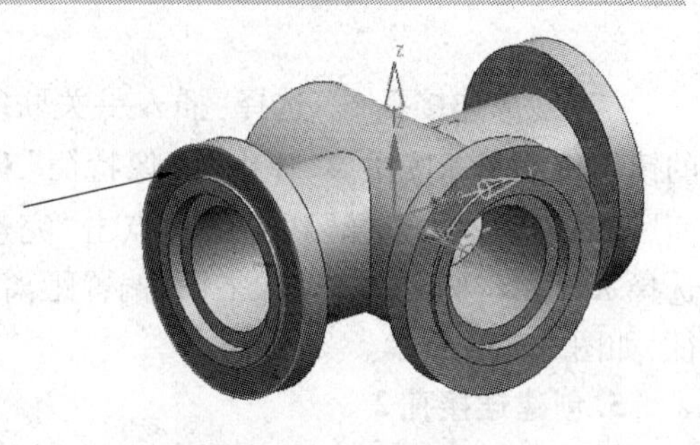

4. 创建连接孔1

(1)创建单个连接孔。单击"插入→设计特征→拉伸"命令,或单击特征工具条拉伸图标按钮,弹出"拉伸"对话框。单击"截面"面板中"绘制截面"图标按钮,弹出"创建截面"对话框,系统提示选择草图平面对象,选择草图平面,如图6.130所示。

图6.130　选择草图平面

单击"确定"按钮,单击草图工具栏"直线"图标按钮,弹出"直线"对话框,绘制一条直线,起点为坐标原点,长度为"70",角度为"45",如图6.131所示。

单击草图工具栏"转换至/自参考对象"图标按钮,系统弹出"转换至/自参考对象",选择直线,单击"确定"按钮,将直线转化为参考线。单击草图工具栏上的"圆"图标按钮,弹出"圆"对话框,在参考线端点绘制一个圆,直径为"10",如图6.132所示。

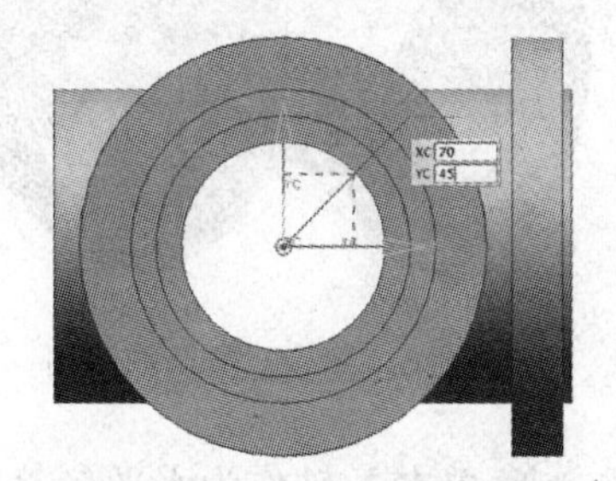

图6.131　绘制一条直线

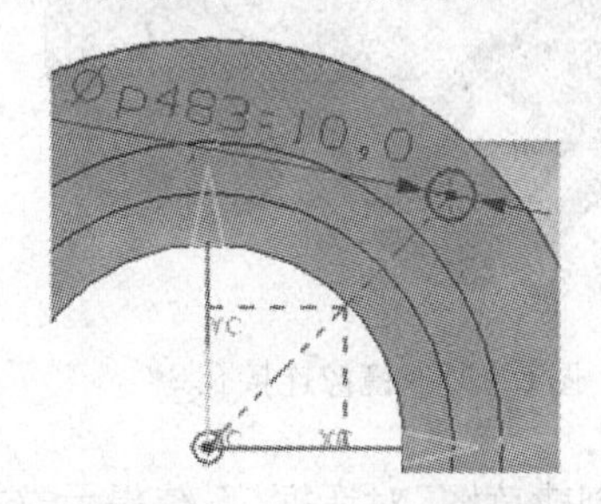

图6.132　绘制一个圆

单击草图生成器上的"完成草图"按钮,完成创建草图工作。系统弹出"拉伸"对话框,在"限制"面板中分别输入开始距离和结束距离值为"0"、"-20",在"布尔"操作下拉列表框中选择"求差"选项,单击"确定"按钮,创建通孔,效果如图6.133所示。完成连接孔1拉伸特征的创建。

(2)创建单个连接孔的圆周阵列。单击"插入→关联复制→实例特征"命令,或单击特征工具条实例特征图标按钮,弹出"实例"对话框,选择"圆形阵列"选项,在过滤器中选择要引用的特征"拉伸19",此时连接孔特征高亮显示,单击"确定"按钮,输入圆形阵列参数;数字为"4",角度为"90",单击"确定"按钮,系统提示选择旋转轴,选择基准轴YC,选择"是"选项,完成连接孔的圆周阵列的创建,结果如图6.134所示。

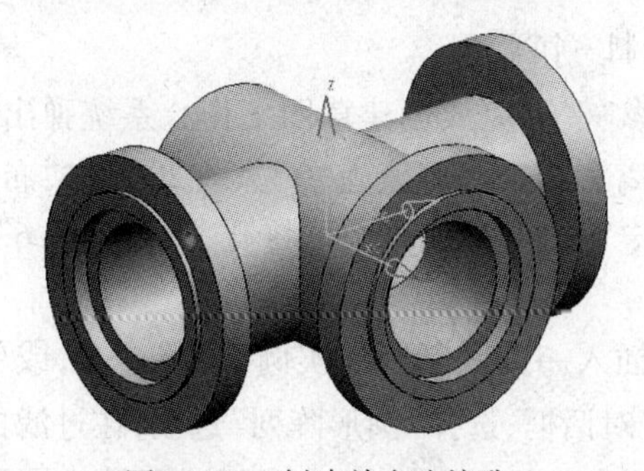

图6.133　创建单个连接孔

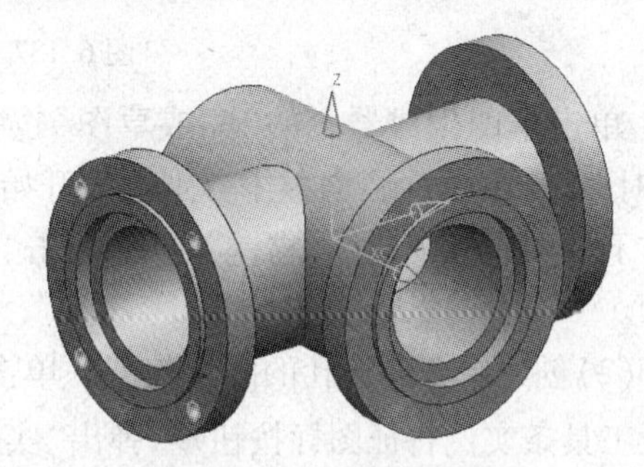

图6.134　创建连接孔1

(3)镜像连接孔 1。选择“插入→关联复制→镜像特征”命令,或单击实用工具栏上的镜像特征图标按钮,弹出“镜像特征”对话框。选择连接孔 1 作为镜像特征。在“平面”下拉列表框中选择“新平面”,点击“完整平面工具”按钮,在“类型”下拉列表框中选择 XC - ZC 平面作为镜像平面,偏置距离为 0,单击“确定”按钮,创建连接孔 1 镜像特征,如图 6.135 所示。

5. 创建连接孔 2

(1)创建单个连接孔。单击“插入→设计特征→拉伸”命令,或单击特征工具条拉伸图标按钮,弹出“拉伸”对话框。单击“截面”面板中“绘制截面”图标按钮,弹出“创建截面”对话框,系统提示选择草图平面对象,选择草图平面,如图 6.136 所示。

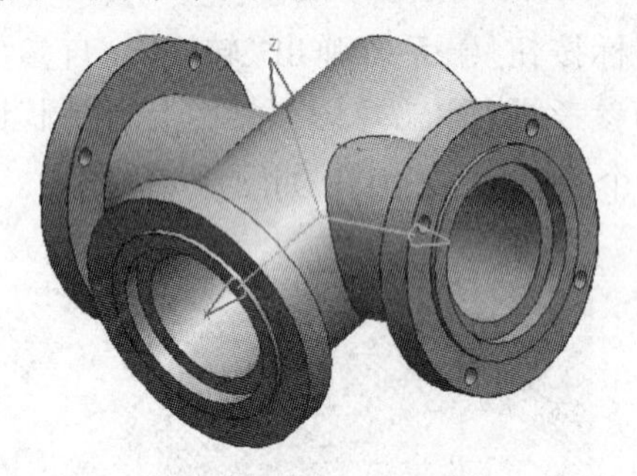

图 6.135　镜像连接孔 2

图 6.136　选择草图平面

弹出“创建草图”对话框,系统提示选择水平参考,单击 Y 轴作为水平参考。单击“确定”按钮,单击草图工具栏“圆”图标按钮,弹出“圆”对话框,在 Z 轴上创建一个圆,圆直径为“10”,到原点距离为“70”,如图 6.137 所示。

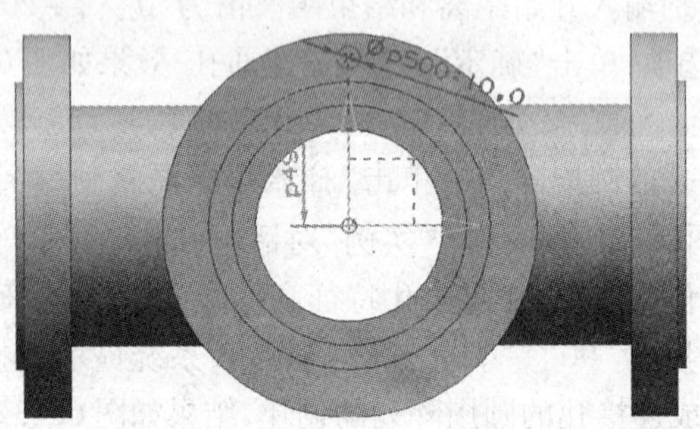

图 6.137　绘制一个圆

单击草图生成器上的“完成草图”按钮,完成创建草图工作。系统弹出“拉伸”对话框,在“限制”面板中分别输入开始距离和结束距离值为“0”、“ - 20”,在“布尔”操作下拉列表框中选择“求差”选项,单击“确定”按钮,生成单个连接孔,效果如图 6.138 所示。

(2)创建单个连接孔的圆周阵列。单击“插入→关联复制→实例特征”命令,或单击特征工具条实例特征图标按钮,弹出“实例”对话框,选择“圆形阵列”选项,在过滤器中选择要引用的特征“拉伸 24”,此时连接孔特征高亮显示,单击“确定”按钮,输入圆形阵列参数;数字为“6”,角度为“60”, 单击“确定”按钮,系统提示选择旋转轴,选择基准轴XC,选择“是”选项,完成连接孔的圆周阵列的创建,结果如图6.139所示。

图6.138　创建单个连接孔

图6.139　创建连接孔

6. 保存

选择“文件→保存”命令,或单击标准工具栏保存图标按钮,进行保存。

本章小结

本章通过4个实例介绍了在UGNX6.0中制作复杂一些零件的操作过程。能够制作复杂零件是学习UG的重要内容,也是必备的基本技能,希望读者多做这方面的练习,熟能生巧。

习　题

1. 按照如图6.140所示的图形创建实体。

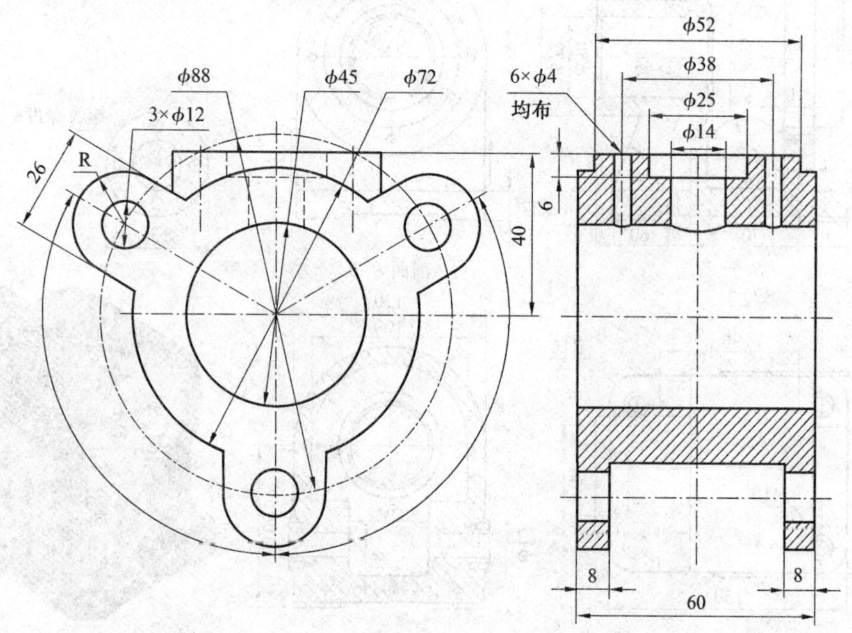

图6.140　零件图

2. 按照如图 6.141 所示的图形创建实体。

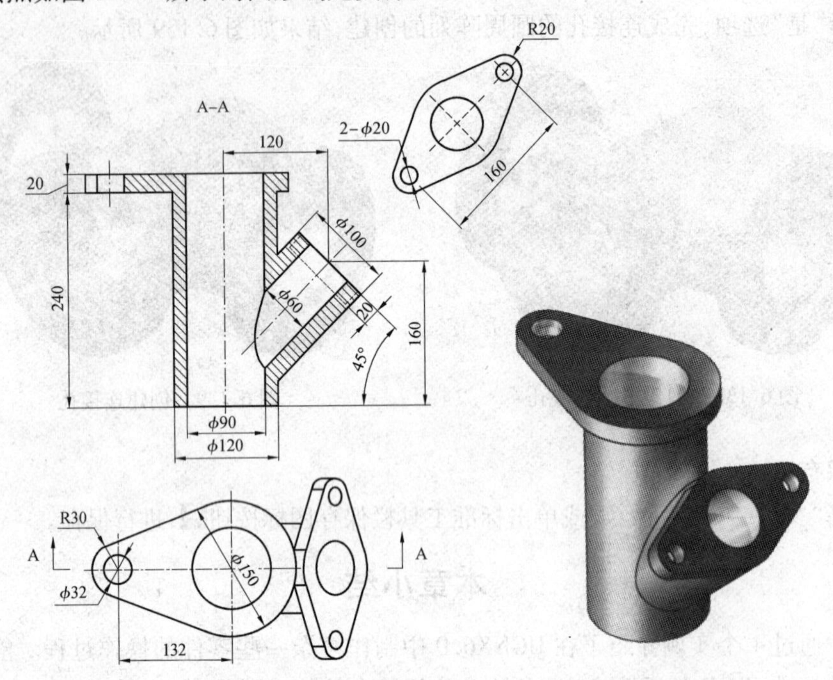

图 6.141　零件图

3. 按照如图 6.142 所示的图形创建实体。

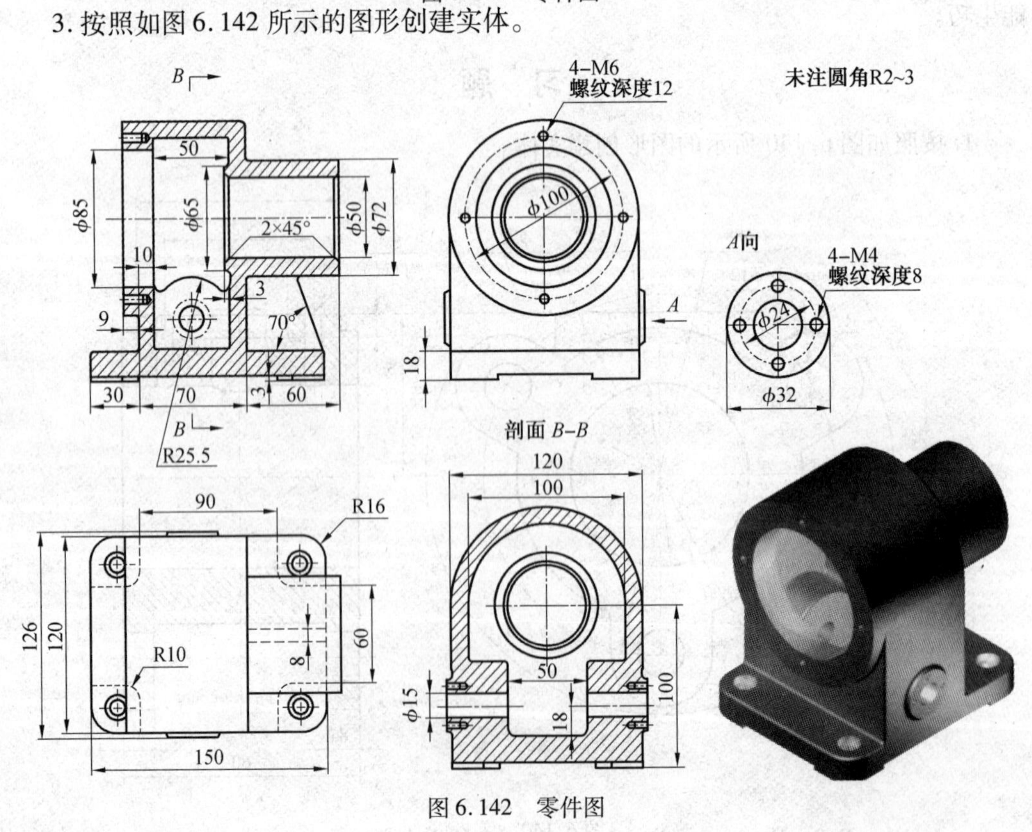

图 6.142　零件图

第 7 章

装配建模

UGNX6.0 的装配是将组件通过组织、定位,组成具有一定功能的产品模型的过程。装配不是一个独立的模块,必须结合其他模块进行。装配操作不是将组件复制到装配体中去,而是在装配体中对组件进行引用,一个零件可以被多个装配引用,也可以被一个装配引用多次。多个零件可以同时被打开和编辑。当零件被修改时,装配部件也随之改变。

通过 UGNX6.0 软件,用户可以在计算机上进行虚拟装配,以及对装配过程中所有问题进行分析处理,便于对组件设计修改和调整。本章通过汽缸、脚轮和密封阀 3 个实例来介绍装配建模的过程和方法。

7.1 汽缸的装配建模

7.1.1 建模要求

在本例中,将建立一个汽缸的三维装配模型。已知汽缸的装配结构如图 7.1 所示。

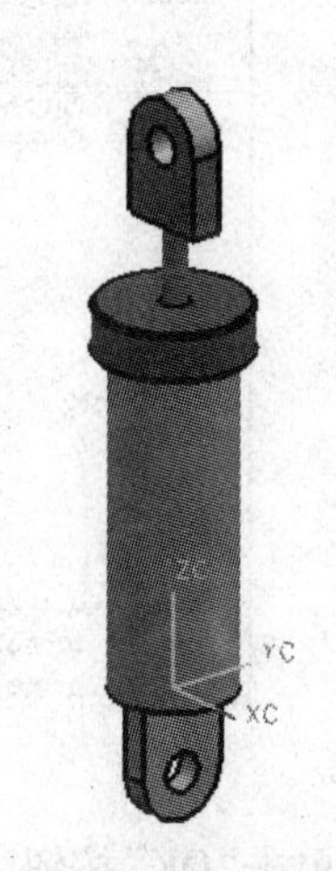

图 7.1 汽缸的三维装配模型

7.1.2 建模分析

启动 UGNX6.0 后,新建部件文件,在“起始”下拉菜单中选择 “装配”选项,在绘图区底部弹出“装配”工具条,即可在装配状态下对零件进行装配,先添加气缸缸体,再添加活塞杆,最后添加汽缸盖。

7.1.3 建模步骤

1. 新建部件文件

启动 UGNX6.0 后,单击“新建”按钮或者选择“文件→新建”命令,弹出“新建”对话框,选择“模型”选项卡。在“模型”模板中选择“装配”选项,在“新文件名”选项卡下将名称设置为“1_qigang . prt”,保存路径改为“D:\No. 7\1_qigang\”,如图 7.2 所示。

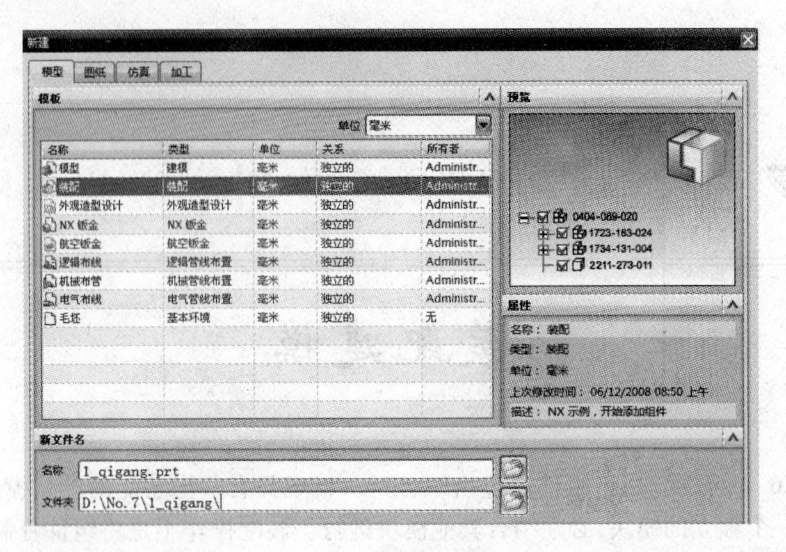

图 7.2 “新建”对话框

2. 添加气缸缸体

(1)单击“确定”按钮,进入建模工作窗口,并弹出“添加组件”对话框,系统提示选择部件。单击“打开”图标按钮,弹出“部件名”对话框,在“查找范围”下拉列表框中寻找组件的存盘目录,选择气缸缸体文件名“1_0_gangti”,同时出现组件预览,如图 7.3 所示。

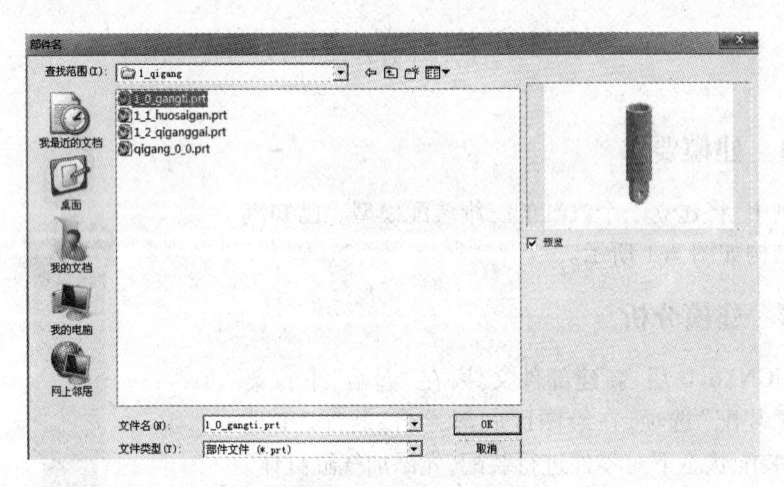

图 7.3 “文件名”对话框

(2)单击“OK”按钮,回到“添加组件”对话框,气缸缸体文件“1_0_gangti. prt”被添加到“已加载的部件”目录中,同时弹出组件预览,如图 7.4 所示。

(3)在“定位”下拉列表框中选择“绝对原点”,在引用集“Reference Set”下拉列表框中选择“轻量化”,在“图层选项”下拉列表框中选择“工作”,如图 7.5 所示。

(4)单击“确定”按钮,气缸缸体被添加到“1_qigang . prt”中。如图 7.6 所示。

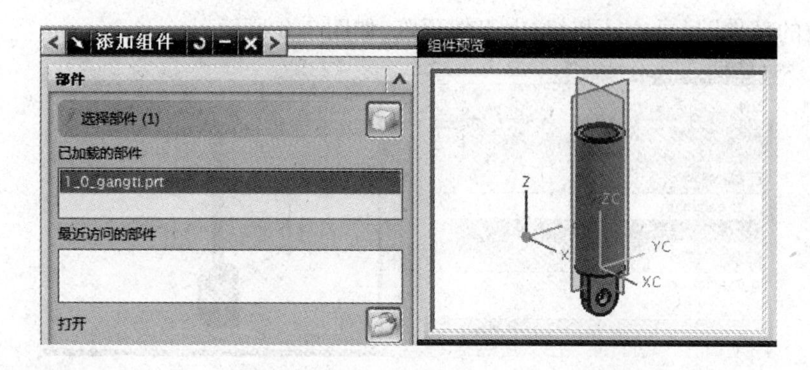

图7.4 “添加组件”对话框

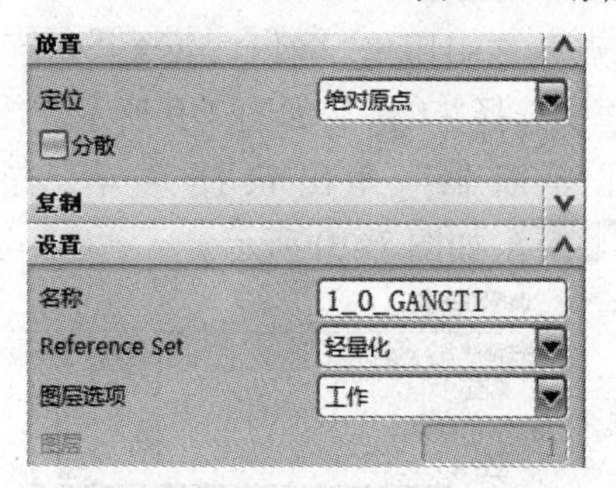

图7.5 设置“添加组件”选项

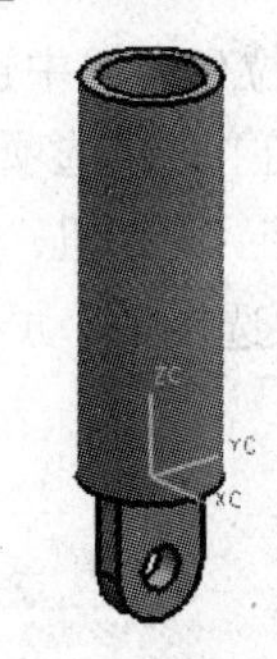

图7.6 气缸缸体

3. 添加螺塞杆

(1)在“装配”工具栏中单击“添加组件”图标按钮,弹出“添加组件”对话框,系统提示选择部件。单击“打开”图标按钮,弹出“部件名”对话框,在“查找范围”下拉列表框中寻找组件的存盘目录,选择气缸缸体文件名“1_1_huosaigan. prt”,同时出现组件预览,如图7.7所示。

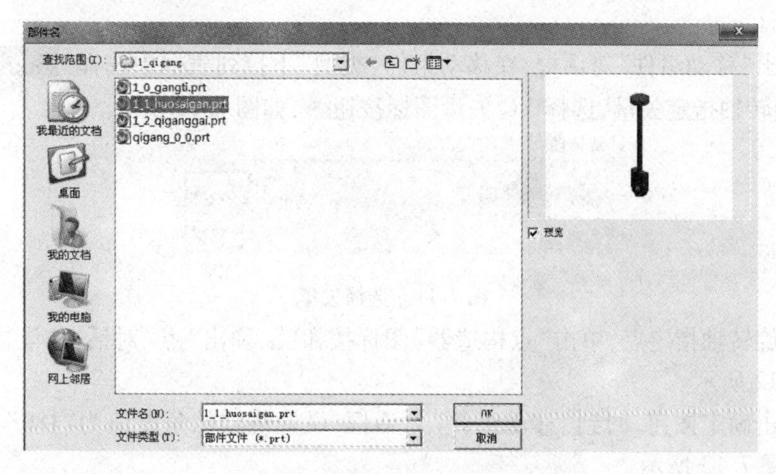

图7.7 “文件名”对话框

(2)单击“OK”按钮,回到“添加组件”对话框,活塞杆文件“1_1_huosaigan. prt”被添加到"已加载的部件"目录中,同时弹出组件预览,如图 7.8 所示。

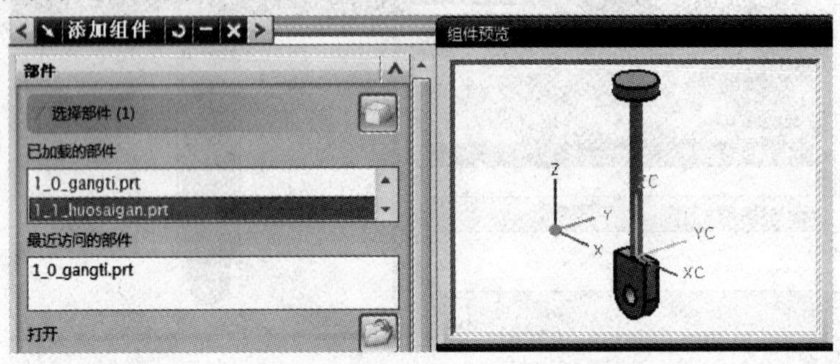

图 7.8 "添加组件"对话框

(3)在"定位"下拉列表框中选择"绝对原点",在引用集"Reference Set"下拉列表框中选择"轻量化",在"图层选项"下拉列表框中选择"工作",如图 7.9 所示。

(4)单击"确定"按钮,单击"装配导航器"弹出快捷菜单,右键单击"1_1_huosaigan",选择"移动"图标按钮 移动...,如图 7.10 所示。

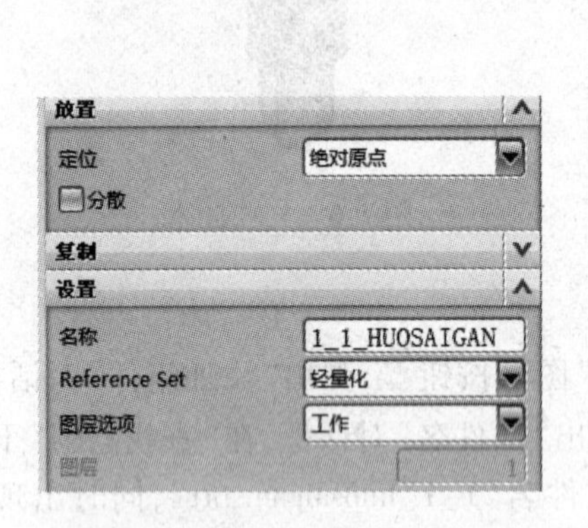

图 7.9 设置"添加组件"选项

图 7.10 装配导航器

(5)弹出"移动组件"对话框,在移动组件"类型"下拉列表框中选择"绕轴旋转",系统提示为旋转轴指定矢量,选择 YC 矢量图标按钮,如图 7.11 所示。

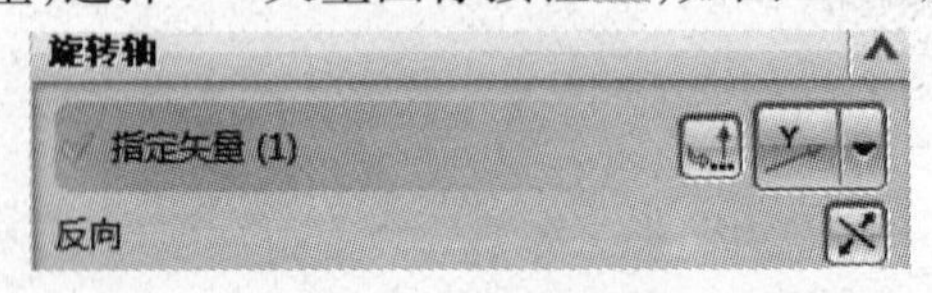

图 7.11 选择矢量

(6)为旋转轴指定点,单击"点构造器"图标按钮,弹出"点"对话框,设置坐标为原点,如图 7.12 所示。

(7)单击确定按钮,回到"移动组件"对话框,设置绕轴的角度值为"180",单击回车键,结果如图 7.13 所示。

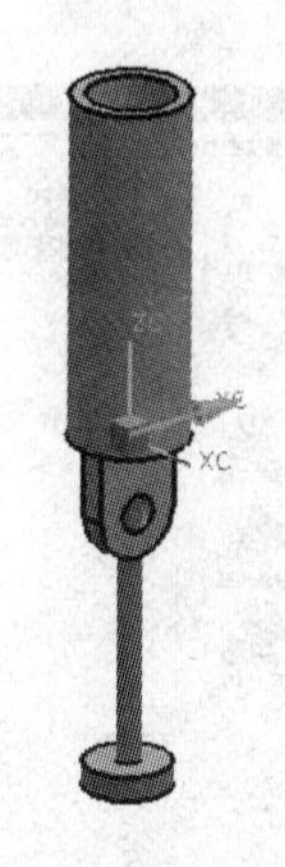

图 7.12 设置坐标为原点　　　　图 7.13 旋转活塞杆

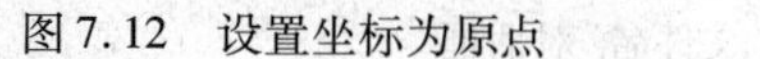

(8)在移动组件“类型”下拉列表框中选择“平移”,设置Z轴平移增量值为“145”,如图7.14所示。

(9)单击“确定”按钮,结果如图7.15所示。

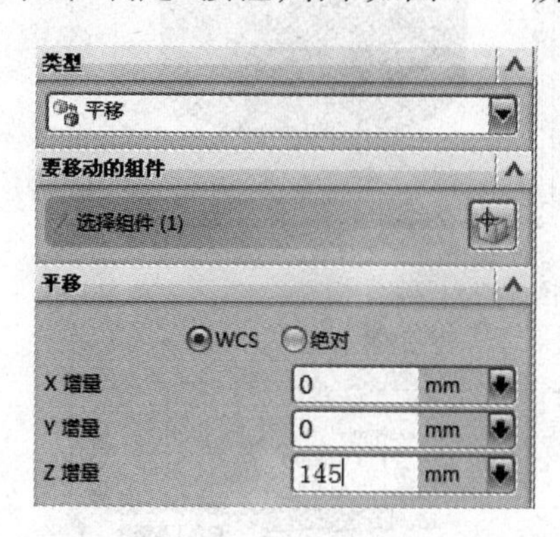

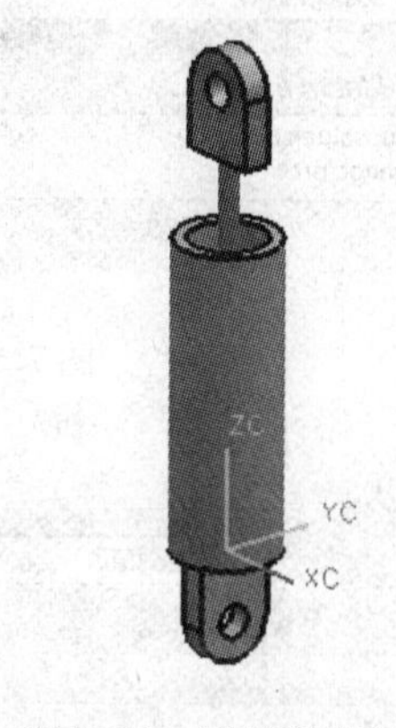

图 7.14 设置平移参数　　　　图 7.15 平移活塞杆

4. 添加气缸盖

(1)在“装配”工具栏中单击“添加组件”图标按钮,弹出“添加组件”对话框,系统提示选择部件。单击“打开”图标按钮,弹出“部件名”对话框,在“查找范围”下拉列表框中寻找组件的存盘目录,选择气缸盖文件名“1_2_qiganggai. prt”,同时出现组件预览,如图7.16所示。

(2)单击“OK”按钮,回到“添加组件”对话框,活塞文件“1_2_qiganggai. prt”被添加到“已加载的部件”目录中,同时弹出组件预览,如图7.17所示。

(3)在“定位”下拉列表框中选择“绝对原点”,在引用集“Reference Set”下拉列表框中选择“轻量化”,在“图层选项”下拉列表框中选择“工作”,如图7.18所示。

(4)单击“确定”按钮,单击“装配导航器”弹出快捷菜单,右键单击“1_2_qiganggai”,选择“移动”图标按钮移动...,如图7.19所示。

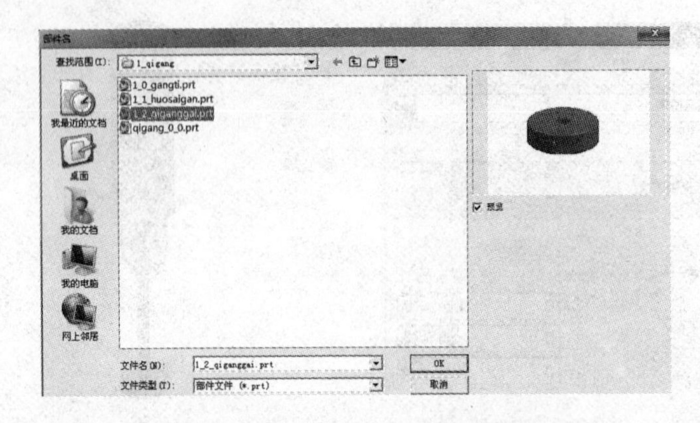

图 7.16 “文件名”对话框

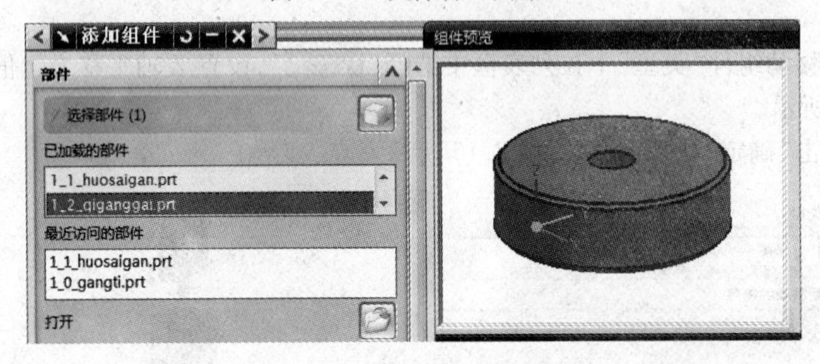

图 7.17 “添加组件”对话框

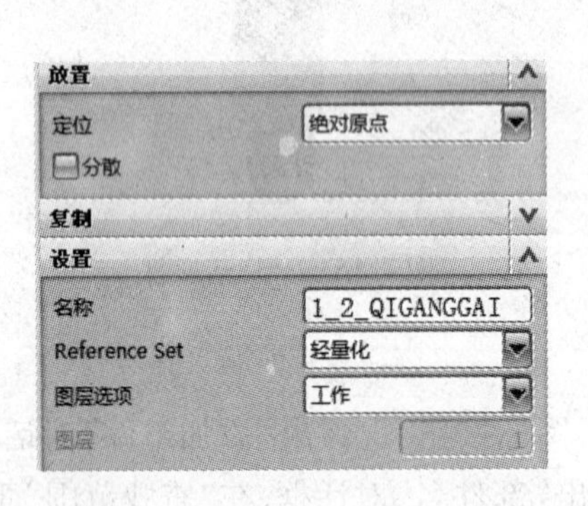

图 7.18 设置“添加组件”选项

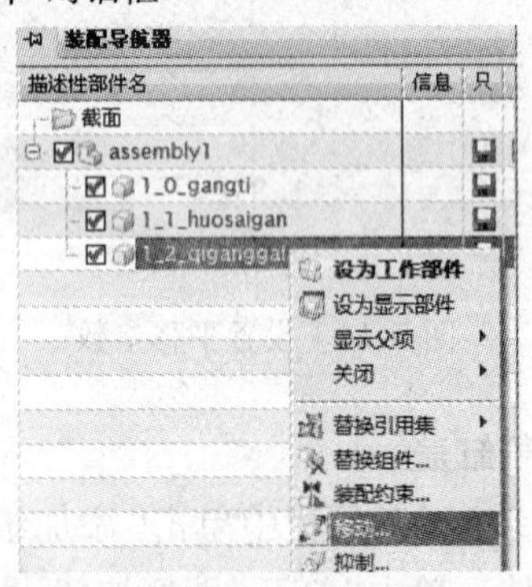

图 7.19 装配导航器

(5)弹出“移动组件”对话框，在移动组件“类型”下拉列表框中选择“点到点”，系统提示为出发点指定点，选择圆弧中心，如图 7.20 所示。

(6)系统提示为目标点指定点，单击“自动判断的点”图标按钮，选择“圆弧中心/椭圆中心/球心”图标按钮，选择圆弧中心，如图 7.21 所示。

(7)单击“确定”按钮，结果如图 7.22 所示。

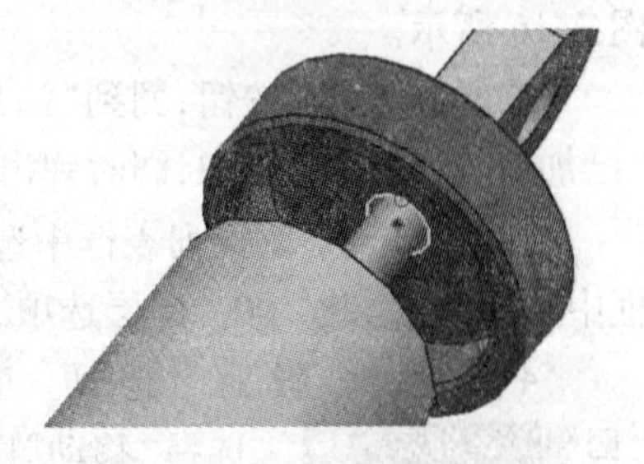

图 7.20 选择圆弧中心

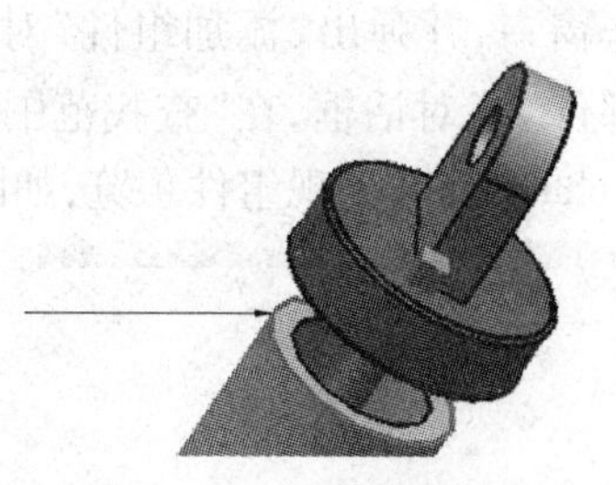

图 7.21　选择圆弧中心

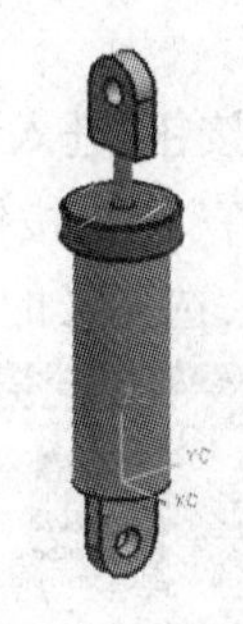

图 7.22　平移气缸盖

7.2　脚轮的装配建模

7.2.1　建模要求

在本例中，将建立一个脚轮的三维装配模型。已知脚轮的装配结构如图 7.23 所示。

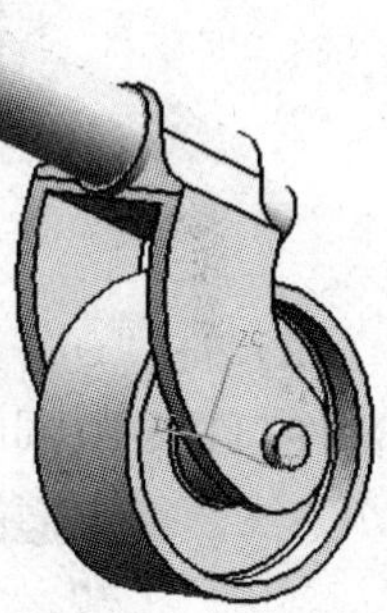

图 7.23　脚轮的三维装配模型

7.2.2　建模分析

启动 UGNX6.0 后，新建部件文件，在“起始”下拉菜单中选择“装配”选项，在绘图区底部弹出“装配”工具条，即可在装配状态下对零件进行装配。依次添加零件“叉”→“轮”→“轴”→“垫”→“立轴”。

7.2.3　建模步骤

1. 新建部件文件

启动 UGNX6.0 后，单击“新建”按钮 或选择“文件→新建”命令，弹出“新建”对话框，选择“模型”选项卡。在“模型”模板中选择“装配”选项，将“新文件名”名称设置为“2_jiaolun. prt”，保存路径改为“D:\No. 7\2_jiaolun\”，如图 7.24 所示。

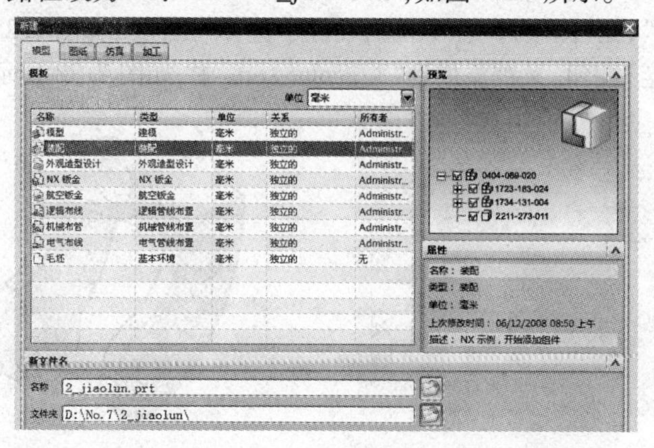

图 7.24　“新建”对话框

2. 添加零件“叉”

(1)单击“确定”按钮,进入装配建模工作窗口,并弹出“添加组件”对话框,系统提示选择部件。单击“打开”图标按钮,弹出“部件名”对话框,在“查找范围”下拉列表框中寻找组件的存盘目录,选择叉的文件名“2_0_cha”,同时出现组件预览,如图 7.25 所示。

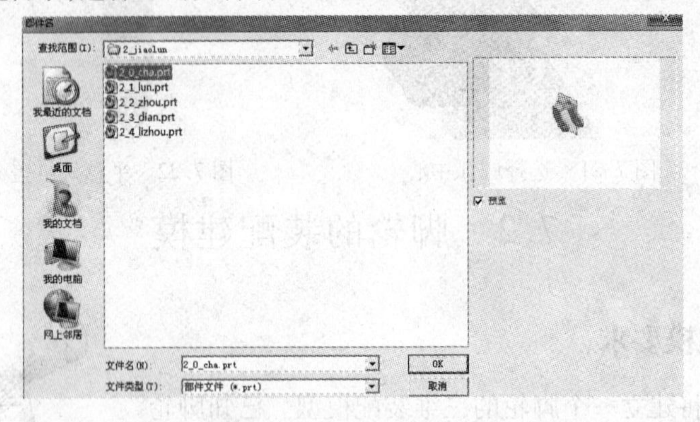

图 7.25 “部件名”对话框

(2)单击“OK”按钮,回到“添加组件”对话框,叉的文件“2_0_cha”被添加到“已加载的部件”目录中,同时弹出组件预览,如图 7.26 所示。

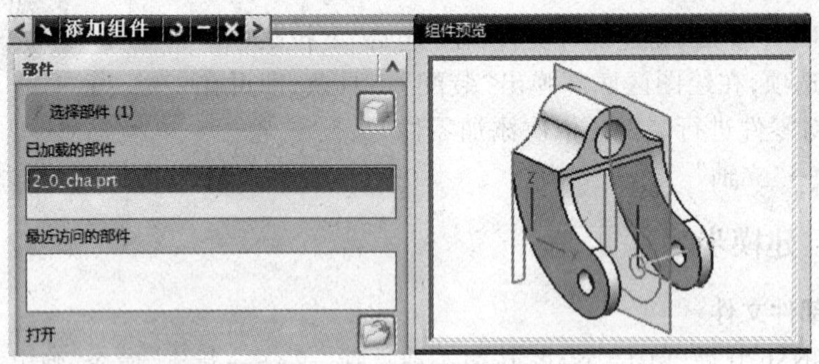

图 7.26 “添加组件”对话框

(3)在“定位”下拉列表框中选择“绝对原点”,在引用集“Reference Set”下拉列表框中选择“轻量化”,在“图层选项”下拉列表框中选择“工作”,如图 7.27 所示。

(4)单击“确定”按钮,叉被添加到“2_jiaolun. prt”中,如图 7.28 所示。

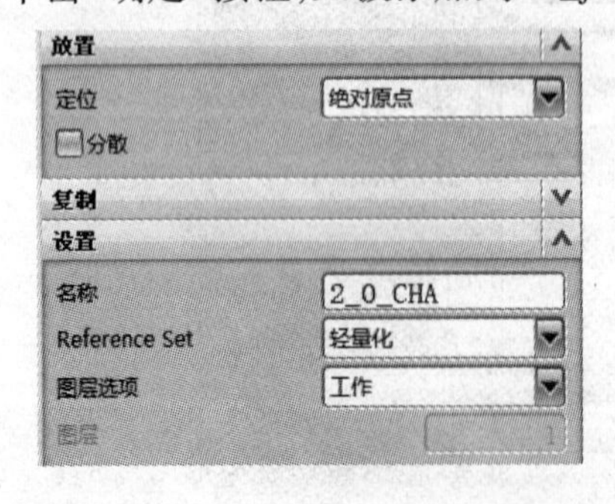

图 7.27 设置“添加组件”选项

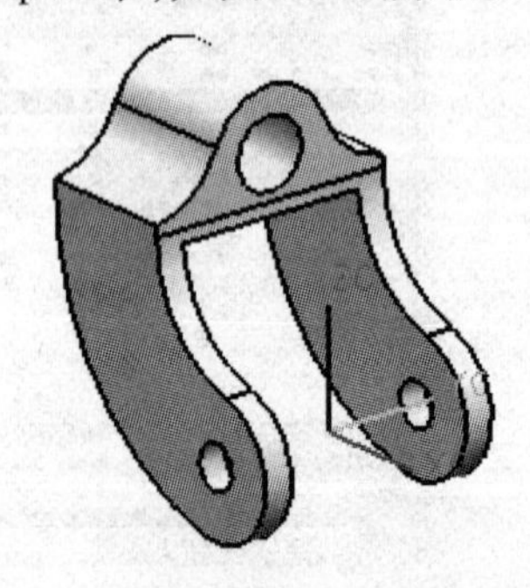

图 7.28 添加零件“叉”

3. 添加零件“轮”

(1)在“装配”工具栏中单击“添加组件”图标按钮，弹出“添加组件”对话框，系统提示选择部件。单击“打开”图标按钮，弹出“部件名”对话框，在“查找范围”下拉列表框中寻找组件的存盘目录，选择轮的文件名“2_1_lun”，同时出现组件预览，如图 7.29 所示。

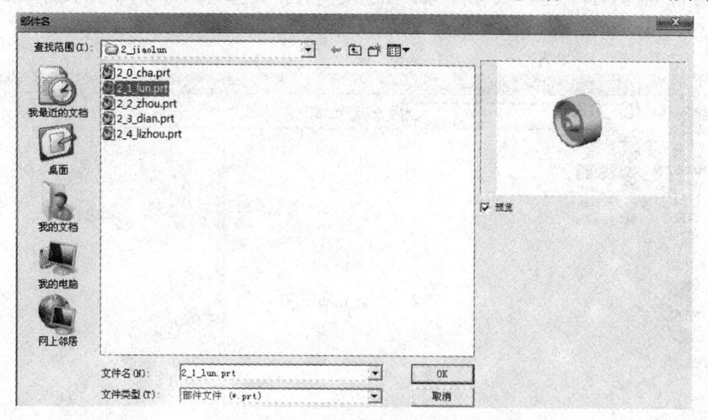

图 7.29　“文件名”对话框

(2)单击“OK”按钮，回到“添加组件”对话框，轮被添加到“已加载的部件”目录中，同时弹出组件预览，如图 7.30 所示。

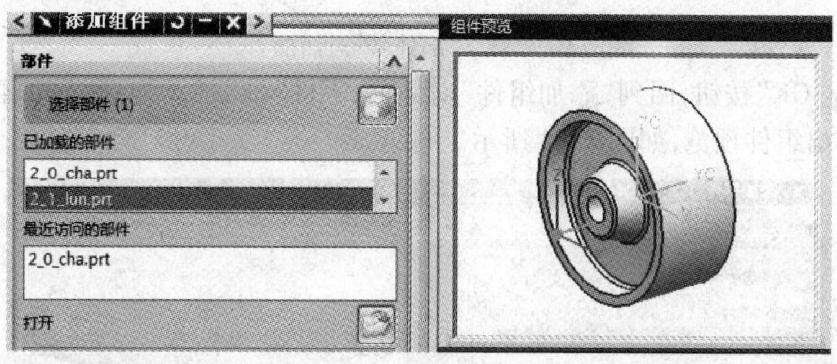

图 7.30　“添加组件”对话框

(3)在“定位”下拉列表框中选择“通过约束”，在引用集“Reference Set”下拉列表框中选择“轻量化”，在“图层选项”下拉列表框中选择“工作”，如图 7.31 所示。

(4)设置完选项后，单击“确定”按钮，弹出“装配约束”对话框。在装配约束“类型”下拉列表框中选择“接触对齐”，单击“确定”按钮，零件“轮”被添加到“2_jiaolun. prt”中。如图 7.32 所示。

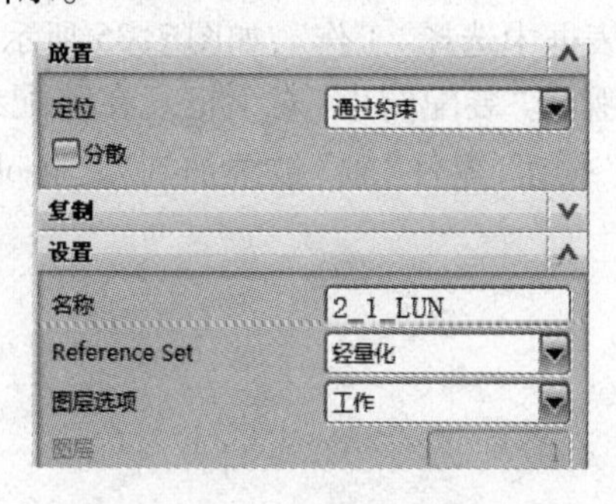

图 7.31　设置“添加组件”选项

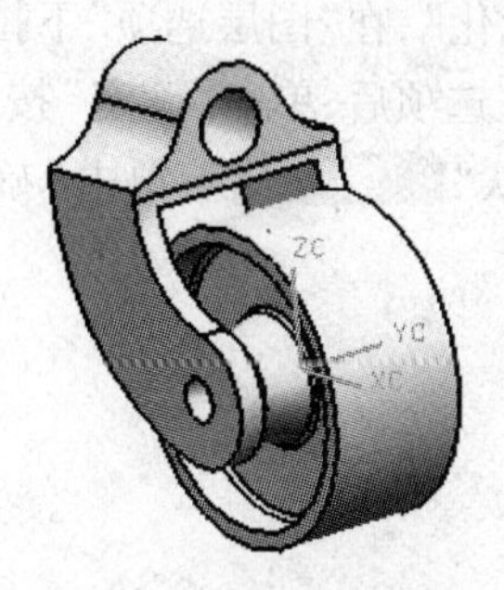

图 7.32　添加零件“轮”

4. 添加零件“轴”

(1)在“装配”工具栏中单击“添加组件”图标按钮，弹出“添加组件”对话框，系统提示选择部件。单击“打开”图标按钮，弹出“部件名”对话框，在“查找范围”下拉列表框中寻找组件的存盘目录，选择零件“轴”的文件名“2_2_zhou”，同时出现组件预览，如图7.33所示。

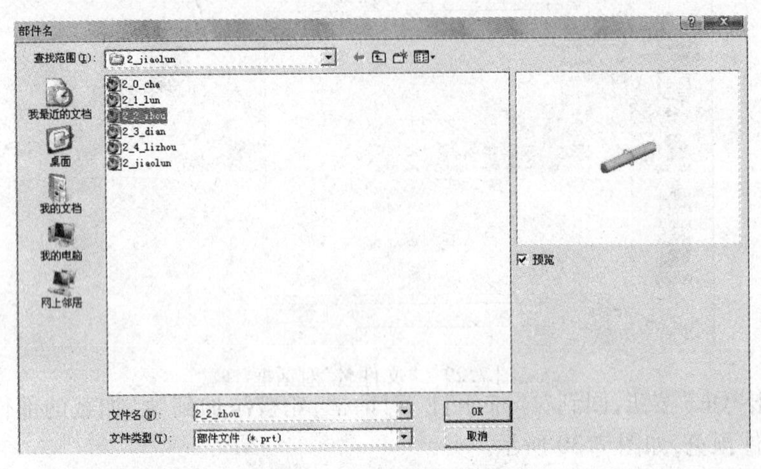

图7.33 “部件名”对话框

(2)单击“OK”按钮，回到“添加组件”对话框，零件“轴”被添加到“已加载的部件”目录中，同时弹出组件预览，如图7.34所示。

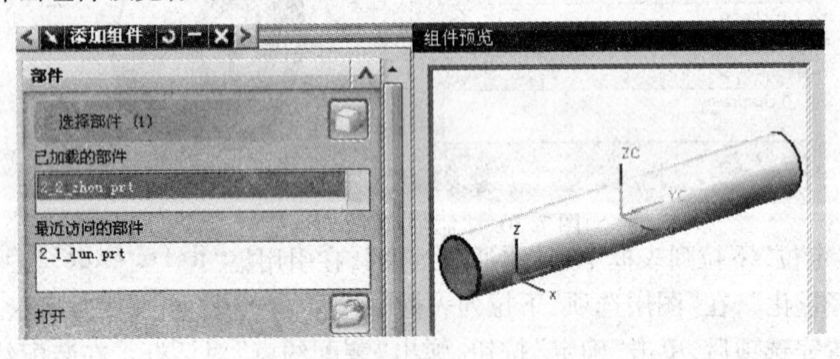

图7.34 “添加组件”对话框

(3)在“定位”下拉列表框中选择“通过约束”，在引用集“Reference Set”下拉列表框中选择“轻量化”，在“图层选项”下拉列表框中选择“工作”，如图7.35所示。

(4)设置完选项后，单击“确定”按钮，弹出“装配约束”对话框。在装配约束类型下拉列表框中默认“接触对齐”，单击“确定”按钮，零件“轴”被添加到“2_jiaolun.prt”中。如图7.36所示。

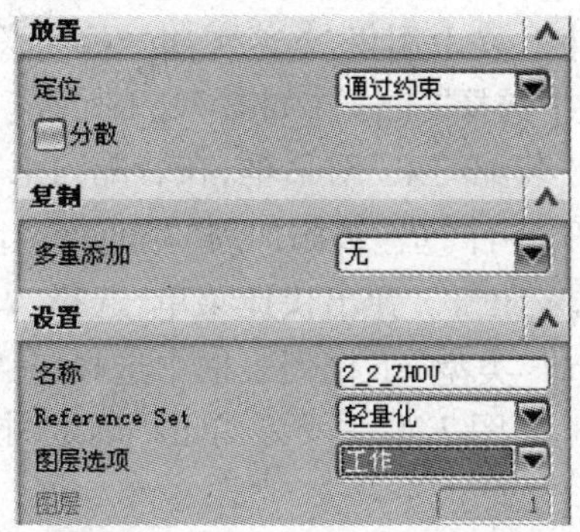

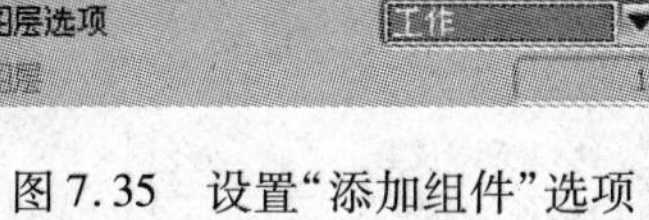

图7.35　设置“添加组件”选项

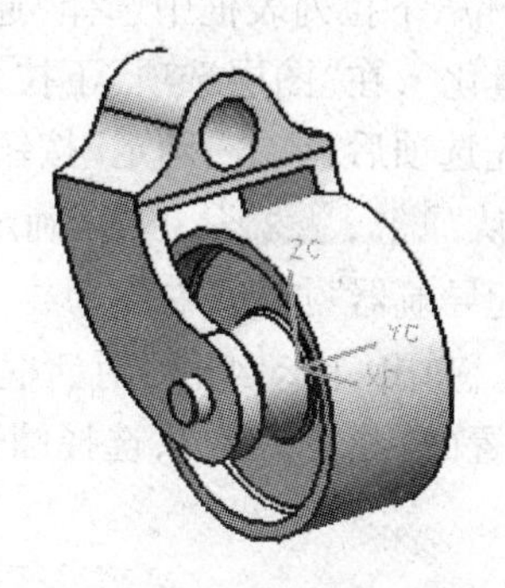

图7.36　添加零件“轴”

5. 添加零件“垫”

(1)在“装配”工具栏中单击“添加组件”图标按钮，弹出“添加组件”对话框，系统提示选择部件。单击“打开”图标按钮，弹出“部件名”对话框，在“查找范围”下拉列表框中寻找组件的存盘目录，选择“垫”的文件名“2_3_dian”，同时出现组件预览，如图7.37所示。

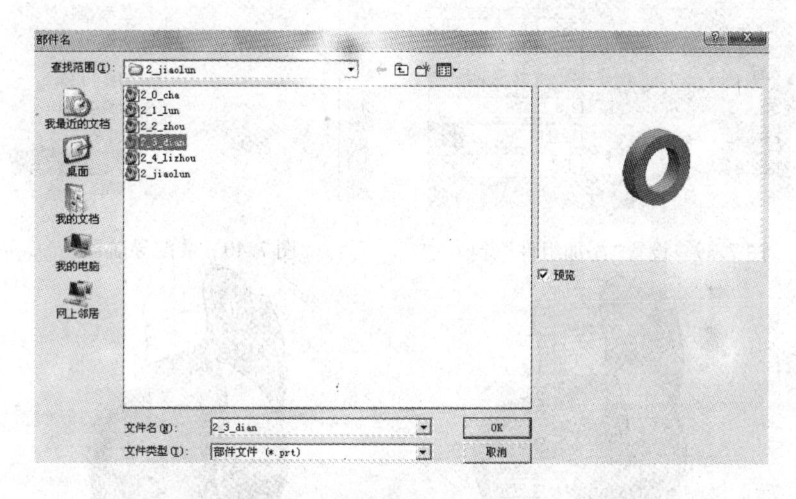

图7.37　“部件名”对话框

(2)单击“OK”按钮，回到“添加组件”对话框，零件“垫”被添加到“已加载的部件”目录中，同时弹出组件预览，如图7.38所示。

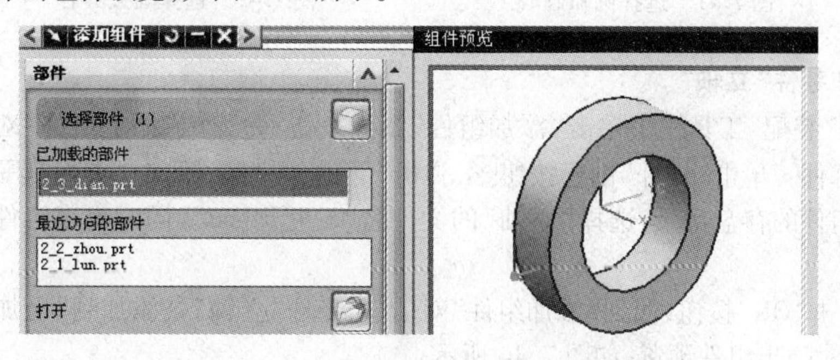

图7.38　“添加组件”对话框

(3)在“定位”下拉列表框中选择“通过约束”,在引用集“Reference Set”下拉列表框中选择“轻量化”,在“图层选项”下拉列表框中选择“工作”,如图7.39所示。

(4)设置完选项后,单击“确定”按钮,弹出“装配约束”对话框,在装配约束“类型”下拉列表框中默认“接触对齐”,单击“确定”按钮,零件“垫”被添加到“2_jiaolun.prt”中。

单击“装配导航器”按钮,右键单击“2_3_dian”,弹出快捷菜单,选择“移动...”,如图7.40所示。弹出“移动组件”对话框,在移动“类型”下拉列表框中选择“动态”,系统提示选择位置的“指定方位”,选择圆弧圆心,如图7.41所示。单击“确定”按钮,结果如图7.42所示。

图7.39 设置“添加组件”选项

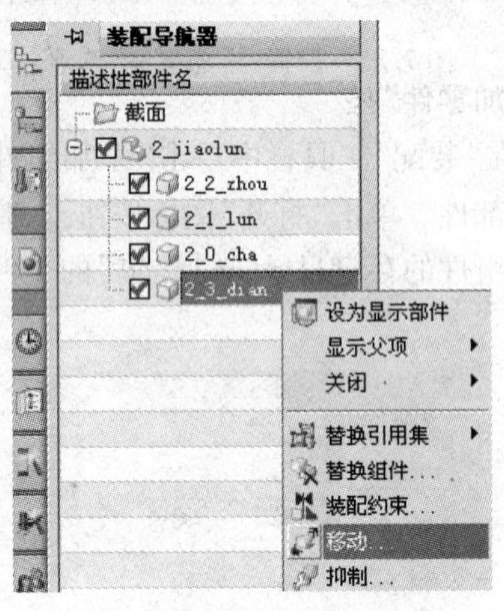

图7.40 装配导航器

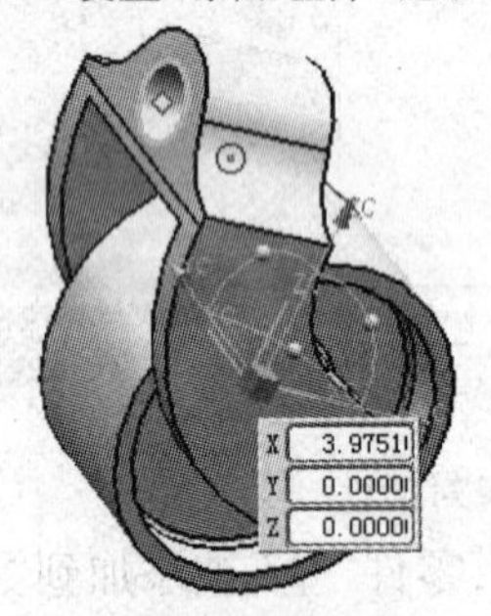

图7.41 选择圆弧圆心

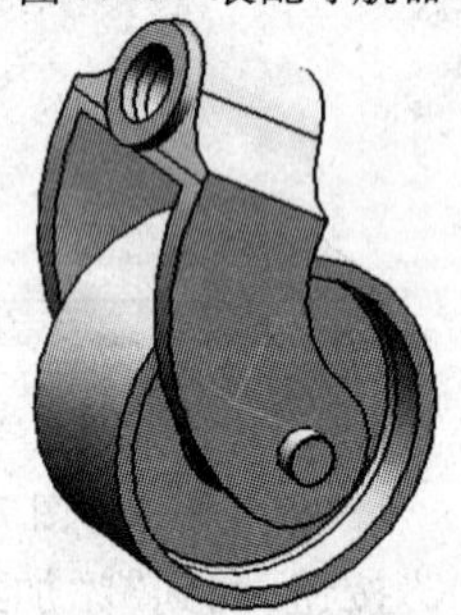

图7.42 选择圆弧圆心

6. 添加零件“立轴”

(1)在“装配”工具栏中单击“添加组件”图标按钮,弹出“添加组件”对话框,系统提示选择部件。单击“打开”图标按钮,弹出“部件名”对话框,在“查找范围”下拉列表框中寻找组件的存盘目录,选择“立轴”的文件名“2_4_lizhou”,同时出现组件预览,如图7.43所示。

(2)单击“OK”按钮,回到“添加组件”对话框,零件“立轴”被添加到“已加载的部件”目录中,同时弹出组件预览,如图7.44所示。

(3)在“定位”下拉列表框中选择“通过约束”,在引用集“Reference Set”下拉列表表

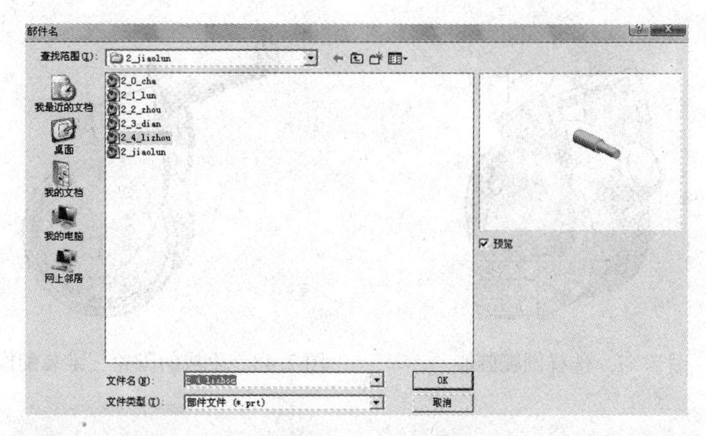

图7.43　“部件名”对话框

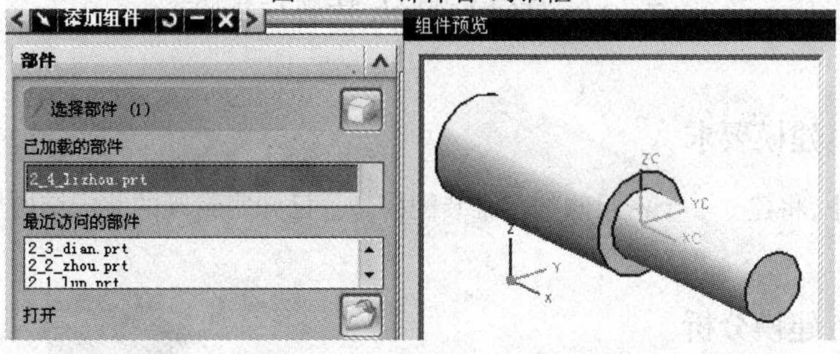

图7.44　“添加组件”对话框

框中选择“轻量化”,在“图层选项”下拉列表框中选择“工作”,如图7.45所示。

(4)设置完选项后,单击“确定”按钮。弹出“装配约束”对话框,在装配约束“类型”下拉列表框中默认“接触对齐”,单击“确定”按钮,零件“立轴”被添加到“2_jiaolun.prt”中。

单击“装配导航器”按钮,右键单击“2_4_lizhou”,弹出快捷菜单,选择“移动...”,如图7.46所示。弹出“移动组件”对话框,在移动“类型”下拉列表框中选择“动态”,系统提示选择位置的“指定方位”,选择圆弧圆心,如图7.47所示。单击“确定”按钮,生成的脚轮三维装配模型如图7.48所示。

图7.45　设置“添加组件”选项

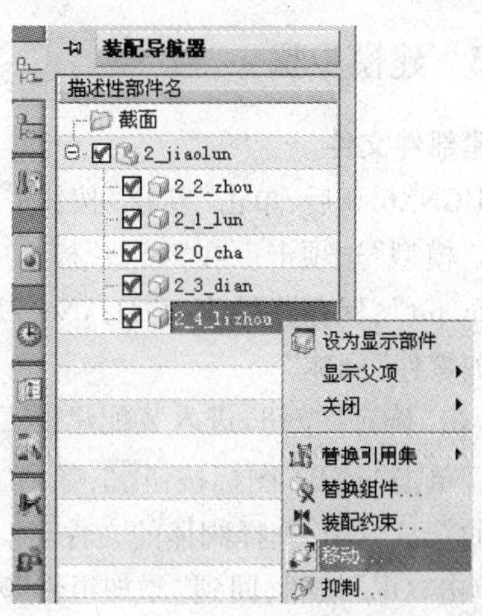

图7.46　装配导航器

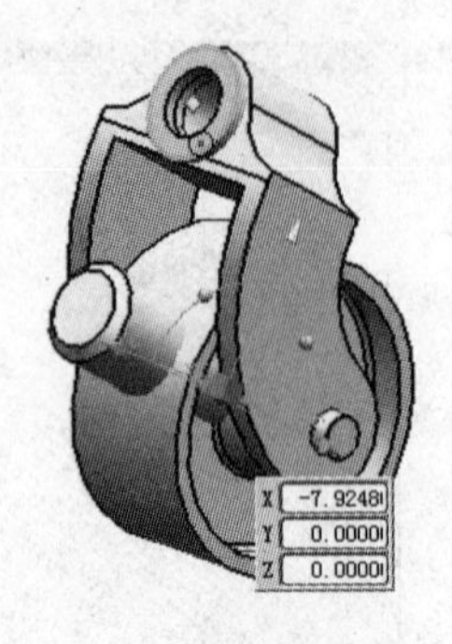

图 7.47　选择圆弧圆心

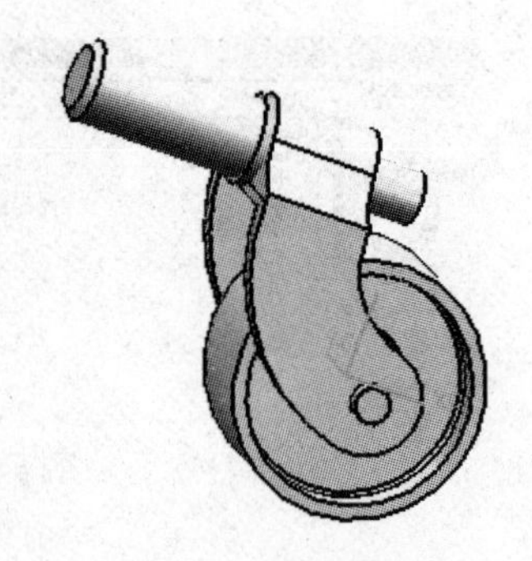

图 7.48　生成的脚轮三维装配模型

7.3　密封阀的装配建模

7.3.1　建模要求

在本例中,将建立一个密封阀的三维装配模型。已知密封阀的装配结构如图 7.49 所示。

7.2.2　建模分析

启动 UGNX6.0 后,新建部件文件,在“起始”下拉菜单中选择“装配”选项,在绘图区底部弹出“装配”工具条,即可在装配状态下对零件进行装配。根据密封阀的结构特征,依次添加零件“阀体”→“阀盖”→“螺栓”→镜像装配(阀盖和螺栓)→“连接杆”→“阀帽”→创建引用集。

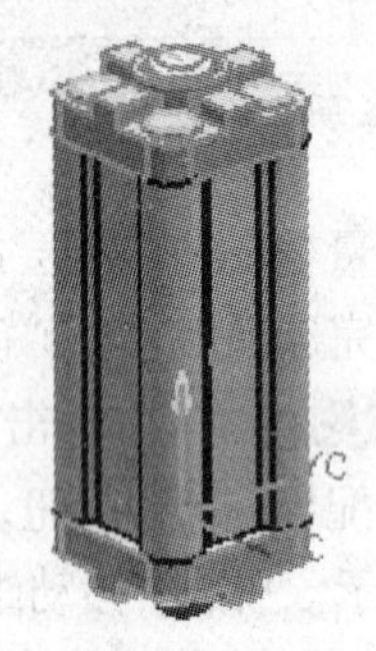

图 7.49　密封阀的三维装配模型

7.2.3　建模步骤

1. 新建部件文件

启动 UGNX6.0 后,单击“新建”按钮或者选择“文件→新建”命令,弹出“新建”对话框,选择“模型”选项卡。在“模型”模板中选择“装配”选项,将“新文件名”名称设置为“3_mifengfa. prt”,保存路径改为“D:\No. 7\3_mifengfa\”,如图 7.50 所示。

2. 添加零件“阀体”

(1)单击“确定”按钮,进入装配建模工作窗口,并弹出“添加组件”对话框,系统提示选择部件。单击“打开”图标按钮,弹出“部件名”对话框,在“查找范围”下拉列表框中寻找组件的存盘目录,选择阀体的文件名“3_0_fati”,同时出现组件预览,如图 7.51 所示。

(2)单击“OK”按钮,回到“添加组件”对话框,阀体的文件“3_0_fati”被添加到“已加载的部件”目录中,同时弹出组件预览,如图 7.52 所示。

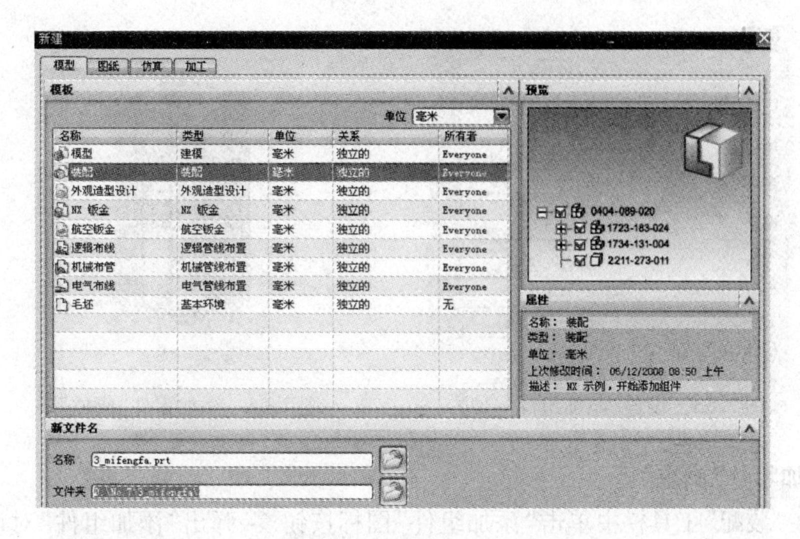

图 7.50 “新建”对话框

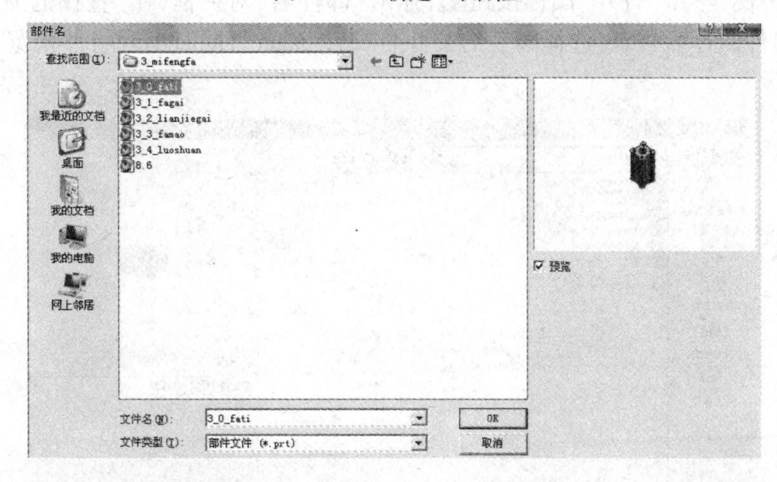

图 7.51 “部件名”对话框

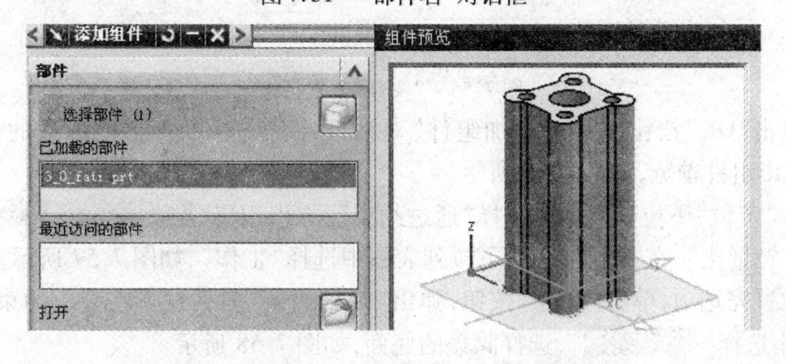

图 7.52 “添加组件”对话框

(3)在“定位”下拉列表框中选择“绝对原点”，在引用集“Reference Set”下拉列表框中选择“轻量化”，在“图层选项”下拉列表框中选择“工作”，如图 7.53 所示。

(4)单击“确定”按钮，阀体被添加到“3_mifengfa. prt”中，如图 7.54 所示。

图 7.53　设置“添加组件”选项

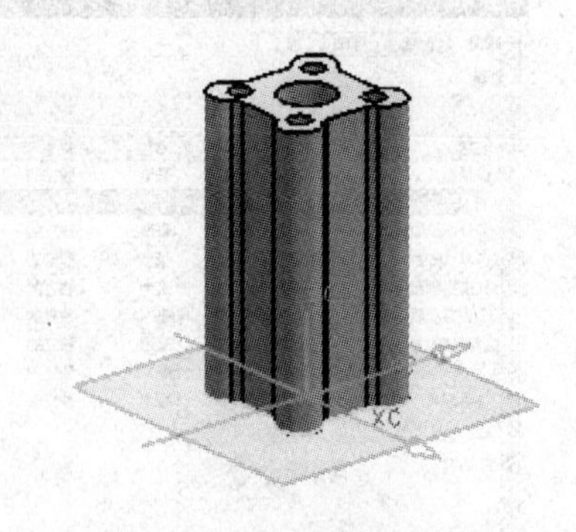

图 7.54　添加零件“阀体”

3. 添加零件“阀盖”

(1)在“装配”工具栏中单击“添加组件”图标按钮，弹出“添加组件”对话框，系统提示选择部件。单击“打开”图标按钮，弹出“部件名”对话框，在“查找范围”下拉列表框中寻找组件的存盘目录，选择阀盖的文件名“3_1_fagai”，同时出现组件预览，如图 7.55 所示。

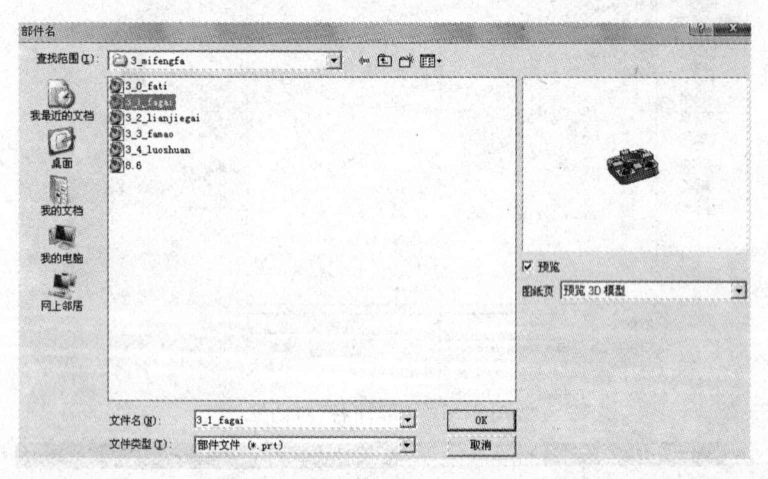

图 7.55　“文件名”对话框

(2)单击“OK”按钮，回到“添加组件”对话框，阀盖被添加到“已加载的部件”目录中，同时弹出组件预览，如图 7.56 所示。

(3)在“定位”下拉列表框中选择“通过约束”，在引用集“Reference Set”下拉列表框中选择“轻量化”，在“图层选项”下拉列表框中选择“工作”，如图 7.57 所示。

(4)设置完选项，单击“确定”按钮，弹出“装配约束”对话框。在装配约束“类型”下拉列表框中选择“接触对齐”，选择阀盖的底面，如图 7.58 所示。

选择阀盖的配合面，如图 7.59 所示。

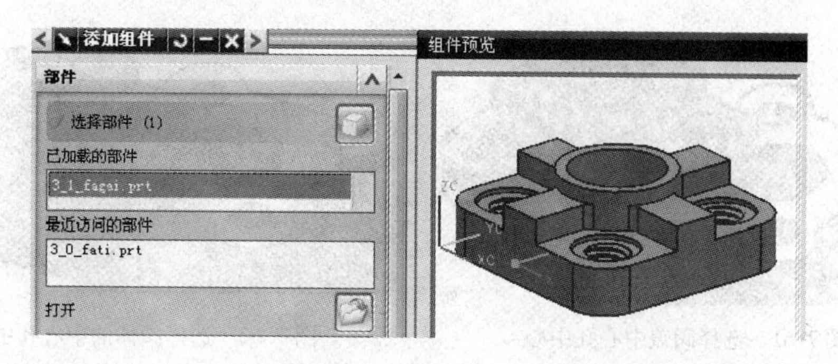

图 7.56　“添加组件”对话框

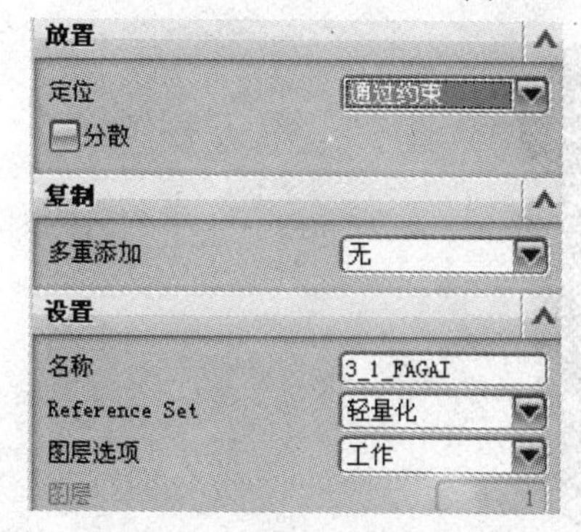

图 7.57　设置“添加组件”选项

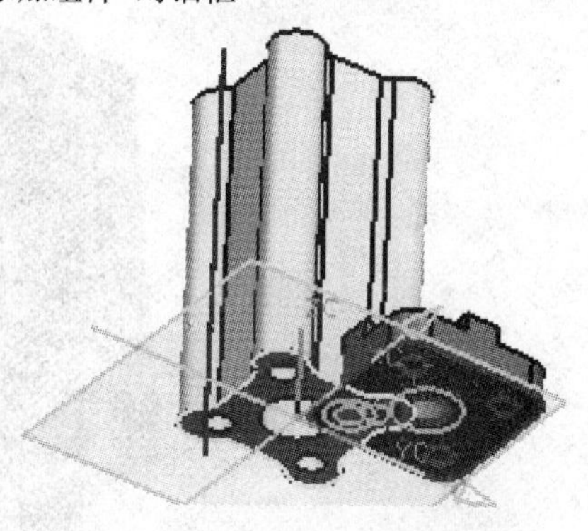

图 7.58　选择阀盖的底面

装配约束接触对齐结果如图 7.60 所示。

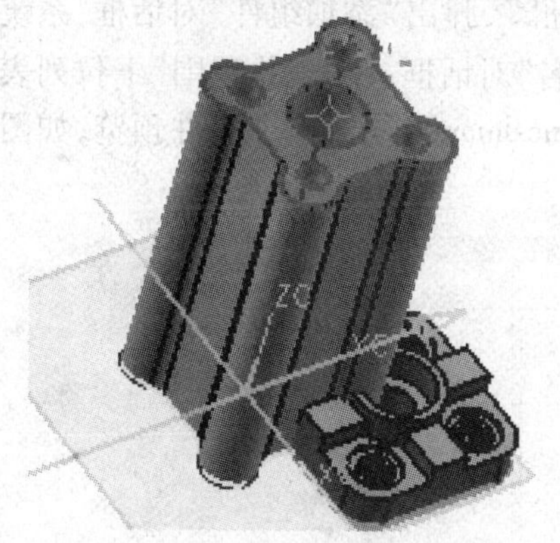

图 7.59　选择阀盖的配合面

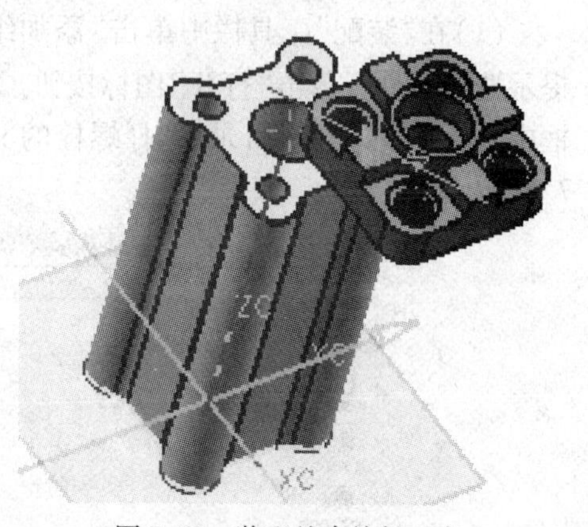

图 7.60　装配约束接触对齐

(5)在装配约束“类型”下拉列表框中选择“◎ 同心”,选择阀盖中心孔中心,如图 7.61 所示。

选择阀体的中心孔中心,如图 7.62 所示。

两中心孔重合,结果如图 7.63 所示。

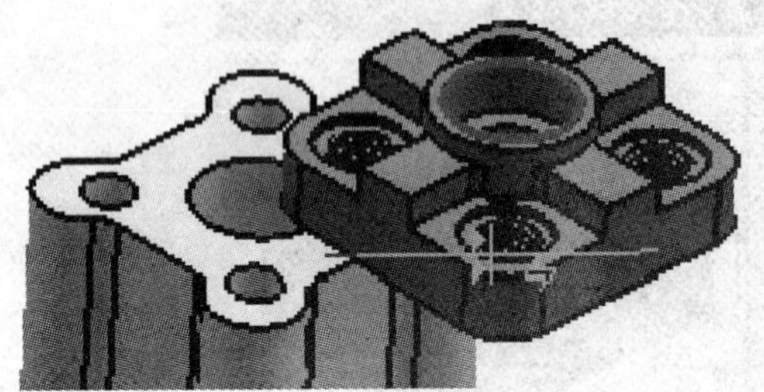

图 7.61　选择阀盖中心孔中心

图 7.62　选择阀体的中心孔中心

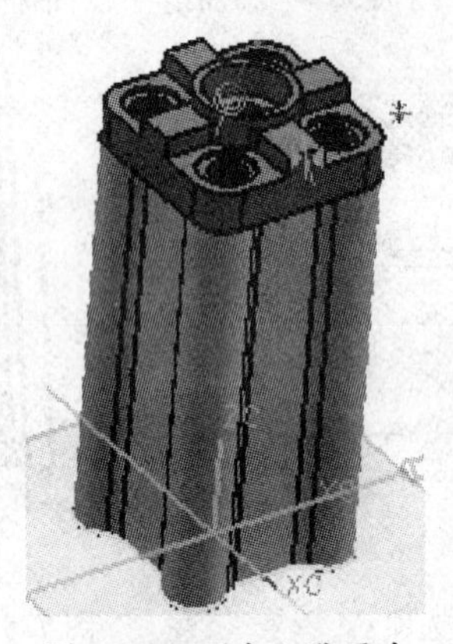

图 7.63　两中心孔重合

4. 添加零件“螺栓”

(1)在“装配”工具栏中单击“添加组件”图标按钮，弹出“添加组件”对话框，系统提示选择部件。单击“打开”图标按钮，弹出“部件名”对话框，在“查找范围”下拉列表框中寻找组件的存盘目录，选择螺栓的文件名“3_4_luoshuan”，同时出现组件预览，如图 7.64所示。

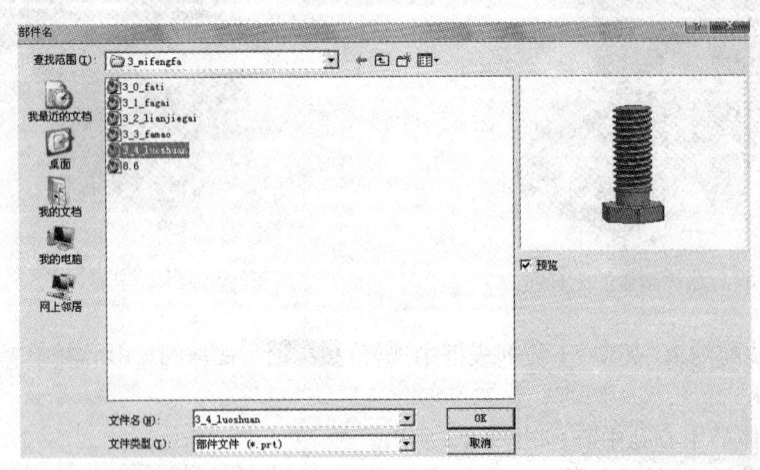

图 7.64　“文件名”对话框

(2)单击"OK"按钮,回到"添加组件"对话框,螺栓被添加到"已加载的部件"目录中,同时弹出组件预览,如图7.65所示。

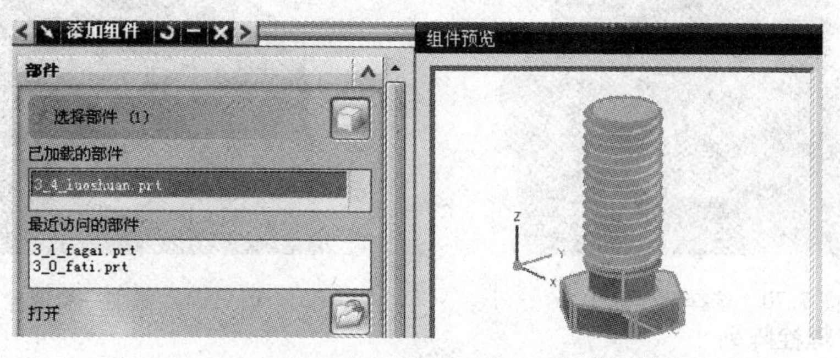

图7.65 "添加组件"对话框

(3)在"定位"下拉列表框中选择"通过约束",在引用集"Reference Set"下拉列表框中选择"轻量化",在"图层选项"下拉列表框中选择"工作",如图7.66所示。

(4)设置完选项后,单击"确定"按钮,弹出"装配约束"对话框。在装配约束"类型"下拉列表框中选择"接触对齐",选择螺栓的配合面,如图7.67所示。

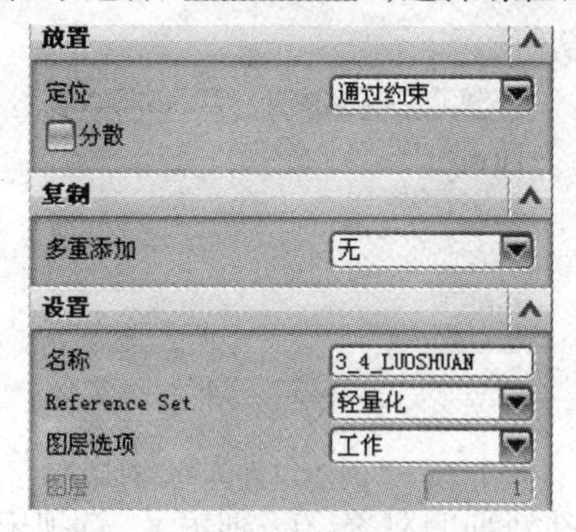

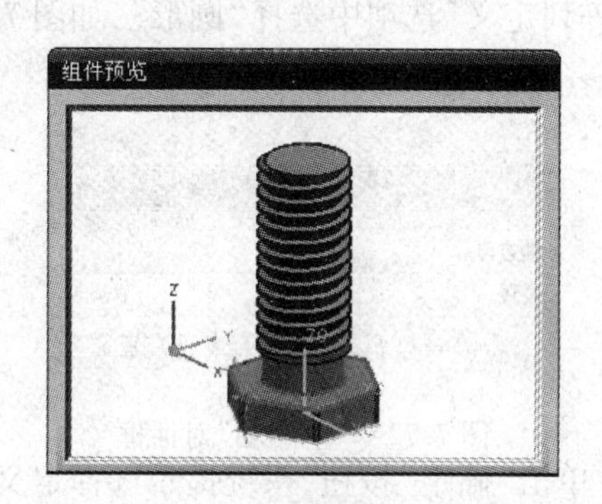

图7.66 设置"添加组件"选项　　图7.67 选择螺栓的配合面

选择阀盖与螺栓配合的面,如图7.68所示。

(5)在约束"类型"下拉列表框中选择"同心",选择螺栓的圆弧中心,如图7.69所示。

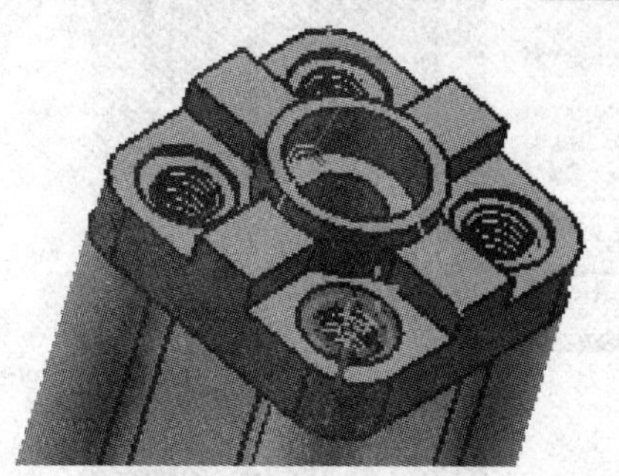

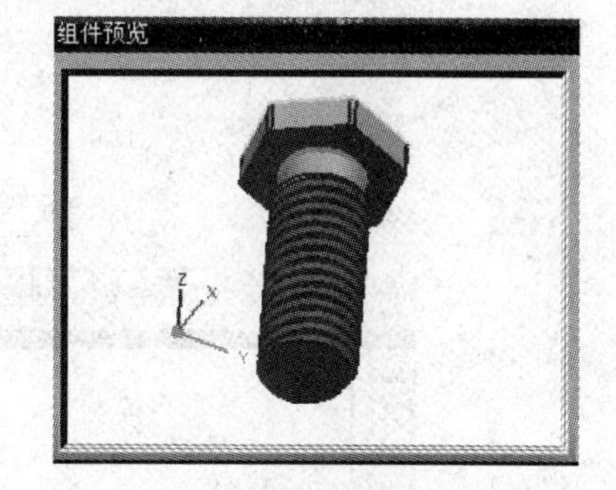

图7.68 选择阀盖的配合面　　图7.69 选择圆弧中心

选择螺帽上相应螺栓孔的圆弧中心,如图7.70所示。

单击"确定"按钮,生成结果如图7.71所示。

图 7.70　选择螺栓孔中心

图 7.71　添加一个螺栓

5. 创建螺栓阵列

(1)生成基准轴。选择“开始→建模、装配”,在特征工具栏上单击“基准轴”图标按钮,弹出“基准轴”对话框,在基准轴“类型”下拉列表框中选择“ZC 轴”,如图 7.72 所示。单击“确定”按钮,生成基准轴。

(2)在“装配”工具栏中单击“创建组件阵列”图标按钮,弹出创建组件阵列“类选项”对话框,系统提示选择组件。选择螺栓,单击“确定”按钮,弹出“创建组件阵列”对话框,在“阵列定义”选项中选择“圆形”,如图 7.73 所示。

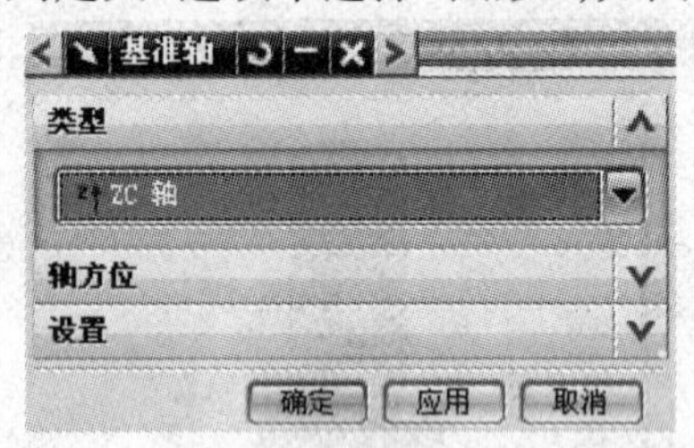

图 7.72　“基准轴”对话框

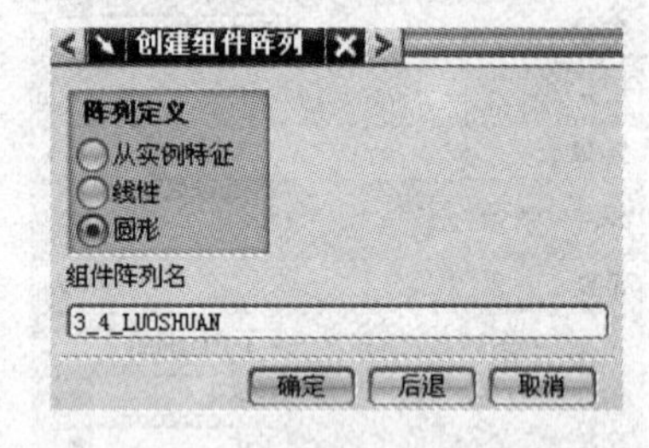

图 7.73　“创建组件阵列”对话框

(3)单击“确定”按钮,系统提示选择定义阵列轴的对象,在“轴定义”选项中选择“基准轴”,在绘图区中选择 ZC 轴,设置总数为“4”,角度为“90”,如图 7.74 所示。

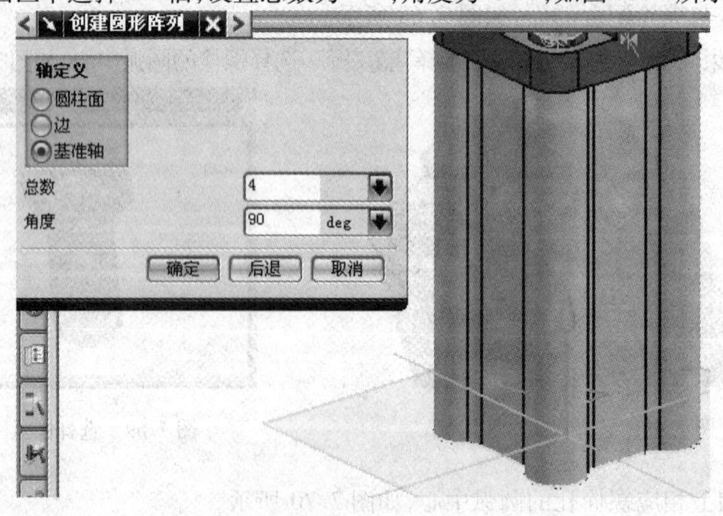

图 7.74　设置“创建组件阵列”参数

单击“确定”按钮,结果如图7.75所示。

图7.75 生成螺栓阵列

6. 创建镜像装配

(1)生成平分平面。在特征工具栏上单击“基准平面”图标按钮,弹出“基准平面”对话框,在基准平面“类型”下拉列表框中选择“平分”,如图7.76所示。

系统提示选择第一个平面对象,选择第一个平面,如图7.77所示。

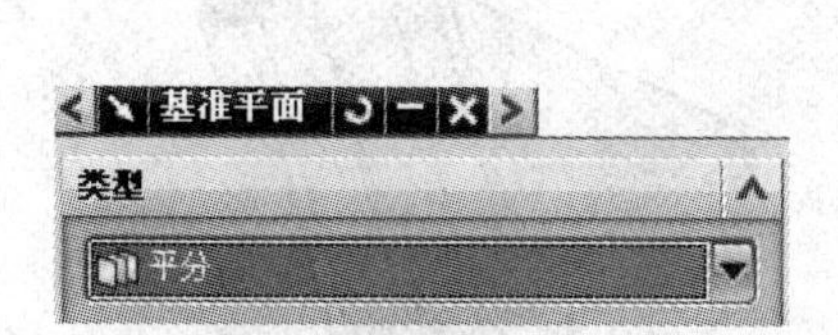

图7.76 “基准平面”对话框

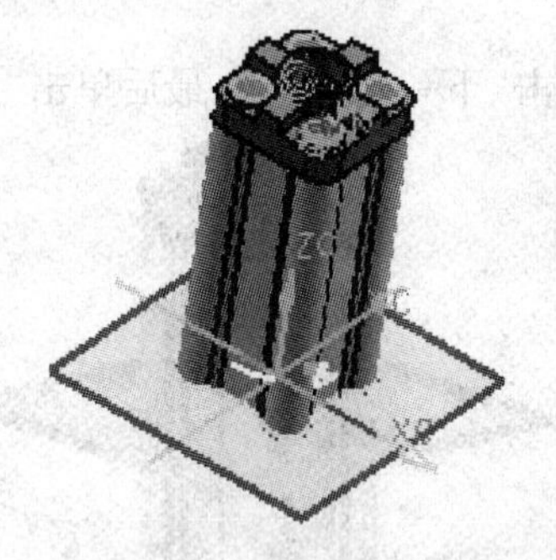

图7.77 选择第一个平面

系统提示选择第二个平面对象,选择第二个平面,如图7.78所示。

单击“确定”按钮,生成平分平面,如图7.79所示。

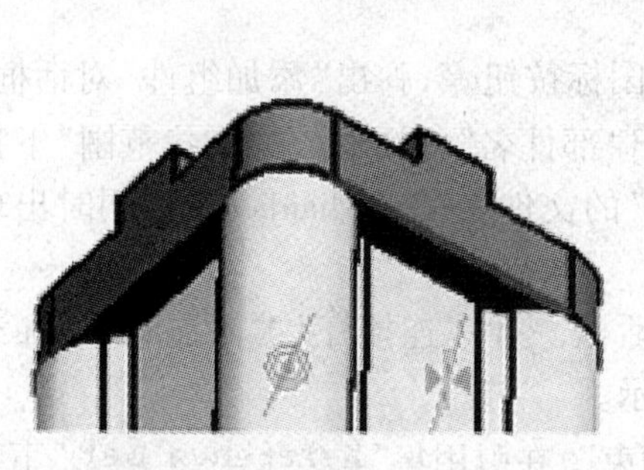

图7.78 选择第二个平面

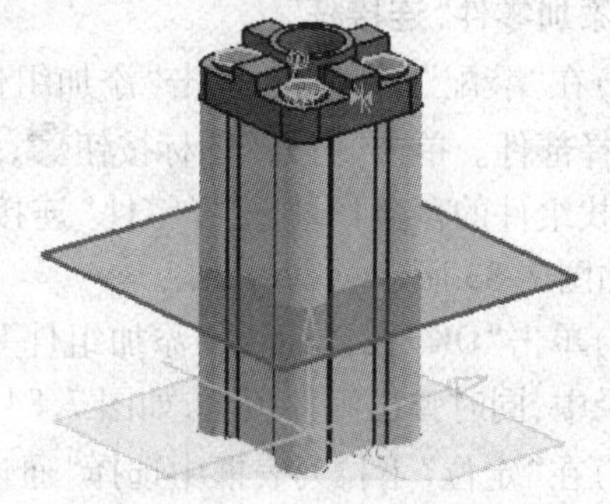

图7.79 生成平分平面

(2)在“装配”工具栏中单击“镜像装配”图标按钮,弹出“镜像装配向导”对话框,选择“下一步”开始使用向导,系统提示选择要镜像的组件,依次选择阀盖和四个选择螺栓,如图7.80所示。

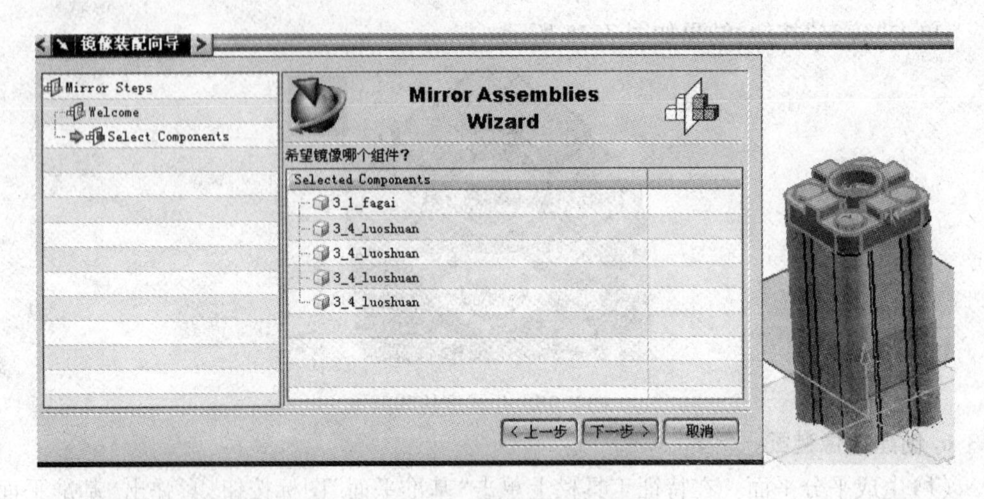

图 7.80　选择要镜像的组件

(3)单击“下一步”按钮,系统提示选择要镜像的平面,选择中间平面,如图 7.81 所示。

(4)双击“下一步”按钮,最后单击“确定”按钮,生成镜像装配,如图 7.82 所示。

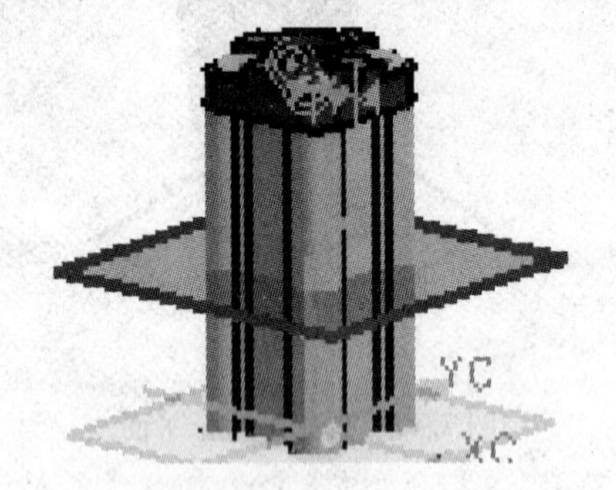

图 7.81　选择中间平面

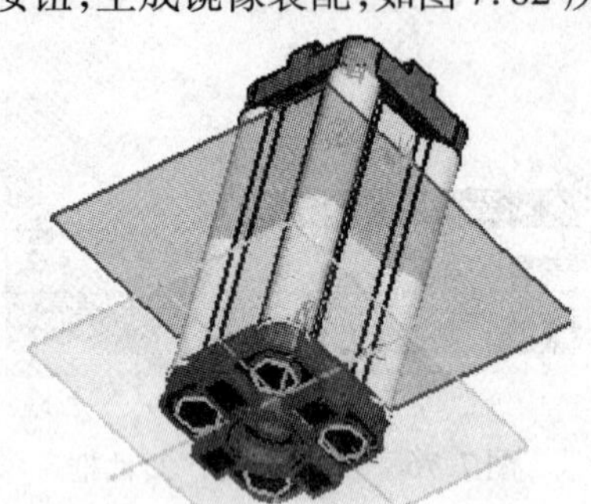

图 7.82　生成镜像装配

7. 添加零件“连接杆”

(1)在“装配”工具栏中单击“添加组件”图标按钮,弹出“添加组件”对话框,系统提示选择部件。单击“打开”图标按钮,弹出“部件名”对话框,在“查找范围”下拉列表框中寻找组件的存盘目录,选择零件“连接杆”的文件名“3_2_lianjiegan”,同时出现组件预览,如图 7.83 所示。

(2)单击“OK”按钮,回到“添加组件”对话框,零件“连接杆”被添加到“已加载的部件”目录中,同时弹出组件预览,如图 7.84 所示。

(3)在“定位”下拉列表框中选择“通过约束”,在引用集“Reference Set”下拉列表框中选择“轻量化”,在“图层选项”下拉列表框中选择“工作”,如图 7.85 所示。

(4)设置完选项后,单击“确定”按钮,弹出“装配约束”对话框。在装配约束类型下拉列表框中选择“接触对齐”,选择连接杆的配合面,如图 7.86 所示。

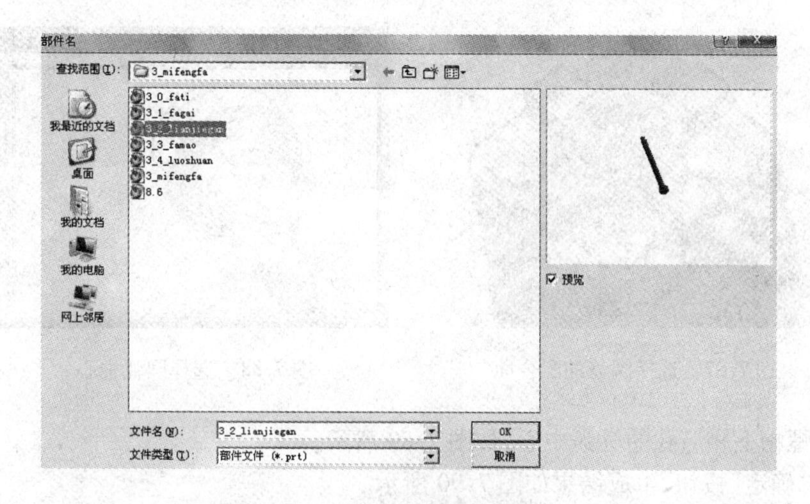

图 7.83 “部件名”对话框

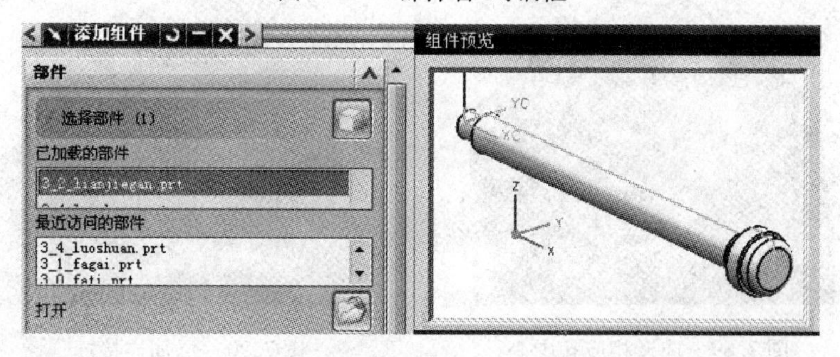

图 7.84 “添加组件”对话框

图 7.85 设置“添加组件”选项

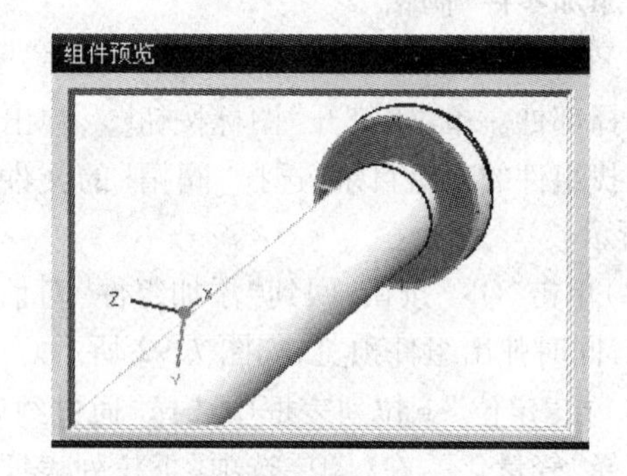

图 7.86 选择连接杆的配合面

选择阀盖与连接杆配合的面,如图 7.87 所示。

(5)在约束“类型”下拉列表框中选择“◎同心”,选择连接杆的圆弧中心,如图 7.88 所示。

图 7.87　选择阀盖的配合面

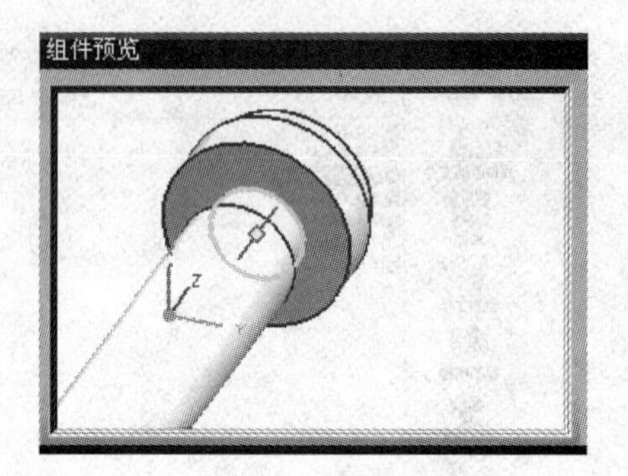

图 7.88　选择圆弧中心

选择螺帽上相应孔的圆弧中心，如图 7.89 所示。

单击“确定”按钮，生成结果如图 7.90 所示。

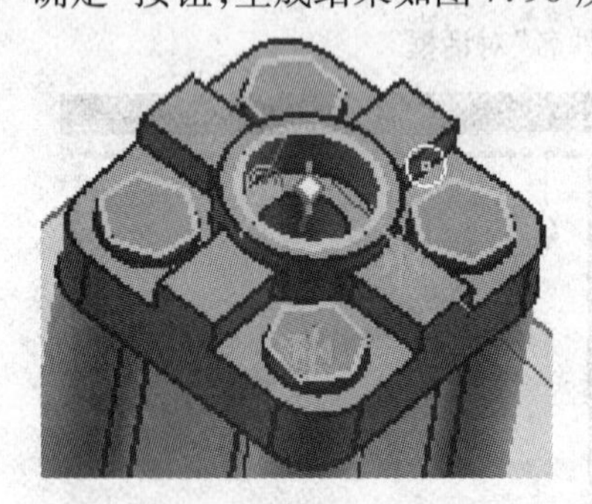

图 7.89　选择相应孔中心

图 7.90　添加连接杆

8. 添加零件“阀帽”

(1)在“装配”工具栏中单击“添加组件”图标按钮，弹出“添加组件”对话框，系统提示选择部件。单击“打开”图标按钮，弹出“部件名”对话框，在“查找范围”下拉列表框中寻找组件的存盘目录，选择“阀帽”的文件名“3_3_famao”，同时出现组件预览，如图 7.91 所示。

(2)单击“OK”按钮，回到“添加组件”对话框，零件“阀帽”被添加到“已加载的部件”目录中，同时弹出组件预览，如图 7.92 所示。

(3)在“定位”下拉列表框中选择“通过约束”，在引用集“Reference Set”下拉列表框中选择“轻量化”，在“图层选项”下拉列表框中选择“工作”，如图 7.93 所示。

(4)设置完选项后，单击“确定”按钮。弹出“装配约束”对话框，在装配约束“类型”下拉列表框中默认“接触对齐”，单击“确定”按钮，选择阀帽的配合面，如图 7.94 所示。

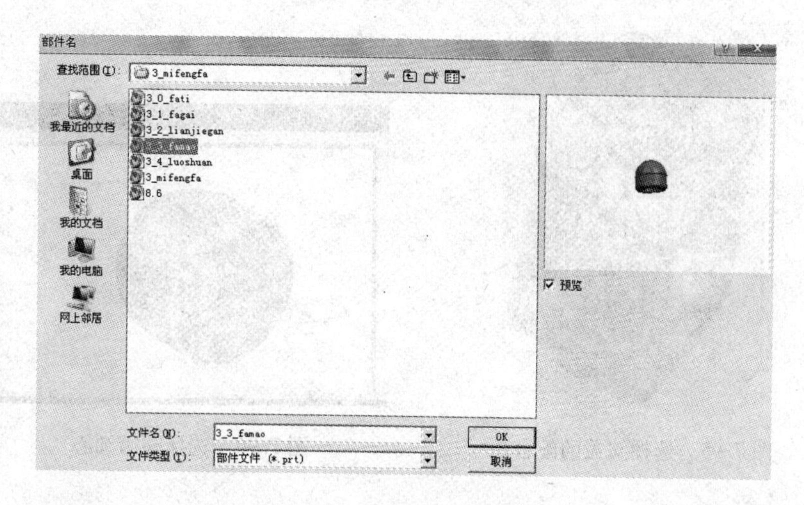

图7.91　“部件名”对话框

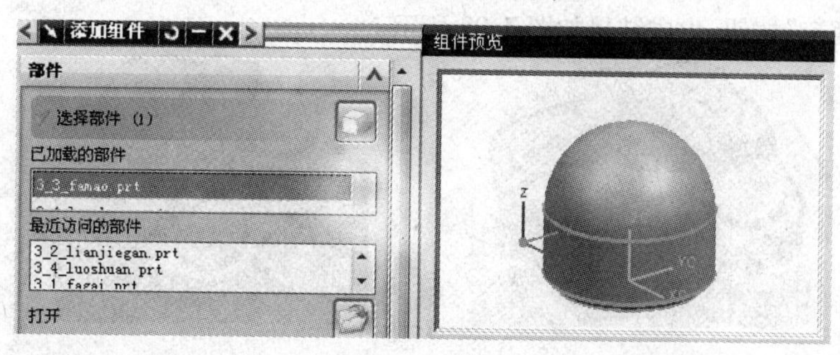

图7.92　“添加组件”对话框

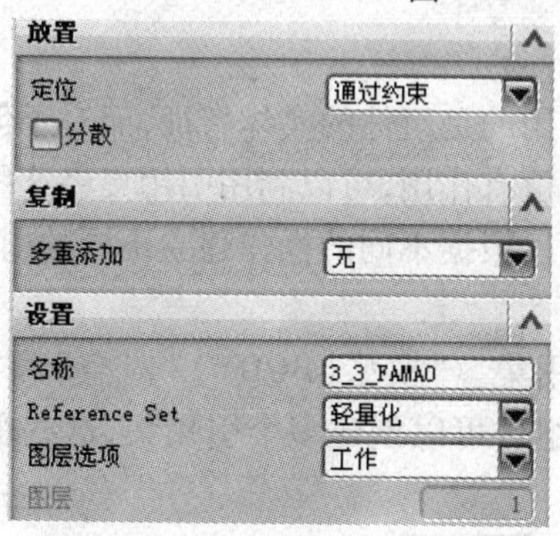

图7.93　设置“添加组件”选项

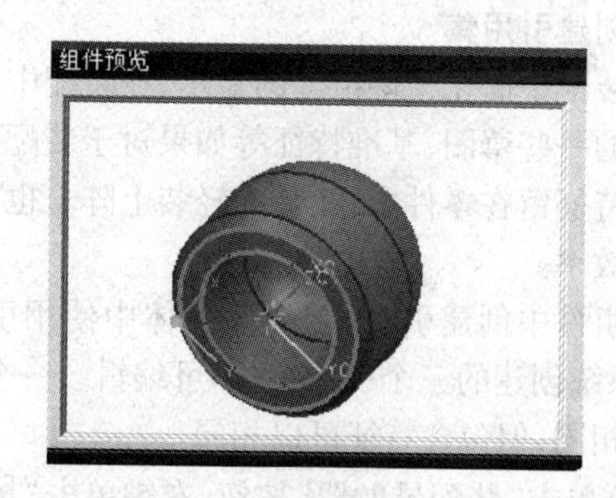

图7.94　选择阀帽的配合面

选择阀盖与阀帽配合的面，如图7.95所示。

(5)在约束“类型”下拉列表框中选择“同心”，选择阀帽的圆弧中心，如图7.96所示。

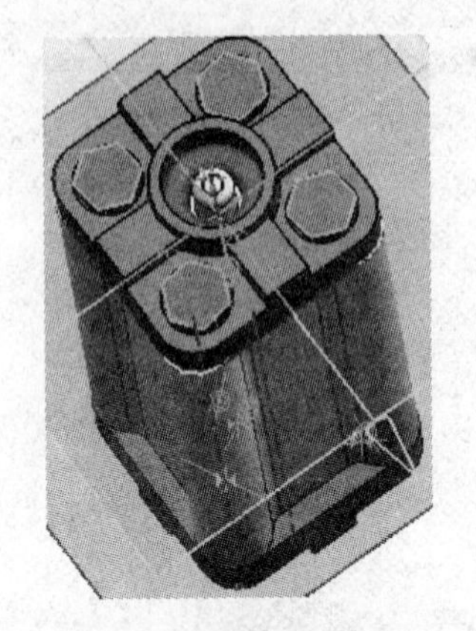

图 7.95　选择阀盖的配合面

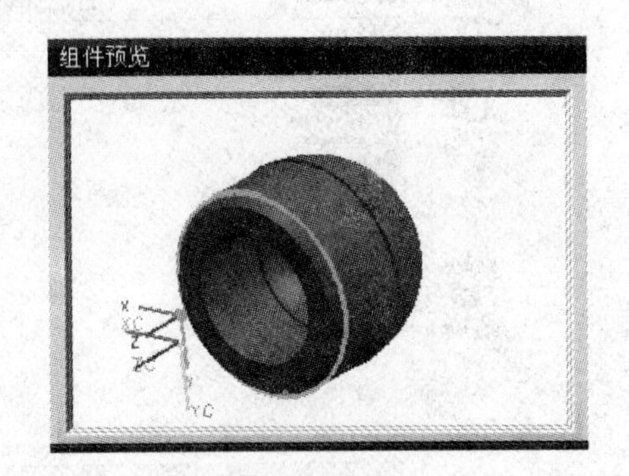

图 7.96　选择阀帽圆心

选择螺帽上相应孔的圆弧中心，如图 7.97 所示。

单击“确定”按钮，生成结果如图 7.98 所示。

图 7.97　选择相应孔中心

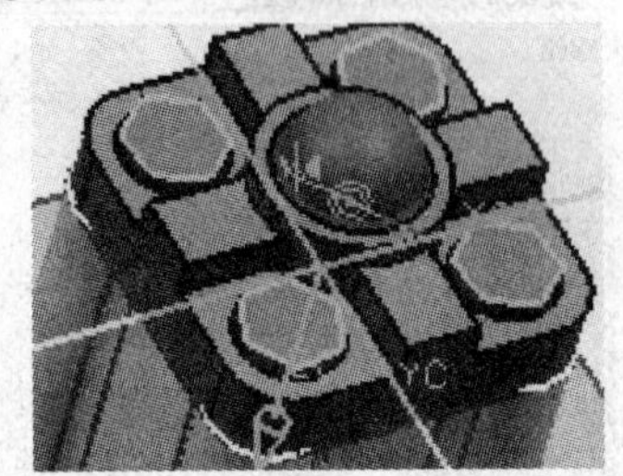

图 7.98　添加阀帽

9. 创建引用集

在装配中简化某些组件的显示，在装配中引用的是组件的实体特征，而对于创建零件过程中的一些草图、基准特征等如果对于装配体没有作用，可以利用引用集将这些与装配无关的特征留在零件中，让装配轻装上阵。也可以根据不同的操作建立不同的引用集，提高装配效率。

在组件中创建引用集，在装配体中使用引用集。“模型(BODY)”、“空”和“整个部件”是系统创建的三个引用集，不可编辑。一个组件可以创建多个引用集，这些引用集名称不能相同，但包含特征可以相同。

(1)单击“装配导航器”按钮，右键单击“3_0_fati”，弹出快捷菜单，选择“显示父项→3_0_fati”，如图 7.99 所示。

(2)选择“格式→引用集”，弹出“引用集”对话框，单击添加新的引用集图标按钮，设置引用集名称为“1”，系统提示选择要添加到引用集的对象，选择实体，如图 7.100 所示。

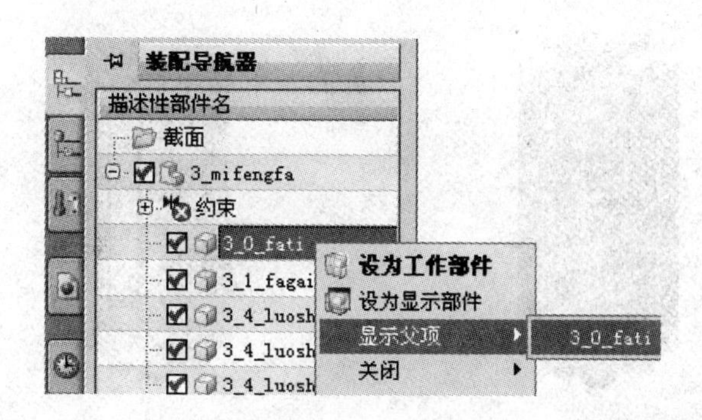

图7.99　显示父项

图7.100　选择实体

(3)单击“装配导航器”按钮,右键单击“☑3_0_fati”,弹出快捷菜单,选择“显示父项→3_mifengfa”,如图7.101所示。

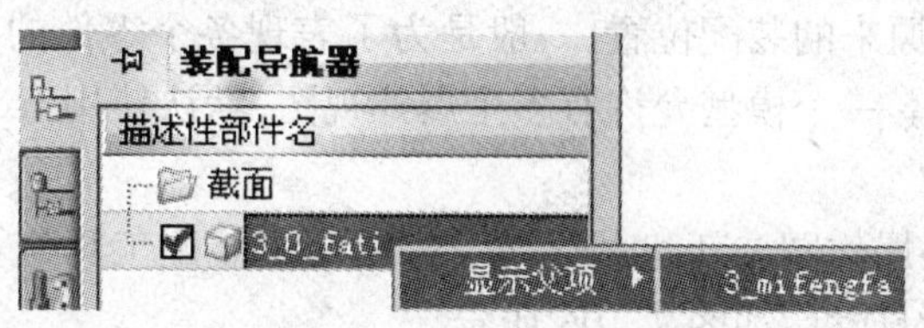

图7.101　显示父项

(4)单击“装配导航器”按钮,右键单击“☑3_0_fati”,弹出快捷菜单,选择“替换引用集→1”,如图7.102所示。

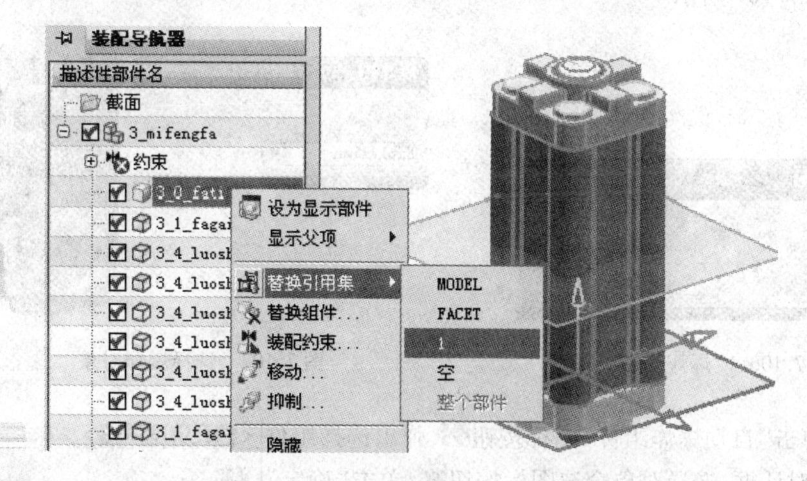

图7.102　选择替换引用集

(5)结果如图7.103所示。

(6)隐藏中间平面。单击实用工具栏隐藏图标按钮,弹出“类选择”对话框,系统提示选择要隐藏的对象。选择中间平面,如图7.104所示。单击“确定”按钮,结果如图7.105所示。

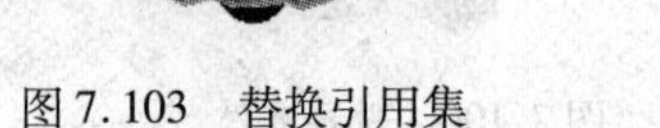

图 7.103　替换引用集

图 7.104　选择中间平面

图 7.105　隐藏中间平面

10. 创建爆炸视图

爆炸视图是为了方便查看装配体中各组件之间的装配关系而设置的，在该图形中，组件按照装配关系偏离原来的装配位置，一般是为了表现各个零件的装配过程以及整个部件或机器的工作原理。一个模型允许有多个爆炸视图，默认使用 Explosion 加序号作为爆炸图的名称。

（1）单击“装配→爆炸图→新建爆炸”按钮，或单击装配工具栏上的“爆炸图”图标按钮，弹出“爆炸图”对话框，如图 7.106 所示。

（2）单击“创建爆炸图”图标按钮，弹出“创建爆炸图”对话框，默认爆炸图名称“Explosion 1”，单击“确定”按钮，系统提示选择爆炸对象，选择密封阀全部实体作为爆炸对象，如图 7.107 所示。

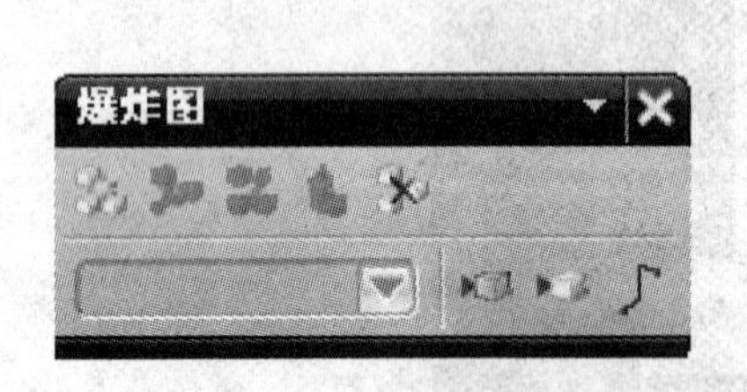

图 7.106　“爆炸图”对话框

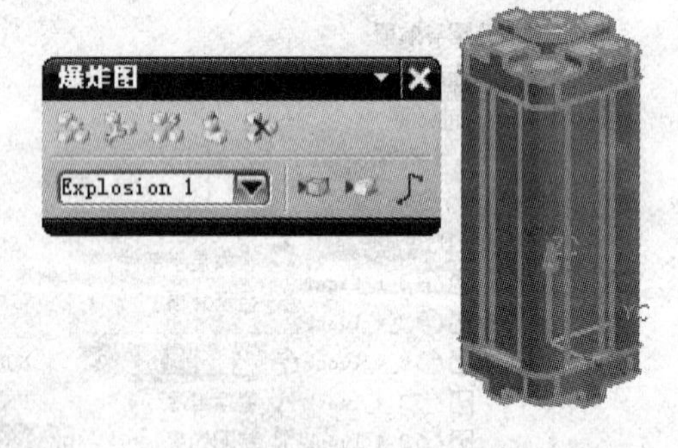

图 7.107　选择爆炸对象

（3）单击“自动爆炸组件”图标按钮，弹出选择组件“类选择”对话框，选择对象全选图标按钮，单击“确定”按钮，弹出“爆炸距离”对话框，输入爆炸距离值为“50”，复选“添加间隙”，如图 7.108 所示。

爆炸距离
距离　50.0000
添加间隙
确定　后退　取消

图 7.108　设置“爆炸距离”参数

（4）单击“确定”按钮，如图 7.109 所示。

（5）单击“爆炸图”对话框“编辑爆炸图”图标按钮，弹出“编辑爆炸图”对话框，系统提示选择要爆炸的组件，选择组件如图 7.110 所示。

图7.109　生成自动爆炸视图

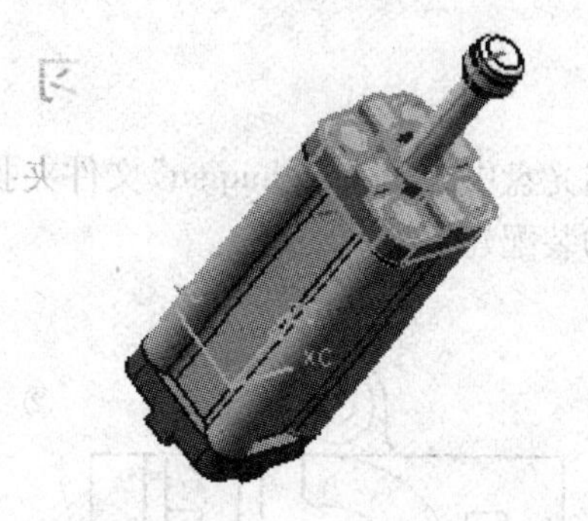

图7.110　选择要爆炸组件

(6)选择“移动对象”,选择方向,如图7.111所示。

(7)输入“距离”值为“20”,单击确定按钮,如图7.112所示。

图7.111　选择方向

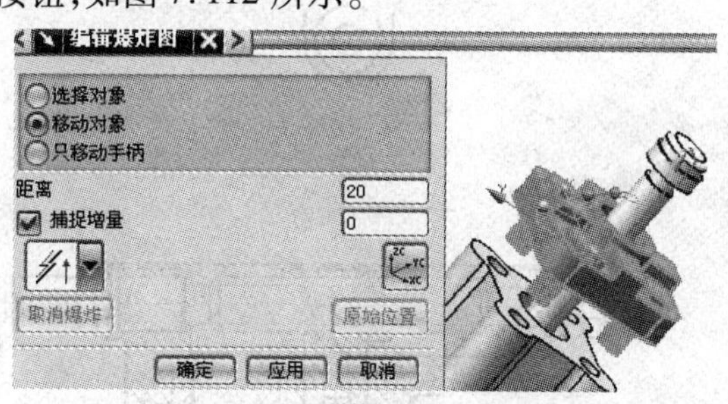

图7.112　设置移动距离

(8)若想取消爆炸视图,单击“爆炸图”文本框中的“取消爆炸组件”图标按钮,弹出选择组件“类选择”对话框,单击对象全选图标按钮,单击“确定”按钮,爆炸视图取消,如图7.113所示。

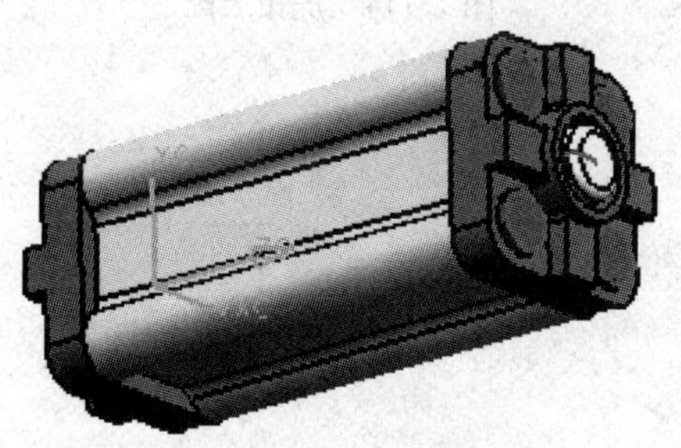

图7.113　取消爆炸视图

本章小结

本章通过3个实例详细介绍了装配功能模块的使用。通过本章的学习,读者应该了解如何实现零部件的装配,如何管理装配对象,如何生成装配爆炸视图等功能应用。以便进行后续的机构仿真、分析优化等功能操作。

习 题

从随书光盘中在“lianxi_huqian”文件夹找到相应素材,按照如图 7.114 所示的结构,创建虎钳的装配建模。

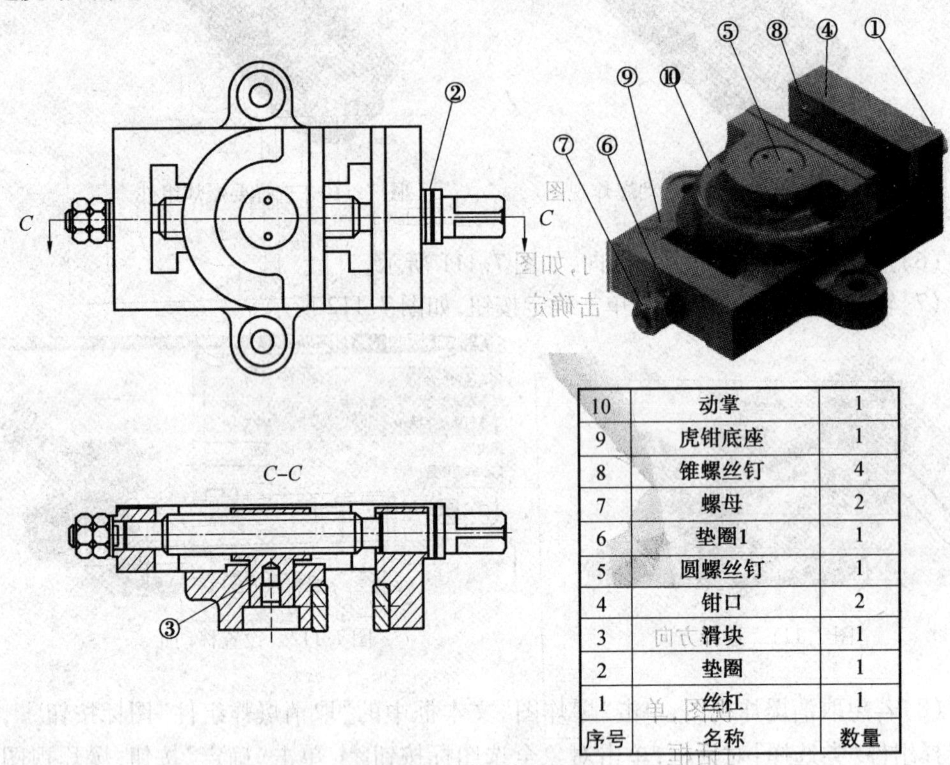

10	动掌	1
9	虎钳底座	1
8	锥螺丝钉	4
7	螺母	2
6	垫圈1	1
5	圆螺丝钉	1
4	钳口	2
3	滑块	1
2	垫圈	1
1	丝杠	1
序号	名称	数量

图 7.114　虎钳装配

第 8 章

工 程 图

工程图是计算机辅助设计的重要内容，也是从概念设计到真实产品的一座桥梁。因此，在 UGNX6.0 中通过“建模”应用模块完成建模后，要绘制平面工程图。

进入“制图”应用模块可以进行创建视图和剖视图、标注尺寸、表面粗糙度、添加部件明细表、绘制标题栏等工作。制图模块与建模模块完全相关，实体模型的修改会自动反映到工程图中，其过程不可逆，从而极大地提高了工作效率。

本章主要介绍 UGNX6.0 工程图的特点、一般绘制过程、制图参数预设置、视图和剖视图的创建、图纸标注及装配爆炸视图的创建。

8.1 工程图概述

8.1.1 UGNX6.0 工程图的特点

UGNX6.0 的工程图模块提供了绘制和管理工程图所需的全部过程工具，由于它是基于三维实体模型的，因此具有以下一些显著的特点。

①工程图与三维设计模型完全关联。

②具有创建与父视图完全关联的实体剖视图的功能。

③能自动生成实体中隐藏线的显示特性。

④有直观的图形界面。

⑤具有制图参数的可视化描述。

⑥大部分工程图对象的创建和编辑都用相同的对话框。

⑦支持装配结构和并行工程。

⑧自动生成及对齐正交视图。

⑨制图过程中基于屏幕的信息反馈和所见即所得的功能，减少了绘制工程图的返工时间。

8.1.2 UGNX6.0 工程图的一般绘制过程

由实体模型绘制工程图，一般可按如下步骤进行：

(1)启动 UGNX6.0,打开零件或产品的实体模型或创建零件的实体模型。

(2)通过菜单“起始”→“制图”,进入“制图”模块,在弹出的“工作表”对话框中设置图纸的名称、图幅大小、比例、单位以及投影等参数,如图 8.1 所示。注意:图纸名称只能由字母或数字组成,不能用中文命名,也不能重名。

(3)通过菜单“首选项”→“制图”进行最初参数设置或在“制图首选项”工具条下进行必要的制图参数设置。

(4)添加基本视图、剖视图、局部放大视图等视图。

(5)调整视图布局。

(6)进行图纸标注,包括尺寸标注、文字注释、表面粗糙度、标题栏等内容。

(7)保存并关闭部件文件。

图 8.1 “工作表”对话框

8.2 制图首选项参数的预设置

由于 UGNX6.0 的“制图”应用模块所使用的默认标准不是中国国家标准,为能够提高制图速度并适合个人制图习惯,因此在制图前首先需要设置制图参数,如单位、精度、字符大小、隐藏线、剖面线等内容,并对显示方式进行修改,以便满足设计要求。

制图参数的预设置主要通过“制图首选项”工具条对部分制图参数进行设置。在工具条空白区域单击鼠标右键,弹出工具条,选择“制图首选项”,如图 8.2 所示;或单击“工具→定制”,弹出“定制”对话框,选择“制图首选项”,如图 8.3 所示。

图 8.2 选择“制图首选项”方法 1

8.3 选择“制图首选项”方法 2

弹出“制图首选项”工具条,如图 8.4 所示。制图首选项主要包括视图首选项、注释首选项、剖切线首选项和视图标签首选项。

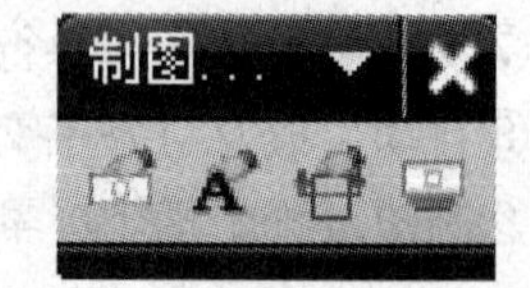

图 8.4 “制图首选项”工具条

8.2.1 视图首选项

设置控制视图在图纸页上显示的首选项,如隐藏线、轮廓线和光顺边。单击图 8.4 所示的“制图首选项”工具条上的“视图首选项”图标按钮

,弹出“视图首选项”对话框,各选项卡常用参数含义如下:

(1)常规

在“常规”选项卡中复选“自动更新”、“中心线”复选框,结果如图 8.5 所示。

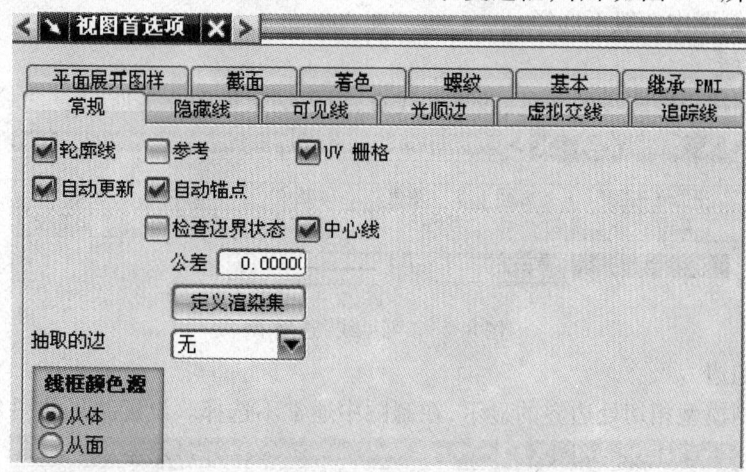

图 8.5 “常规”选项卡

①参考:选择该复选框,投影所得的视图只有参考符号和视图边界,不能够完整表达模型特征。

②UV 栅格:主要用于曲面显示,用于区别曲线特征。

③自动更新:选中该复选框,模型修改后视图自动随之改变。

④中心线:选中该复选框,创建视图时,系统自动在对称位置处添加中心线。

(2)隐藏线

在隐藏线“线型”下拉列表框中选择“虚线”图标按钮“ ------- ”,结果如图 8.6 所示。

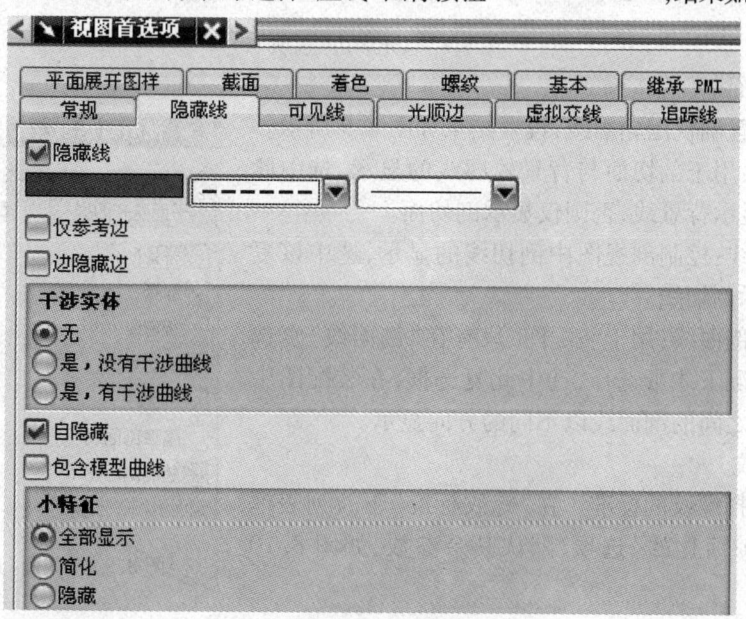

图 8.6 “隐藏线”选项卡

①隐藏线:选中该复选框,在视图中添加隐藏的线,可以设置隐藏线的线型、线宽和颜色,一般隐藏线用虚线表示。

②边隐藏线:模型在投影时,零件的棱边可能会重叠在一起,选中该复选框,隐藏的边全部显示,在制图中一般不选择。

(3)可见线

用于控制视图轮廓线的颜色、线型和线宽,设置结果如图 8.7 所示。

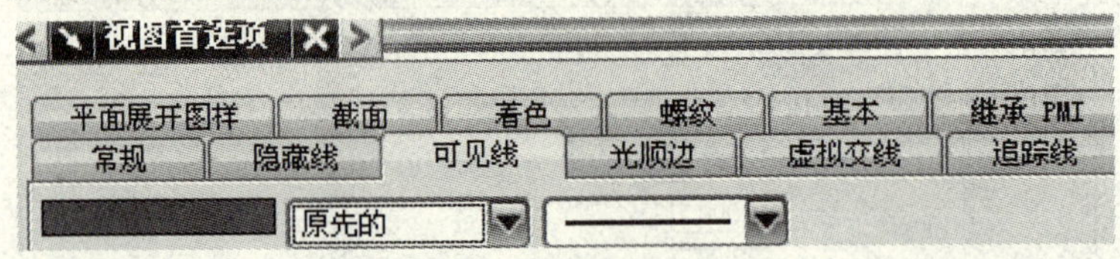

图 8.7 “可见线”选项卡

(4)光顺边

用于控制模型相切处边界的显示,在制图中通常不选择。设置结果如图 8.8 所示。

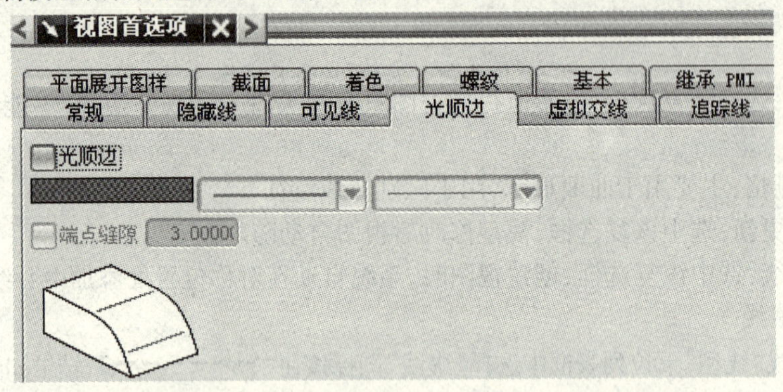

图 8.8 “光顺边”选项卡

(5)截面

用于设置剖视图轮廓线,设置结果如图 8.9 所示。

①前景:用于剖切面与背景轮廓线的显示,选中此复选框,则显示背景线,否则仅显示剖切面。

②剖面线:控制剖视图中剖切线的显示,选中该复选框,则显示剖切线。

③装配剖面线:用于装配图,只有在“剖面线”复选框选中的情况下才可选择,选中此复选框,在装配图中零件与零件之间的剖面线以不同的方向显示。

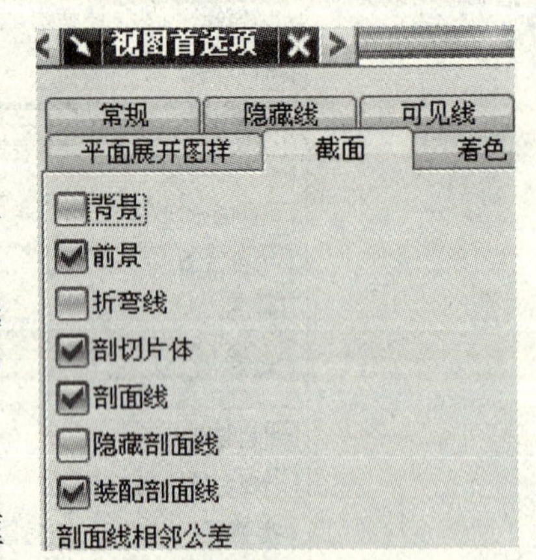

图 8.9 “截面”选项卡

(6)螺纹

用于选择螺纹的标准。在“螺纹标准”下拉列表框中选择“ISO/简化的”选项,默认其余参数,如图 8.10 所示。

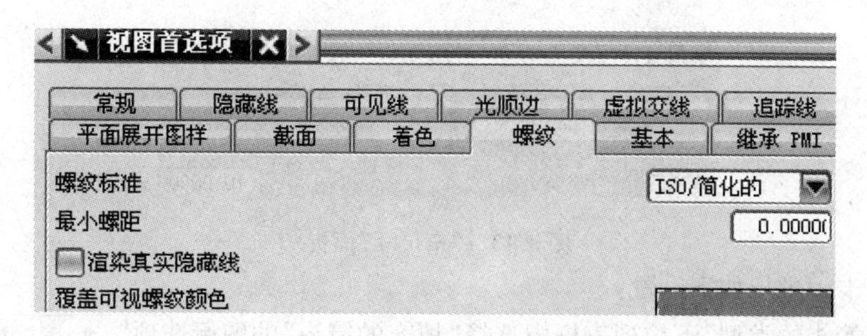

图 8.10 “螺纹”选项卡

8.2.2 注释首选项

设置图纸设置的首选项。单击图 8.4 所示的“制图首选项”工具条上的“注释首选项”图标按钮，弹出“注释首选项”对话框，各选项卡常用参数含义如下：

(1)尺寸

让操作者为延长线和箭头显示、精度和公差、倒斜角和窄尺寸标注形式设置尺寸首选项。在“尺寸”选项卡进行如下设置：

①在“尺寸放置”下拉列表框中选择手工放置：箭头在内的图标选项“ ”；选择箭头之间有线的图标选项“ ”；选择修剪尺寸线的图标选项“ ”，结果如图 8.11 所示。

图 8.11 “尺寸”选项卡

②在“倒斜角”面板中设置。在“符号”下拉列表框中选择图标选项“ ”，在文本放置下拉列表框中选择图标选项“ ”，在倒斜角放置下拉列表框中选择图标选项“ ”，结果如图 8.12 所示。

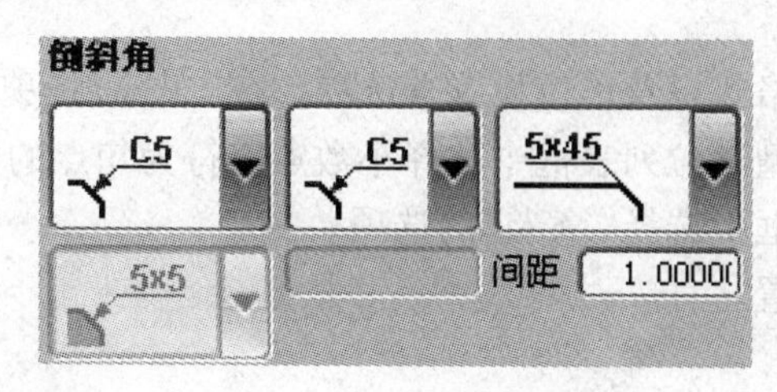

图 8.12 “倒斜角”面板

③在“窄尺寸”面板中设置。在指引线类型下拉列表框中选择“文本在指引线之上”图标选项“ ”，选择水平图标按钮“ ”，结果如图 8.13 所示。

(2)直线/箭头

让用户设置应用于指引线、箭头以及尺寸的延伸线和其他注释的首选项。在“直线/

图 8.13 “窄尺寸”面板

箭头”选项卡中进行如下设置:

①在“箭头的类型”下拉列表框中选择“填充的箭头”的图标选项“ ← → ”。

②设置箭头长度值 A 为“4”,箭头夹角 B 为“30”。

③分别设置尺寸界线参数 E 为“2”,H 为“0”,F 为“0”,J 为“0”,G 为“0.5”。

④默认其余参数设置,单击图标按钮“应用于所有线和箭头类型”。

(3)文字

让用户设置应用于尺寸、附加文本、公差和一般文本(注释、ID 符号等)文字的首选项。在“文字”选项卡中进行如下设置:

①设置“形位公差框高因子”为“1.5”。

②分别设置“尺寸”、“附加文本”、“公差”、“常规”的文字类型为:字符大小为“5”,宽高比为“0.667”。

③默认其余参数设置,单击图标按钮“应用于所有文字类型”。

(4)符号

让用户设置应用于标识、用户定义、中心线、相交、目标和形位公差符号的首选项。在“符号”选项卡进行如下设置:

①单击符号类型中“标识”图标按钮,设置标识符号大小为“7”,结果如图 8.14 所示。

图 8.14 设置标识符号大小

②默认其余参数设置,单击图标按钮“应用于所有符号类型”。

(5)单位

让用户为线性尺寸格式以及单位设置首选项。在“单位”选项卡进行如下设置:

①在小数点字符类型下拉列表框中选择小数点字符为句点的选项“**3.050**”。

②在单位下拉列表框中选择“毫米”的选项。

③默认其余参数设置。

(6)径向

让用户设置直径和半径尺寸值显示的首选项。在“径向”选项卡进行如下设置:

①在直径符号位置下拉列表框中选择符号在尺寸标注前面的选项“⌀1.0”。

②在直径符号下拉列表框中选择“⌀”的选项。

③在半径符号下拉列表框中选择“R”的选项。

④选择文本在短划线之上图标按钮“⌀1.0”。

⑤默认其余参数设置。

(7)填充/剖面线

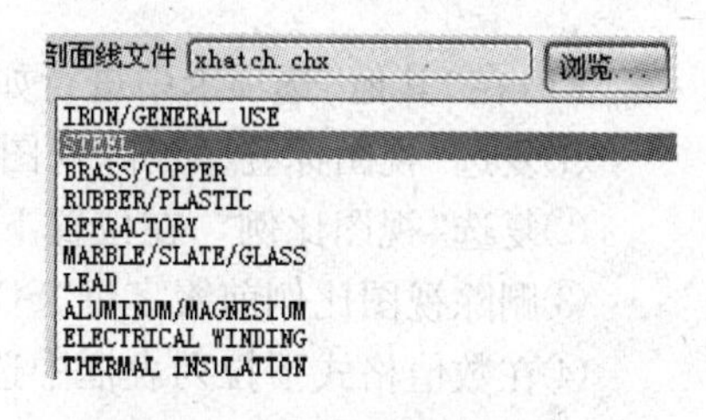

图 8.15 设置剖面线类型

让用户为剖面线和区域填充设置首选项。在“填充/剖面线”选项卡进行如下设置:

①在剖面线类型中选择选项“STEEL”,结果如图8.15所示。

②默认其余参数设置。

(8)部件明细表

让用户为零件明细表设置首选项,以便为现有的零件明细表对象设置形式。在“部件明细表”选项卡进行如下设置:

①在参考符合文本中复选“标注后缀”,结果如图 8.16 所示。

图 8.16 设置参考符合文本

②默认其余参数设置。

(9)截面

让用户为表区域设置首选项。表(零件明细表和表格注释)由一个一个的行集组成。在“截面”选项卡进行如下设置:

①在标题位置下拉列表框中选择选项“上面”。

②在对齐位置下拉列表框中选择选项“右下”,结果如图 8.17 所示。

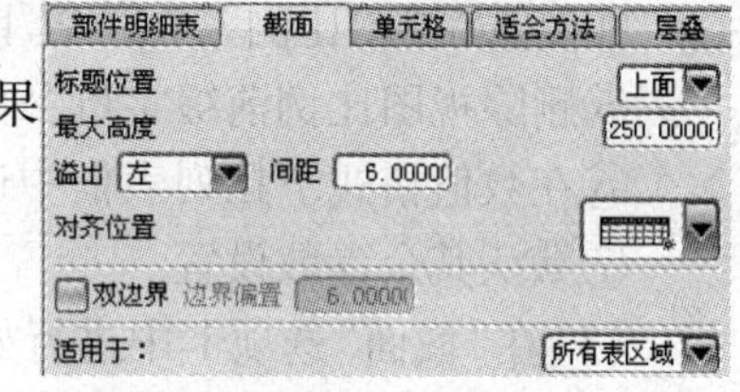

图 8.17 设置标题位置和对齐位置

③默认其余参数设置。

(10)单元格

让用户设置所选单元的形式。

(11)适合方法

让用户为单元设置适合方法样式。

8.2.3 剖切线首选项

设置定义新剖切线显示的首选项。单击图 8.4 所示的“制图首选项”工具条上的“剖切线首选项”图标按钮,弹出“剖切线首选项”对话框,在设置面板中进行如下设置:

①在标准下拉列表框中选择 GB 标准选项“ ”。

②在宽度下拉列表框中选择粗选项“ ”。

8.2.4 视图标签首选项

设置控制视图标签和视图比例标签显示的首选项。单击图 8.4 所示的“制图首选项”工具条上的“视图标签首选项”图标按钮,弹出“视图标签首选项”对话框。

(1)在“其他“选项卡中进行如下设置：

①复选“视图标签”,删除视图前缀字母“VIEW”,结果如图 8.18 所示。

②复选“视图比例”,在位置下拉列表框中选择“上面”。

③删除视图比例前缀字母“SCALE”。

④在数值格式下拉列表框中选择普通分数选项“x: y” 。

⑤默认其余参数设置。

结果如图 8.19 所示。

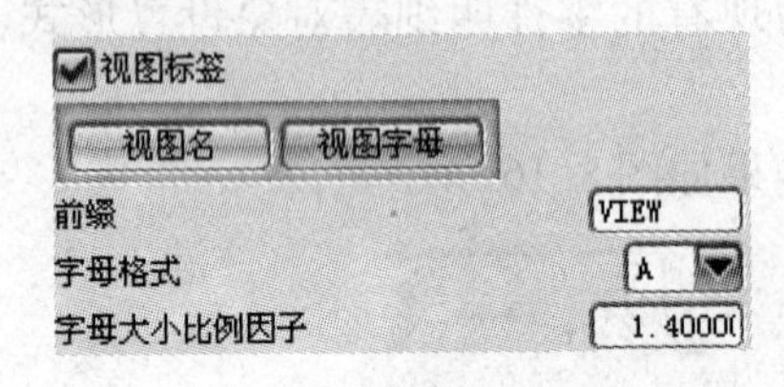

图 8.18　设置视图标签

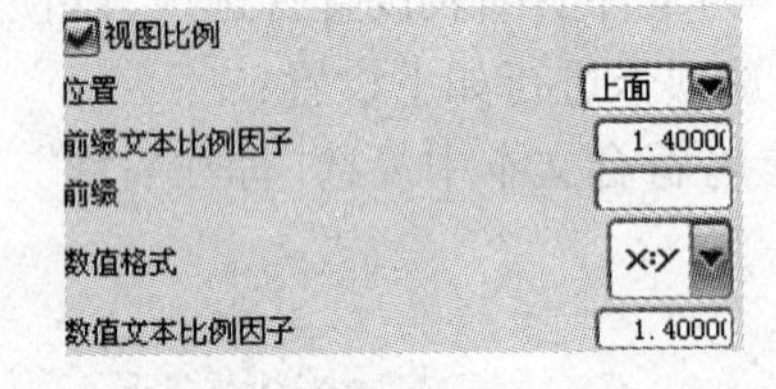

图 8.19　设置视图比例

(2)在“局部放大视图”选项卡中进行如下设置：

①复选“视图标签”,删除视图前缀字母“VIEW”。

②在父项上的标签下拉列表框中选择标签图标按钮“”。

③选择文本在短划线之上图标按钮“”。

④复选“视图比例”,在位置下拉列表框中选择“上面”。

⑤删除视图比例前缀字母“SCALE”。

⑥在数值格式下拉列表框中选择普通分数选项“x: y”。

⑦默认其余参数设置。

(3)在“截面”选项卡中进行如下设置：

①在位置下拉列表框中选择“上面”。

②复选“视图标签”,删除视图前缀字母“SECTION”。

③在字母格式下拉列表框中选择“A - A”。

结果如图 8.20 所示。

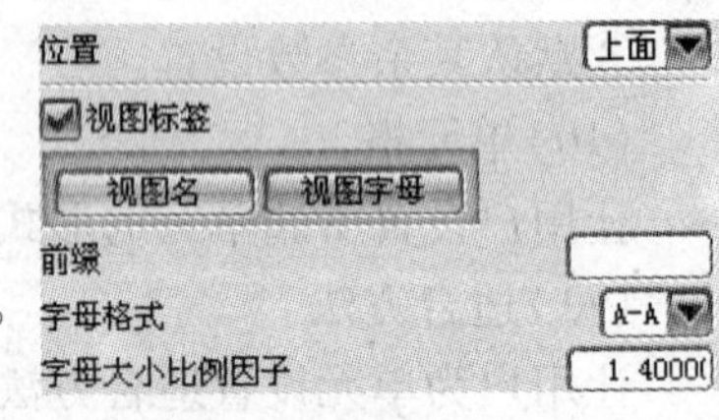

图 8.20　设置视图标签

单击“确定”按钮,结束视图标签首选项设置。

8.3　视图的创建

视图包括基本视图、投影视图、局部放大视图、半剖视图、旋转剖视图等。视图的创建通常通过菜单“插入→视图”选择相应的命令或通过单击图纸工具条上的图标按钮来实现。下面以“santongguan. prt”零件为例讲解视图的创建方法。

8.3.1　图纸页的创建

操作步骤：

(1)进入“制图”模块后,单击菜单“插入→图纸页”或视图工具栏上的“插入图纸页”

图标按钮，弹出“工作表”对话框，在大小面板中默认图纸采用“标准尺寸”，根据零部件选择合适的图纸规格和比例，如图 8.21 所示。

(2)在设置面板中设置单位为“毫米”，设置投影为“第一象限角投影”，结果如图8.22所示。单击“确定”按钮，完成工作表的设置。

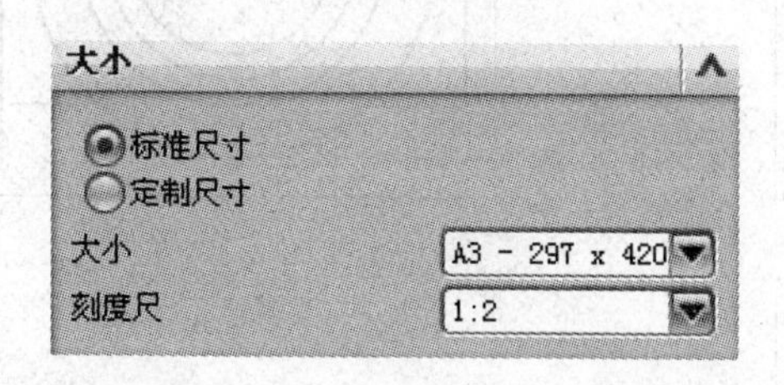

图 8.21 设置图纸大小和比例

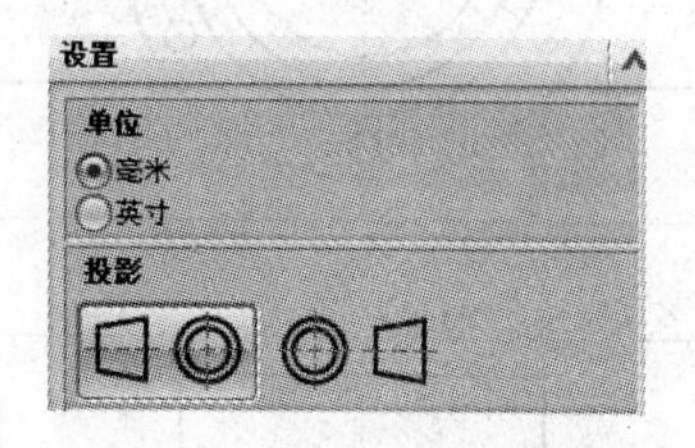

图 8.22 设置单位和投影

8.3.2 基本视图的创建

完成工作表的设置后，单击菜单“插入→视图→基本视图”或单击视图工具栏上的“基本视图”图标按钮，弹出“基本视图”对话框，在部件面板中单击打开图标按钮“ ”，选择加载前面创建的部件“santongguan”，在模型视图面板上设定视图的方向，在基本视图方向下拉列表框中选择右视图方向“RIGHT”，选择一个合适的比例，刻度尺(比例)默认 1∶1，还可以通过“定向视图工具”进行编辑，在鼠标指针上有一个矩形框，该矩形框就是放置视图的。在图纸上用鼠标将矩形框拖到合适的位置，单击鼠标左键，即可在选择点创建一个基本视图，结果如图 8.23 所示。

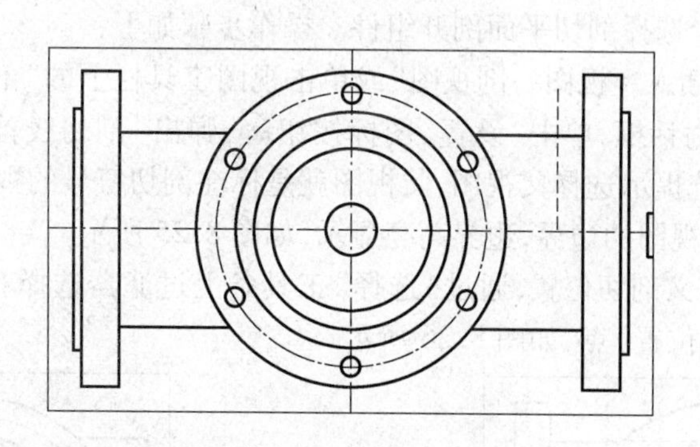

图 8.23 创建一个基本视图

8.3.3 投影视图的创建

单击菜单“插入→视图→投影视图”或单击视图工具栏上的“投影视图”图标按钮，在基本视图中心处出现一个红色的投影箭头，方便建立其他视图，并保证视图之间长对正、高平齐、宽相等要求，如图 8.24 所示。

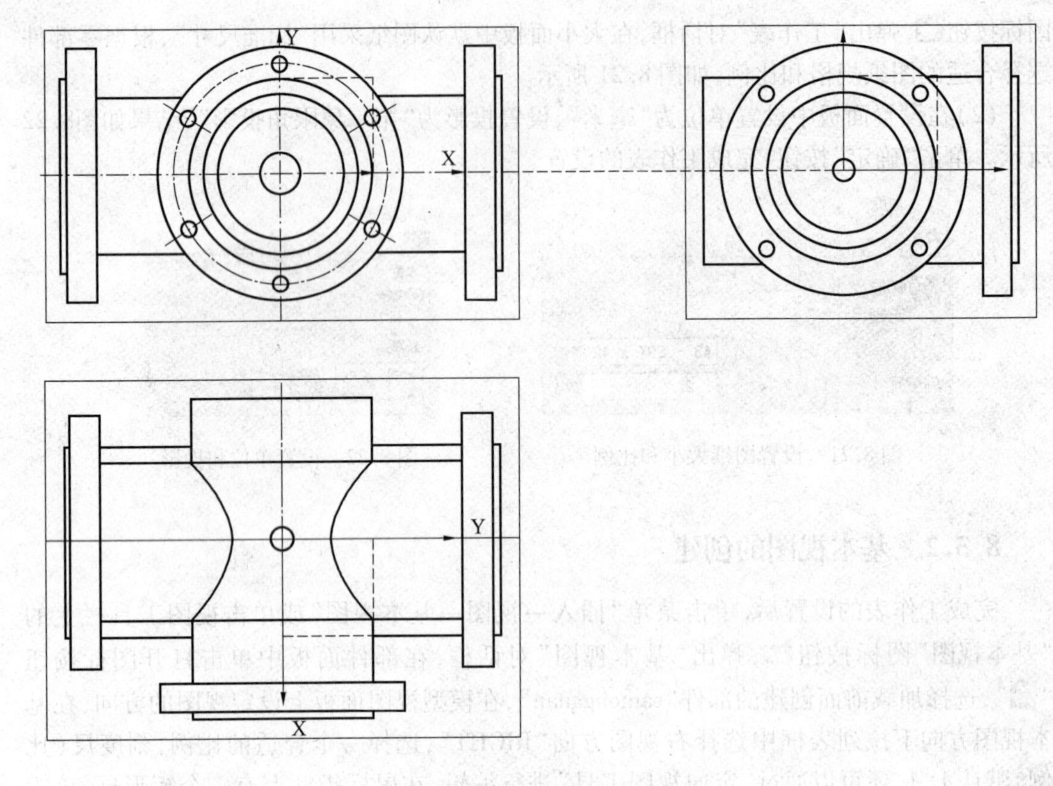

图 8.24　创建投影视图

8.3.4　剖视图的创建

剖视图通过一个选择剖切平面剖开组件。操作步骤如下：

(1)单击菜单“插入→视图→剖视图”或单击视图工具栏上的“剖视图”图标按钮，系统弹出“剖视图”对话框，单击“设置”图标按钮，弹出“剖切线首选项”对话框，对剖切线进行设置。系统提示选择父视图，父视图就是标注剖切符号的视图，选择合适的视图作为父视图，单击父视图的边界，边界高亮显示，如图 8.25 所示。

(2)系统提示定义剖切位置，通过“选择”工具条上过滤器选择右视图的圆心作为选择折页线位置(剖切位置)点，如图 8.26 所示。

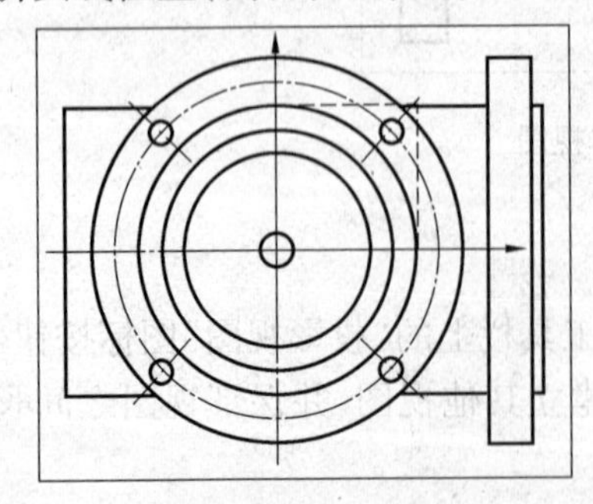

图 8.25　选择父视图

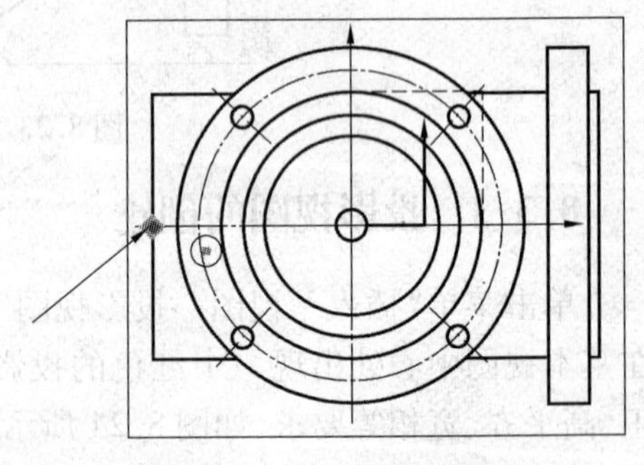

图 8.26　选择剖切位置点

(3)定义投影方向,移动鼠标选择视图位置点,单击即可在选择点创建一个剖视图,如图 8.27 所示。

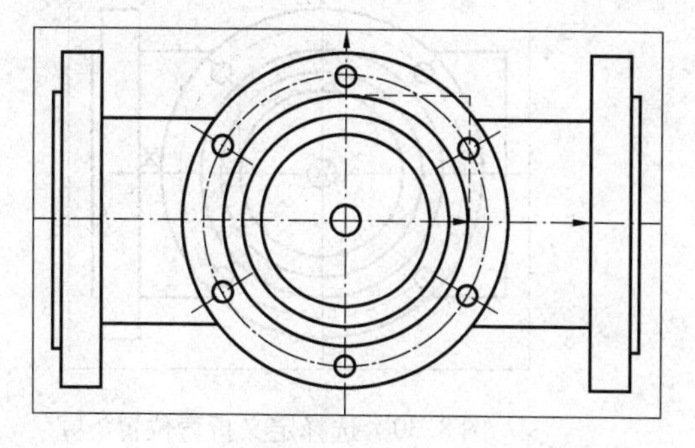

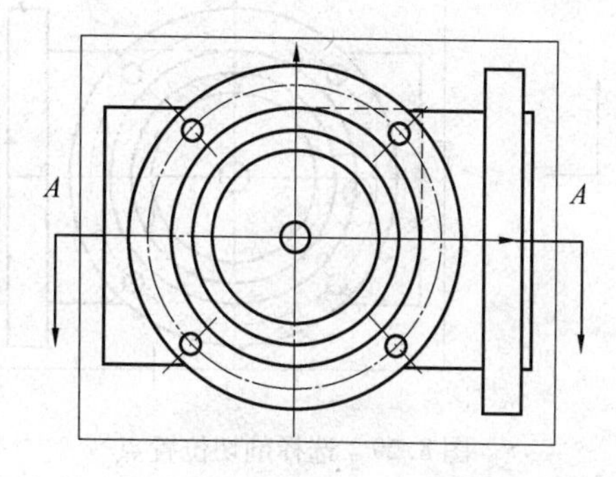

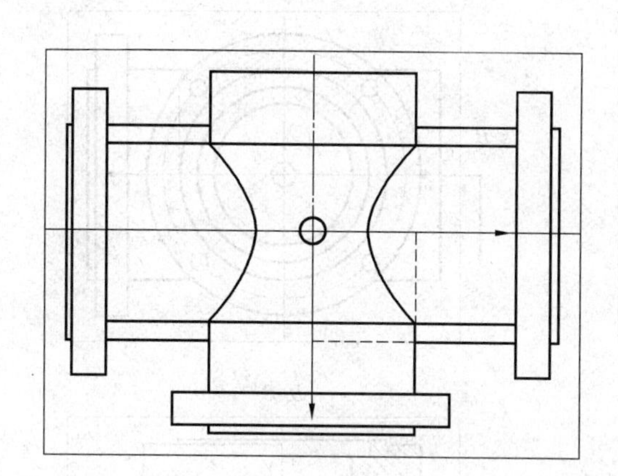

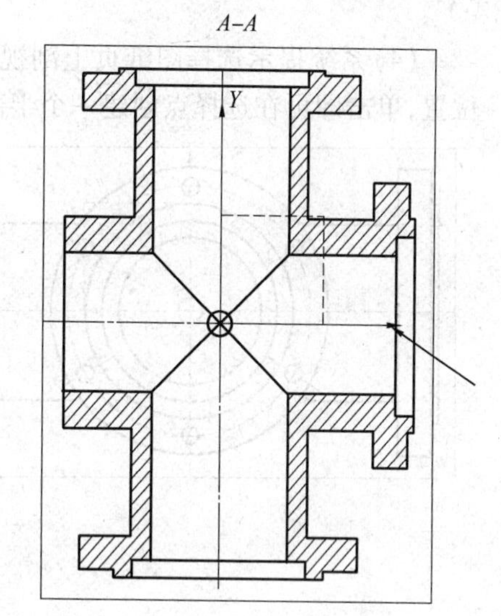

图 8.27　生成剖视图

8.3.5　半剖视图的创建

当零部件有对称平面,向垂直于对称平面的方向投影时,以对称中心线为界,一半画成剖视图,另一半画成视图。操作步骤如下:

(1)单击菜单“插入→视图→半剖视图”或单击视图工具栏上的“半剖视图”图标按钮,系统弹出“半剖视图”对话框,系统提示选择父视图,单击父视图的边界,边界高亮显示,如图 8.28 所示。

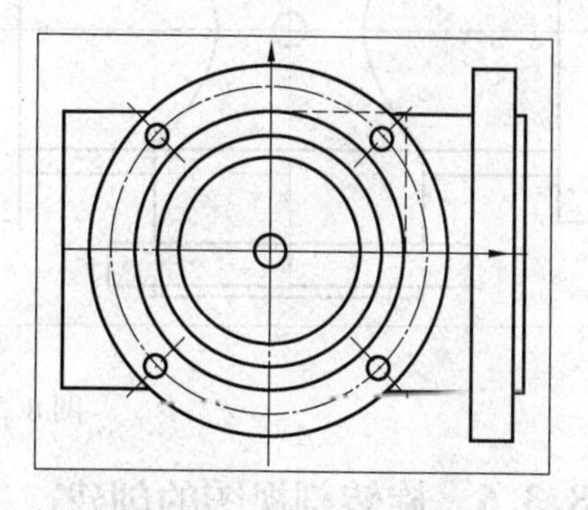

图 8.28　选择父视图

(2)系统提示定义剖切位置,通过“选择”工具条上过滤器选择右视图的圆心作为剖切位置,如图 8.29 所示。

(3)系统提示定义折弯位置,选择圆弧

中心作为折弯位置,如图 8.30 所示。

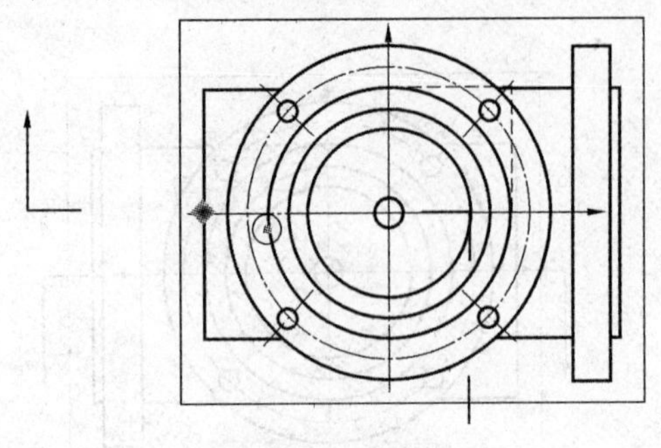

图 8.29　选择剖切位置点

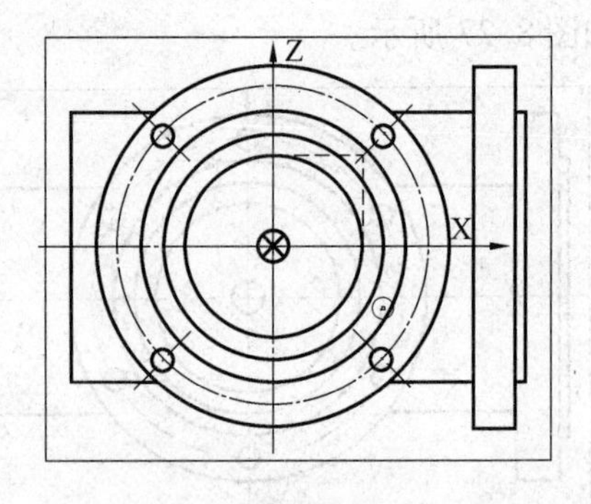

图 8.30　选择定义折弯位置

(4)系统提示选择图纸页上剖视图的中心,定义投影方向,移动鼠标选择合适的放置位置,单击即可在选择点创建一个半剖视图,如图 8.31 所示。

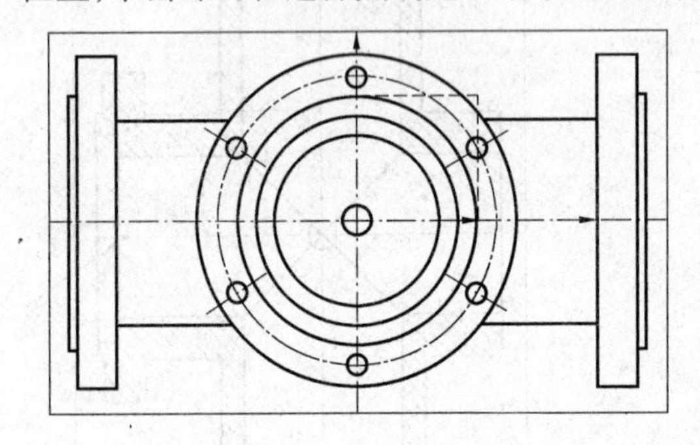

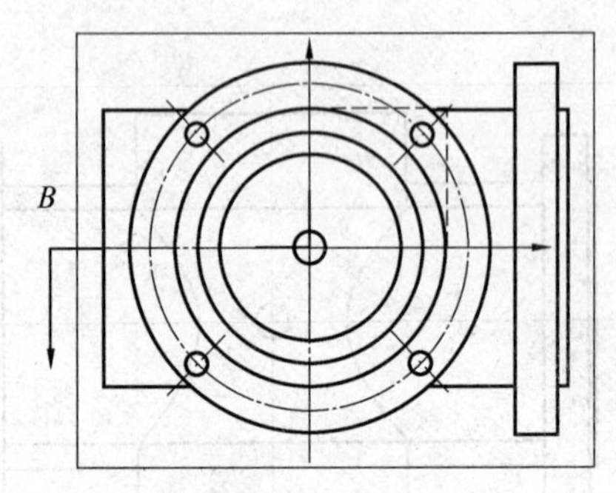

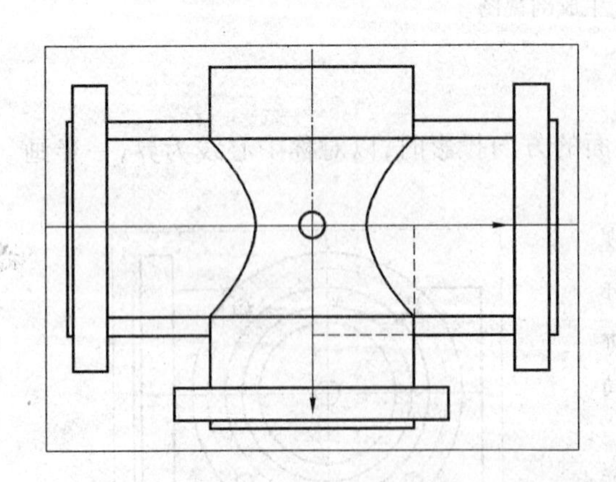

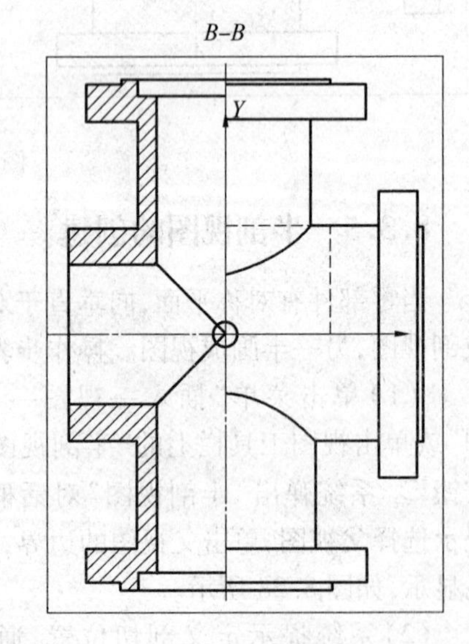

图 8.31　生成半剖视图

8.3.6　旋转剖视图的创建

旋转剖视图主要用于旋转体投影剖视图,当模型特征无法以直角剖面来表达时,可

以使用旋转剖,将剖切面旋转一个角度,然后在投影方向上进行投影。操作步骤如下:

(1)单击菜单“插入→视图→旋转剖视图”或单击视图工具栏上的“旋转剖视图”图标按钮,系统弹出“旋转剖视图”对话框,系统提示选择父视图,单击父视图的边界,边界高亮显示,如图8.32所示。

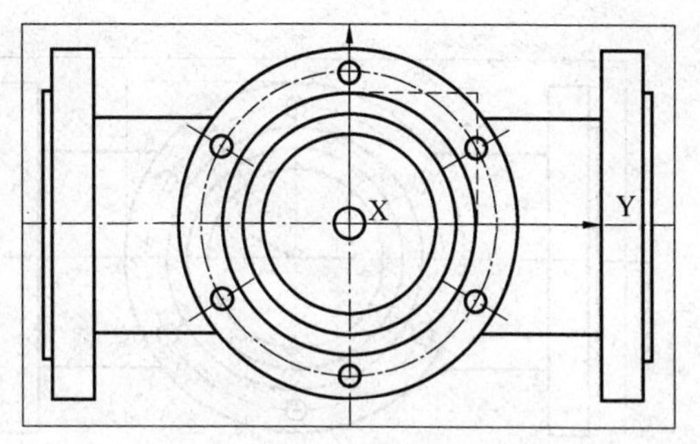

图8.32　选择父视图

(2)系统提示定义旋转点,通过“选择”工具条上过滤器选择父视图的圆心作为剖切位置,如图8.33所示。

(3)系统提示定义段的新位置,选择圆弧中心作为第一条剖切段位置,如图8.34所示。

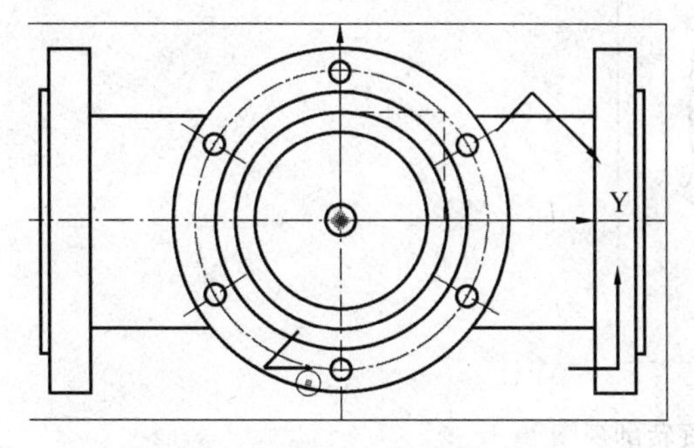

图8.33　定义旋转点

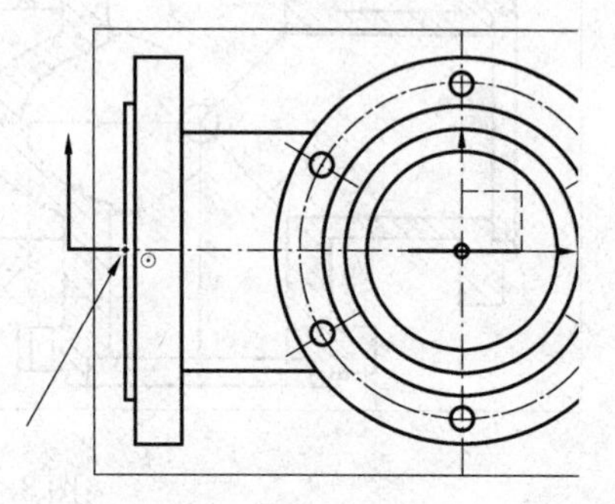

图8.34　定义段的新位置

(4)系统提示定义段的新位置,选择孔的圆心作为第二条剖切段位置,如图8.35所示。

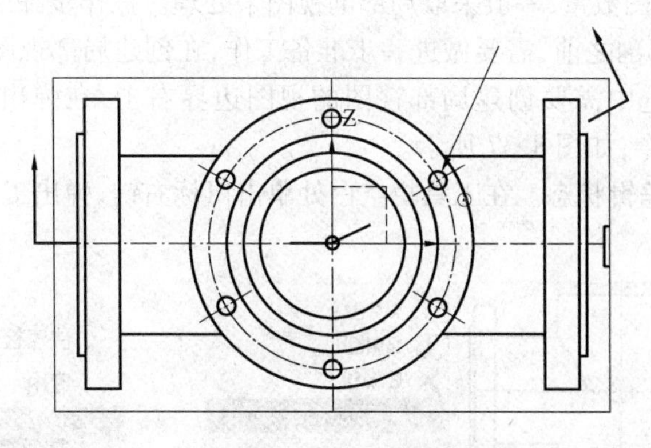

图8.35　定义段的新位置

(5)系统提示选择图纸页上剖视图的中心,定义投影方向,移动鼠标选择合适的放置位置,单击即可在选择点创建一个旋转剖视图,如图8.36所示。

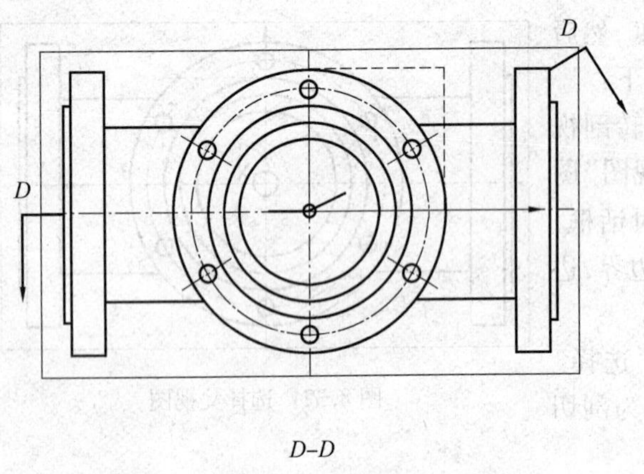

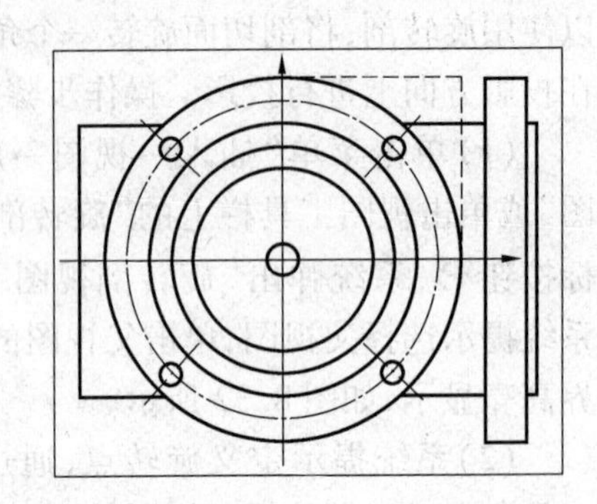

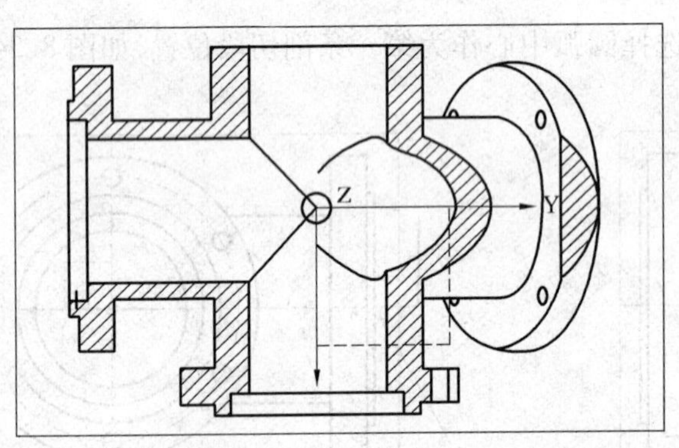

图 8.36　生成旋转剖视图

8.3.7　局部剖视图的创建

在绘制工程图时,有时需要把零部件一些局部特征表达清楚,可能需要增加一个或多个视图,为了减少视图数量,一般采取局部剖视图来处理。操作步骤如下:

(1)在进行局部剖之前,需要做进一步准备工作,在创建局部视图的视图上创建一个局部剖视图边界。选中需要创建局部视图的视图边界右击,在弹出的快捷菜单中选择"扩展成员视图"命令,如图 8.37 所示。

进入成员视图编辑状态。在工具栏空白处单击鼠标右键,弹出工具栏菜单,如图8.38 所示。

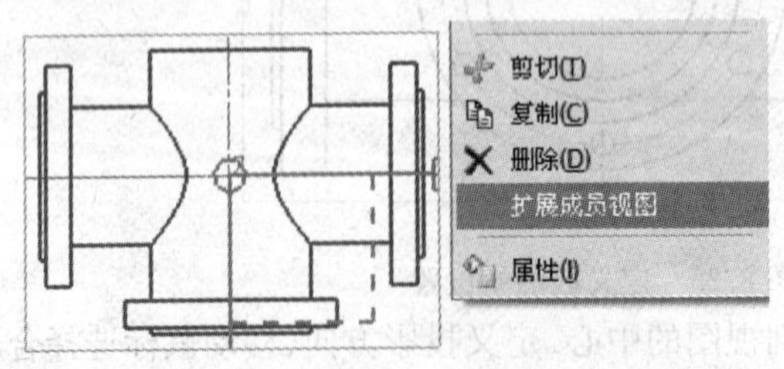

图 8.37　选择"扩展成员视图"命令

图 8.38　工具栏菜单

选择“曲线”，弹出“曲线”工具条，如图 8.39 所示。

选择“基本曲线”图标按钮，弹出“基本曲线”对话框，如图 8.40 所示，选择绘制“圆”图标按钮，系统提示选择圆心，选择局部剖的位置单击鼠标，绘制一个圆，如图 8.41所示。单击“取消”按钮，完成局部剖边界曲线的绘制。在视图边界右击，在弹出的快捷菜单中选择“扩展成员视图”命令，恢复到制图状态。

图 8.39 “曲线”工具条

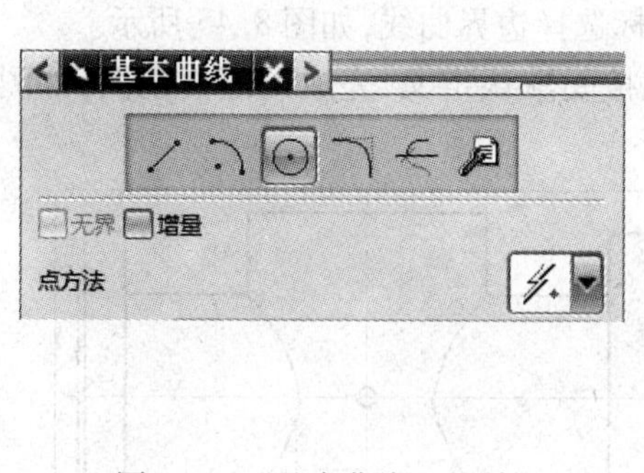

图 8.40 “基本曲线”对话框

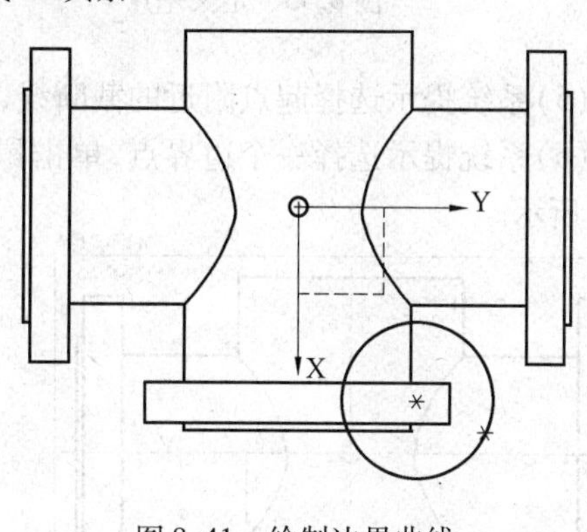

图 8.41 绘制边界曲线

(2)单击菜单“插入→视图→局部剖视图”或单击视图工具栏上的“局部剖视图”图标按钮，系统弹出“局部剖视图”对话框，系统提示选择一个生成局部剖的视图，单击视图的边界，边界高亮显示，如图 8.42 所示。

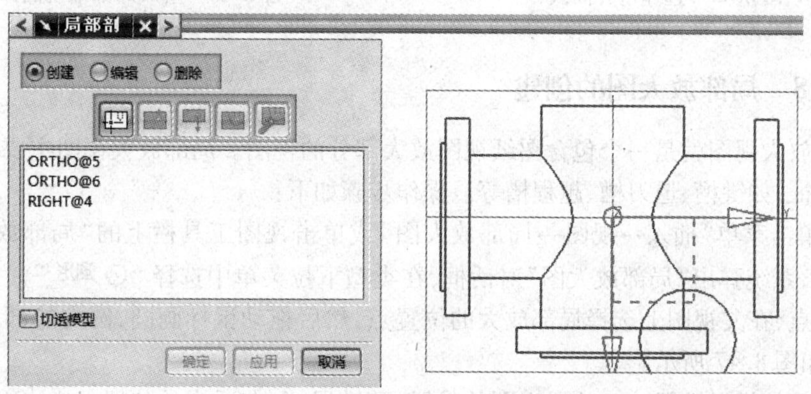

图 8.42 单击视图的边界

(3)系统提示定义基点，选择孔中心，如图 8.43 所示。

(4)系统提示定义拉伸矢量或接受默认定义并默认，如图 8.44 所示，单击鼠标中键确定。

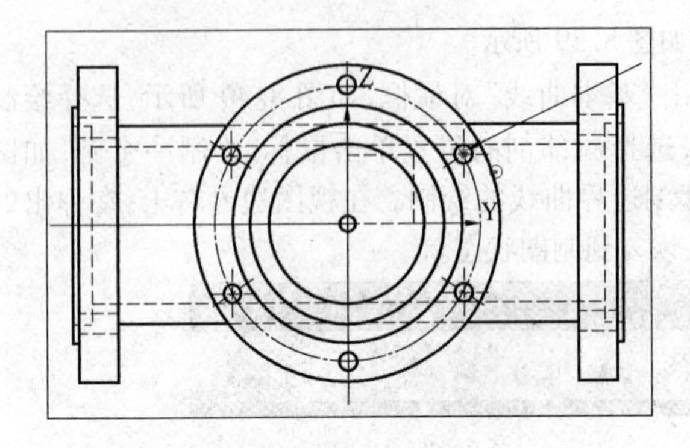

图 8.43　定义基点

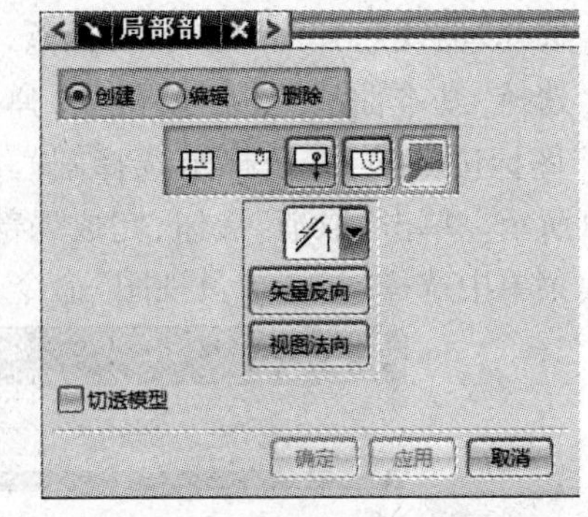

图 8.44　定义拉伸矢量

(5)系统提示选择起点附近的截断线,移动鼠标选择边界曲线,如图 8.45 所示。

(6)系统提示选择一个边界点,单击鼠标中键接受默认定义,完成局部剖视图,如图 8.46 所示。

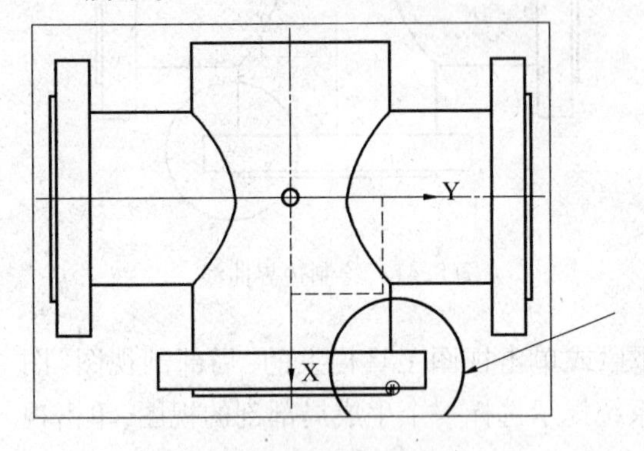

图 8.45　选择边界曲线

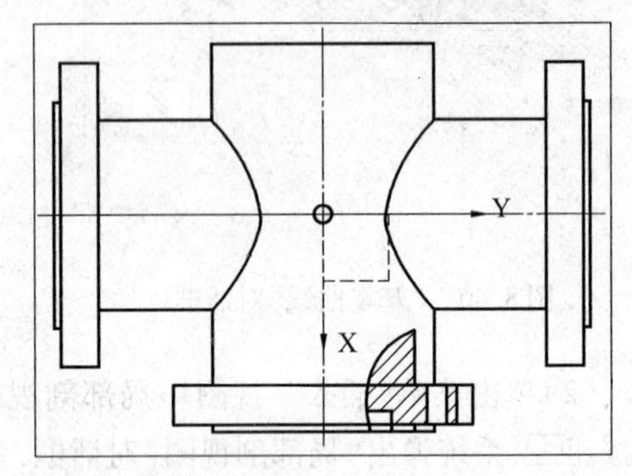

图 8.46　生成局部剖视图

8.3.8　局部放大图的创建

局部放大视图就是一个包含图纸视图放大部分的视图。局部放大视图主要针对细小的局部特征,如键槽、退刀槽、越程槽等。操作步骤如下:

(1)单击菜单"插入→视图→局部放大图"或单击视图工具栏上的"局部放大图"图标按钮,系统弹出"局部放大图"对话框,在类型下拉菜单中选择"圆形"。系统提示指定中心点,在父视图上选择局部放大的位置点,然后拖动鼠标画圆,圆内的部分即为放大部分,如图 8.47 所示。

(2)系统提示选择一个放置视图的位置,移动鼠标,在适当的位置单击,创建局部放大图,如图 8.48 所示。

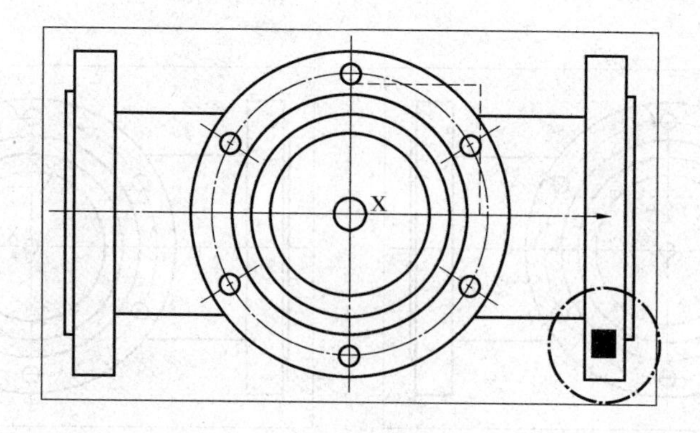

图 8.47　生成局部放大边界

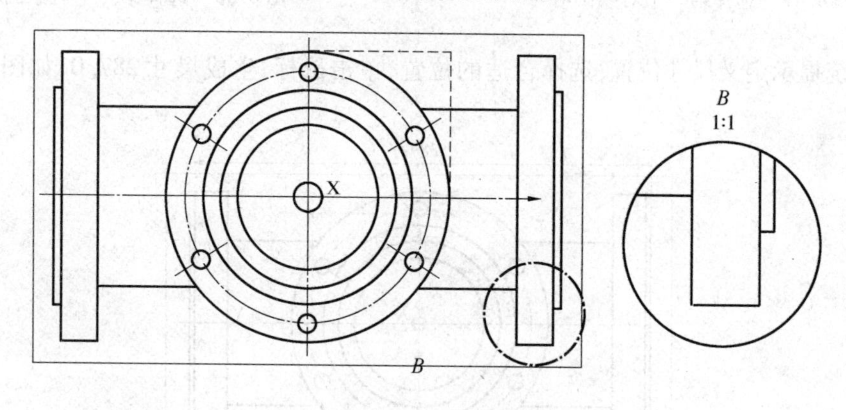

图 8.48　生成局部放大图

8.4　工程图的标注

工程图的标注是反应零件尺寸和公差信息的最重要的方式，利用标注功能，用户可以向工程图中添加尺寸、形位功能、实用符号和文本注释等内容。另外，为了清楚地表达视图含义和便于尺寸标注，在绘制工程图的过程中，还经常需要标注一些制图对象，如中心线、用户自定义符号、标识符号等。下面以“santongguan. prt”零件为例讲解视图的标注方法。

8.4.1　尺寸标注

UGNX6.0 提供的尺寸标注功能十分强大，标注尺寸对象与视图相关，与设计模型相关，模型修改后，尺寸数据自动更新。操作步骤如下：

(1)创建水平尺寸，即在两点间创建一个水平尺寸。进入“制图”模块，创建基本视图、投影视图或剖视图之后，单击菜单“插入→尺寸”或尺寸工具栏上的“自动判断”图标按钮，弹出“自动判断的尺寸”对话框，系统提示为自动判断尺寸选择第一个对象或双击进行编辑，选择第一个对象圆心，如图 8.49 所示。

系统提示选择自动判断尺寸或位置尺寸的第二个对象，选择第二个对象圆心，如图

8.50 所示。

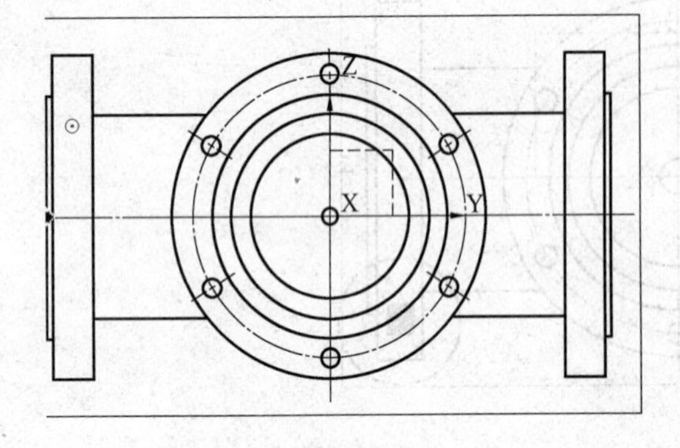

图 8.49 选择第一个对象圆心

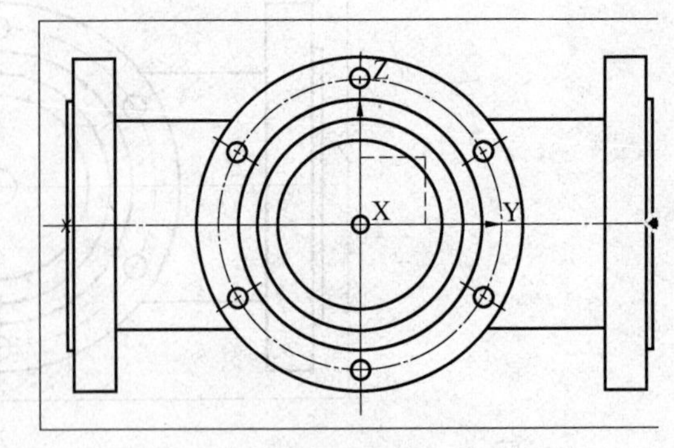

图 8.50 选择第二个对象圆心

系统提示定义尺寸位置,选择合适的位置,单击鼠标,生成尺寸 287.0,如图 8.51 所示。

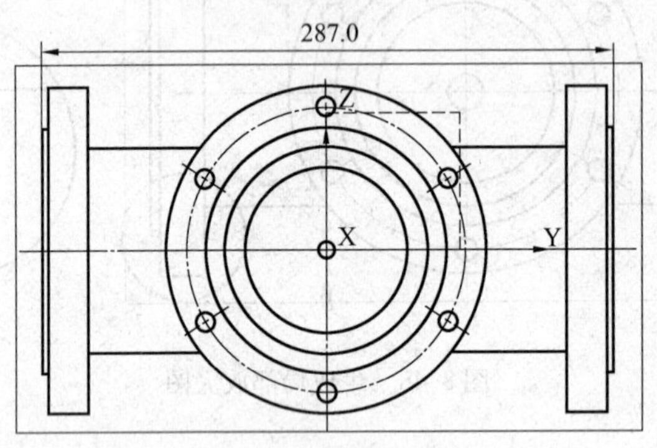

图 8.51 生成尺寸

(2)编辑尺寸。在"自动变化的尺寸"中名义尺寸下拉菜单中选择"0",将小数点后一位抹去,保留整数部分,如图 8.52 所示。

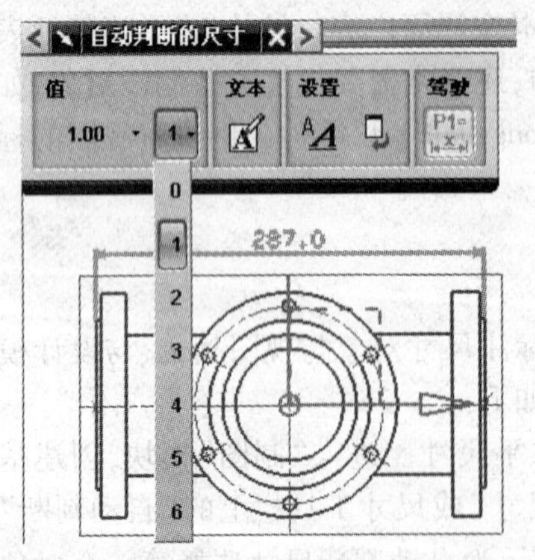

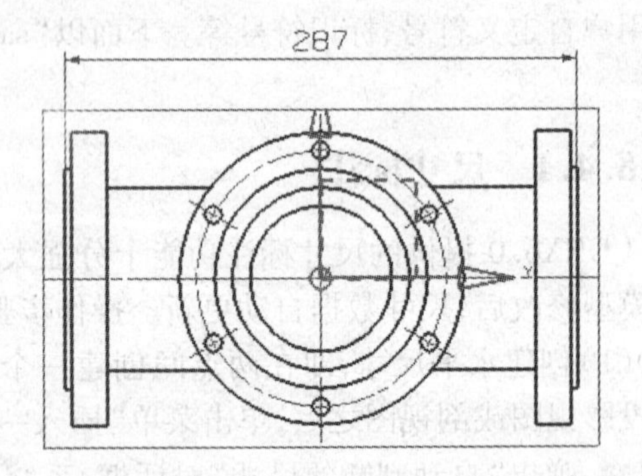

图 8.52 标注水平尺寸

(3)添加公差。将鼠标放到尺寸线上,单击鼠标右键,弹出快捷菜单,选择“公差类型→**1.00 ±.05** ”,如图 8.53 所示。

生成公差,结果如图 8.54 所示。

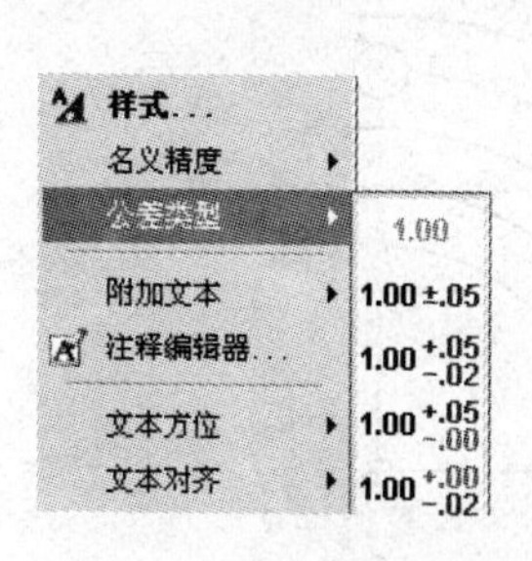

图 8.53　选择公差类型

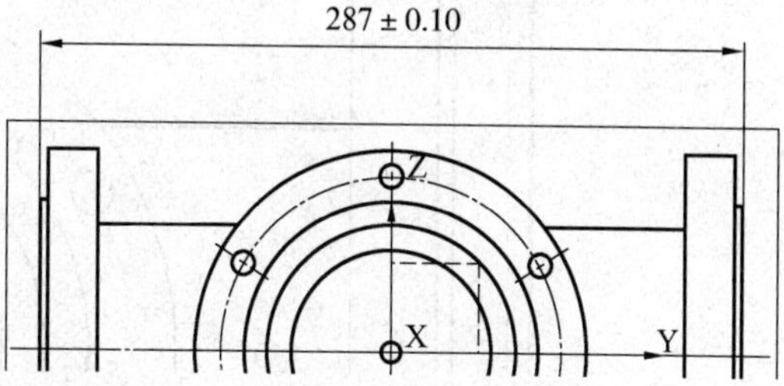

图 8.54　添加公差

(4)编辑公差。将鼠标放到尺寸线上,双击鼠标左键,弹出“编辑尺寸”对话框,在公差活动文本框中设置“0.05”,如图 8.55 所示。

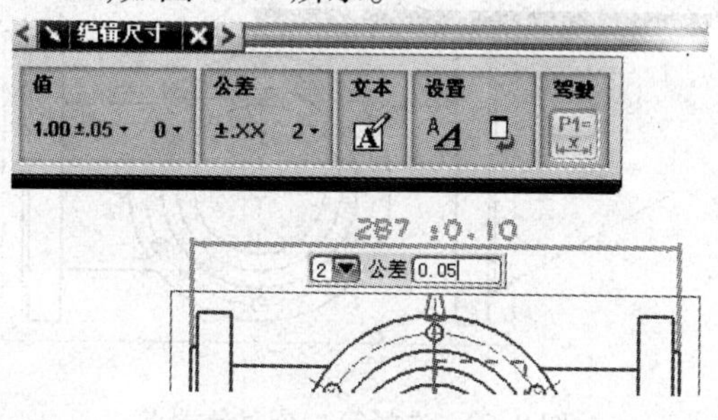

图 8.55　编辑公差

单击鼠标中键结束编辑,如图 8.56 所示。

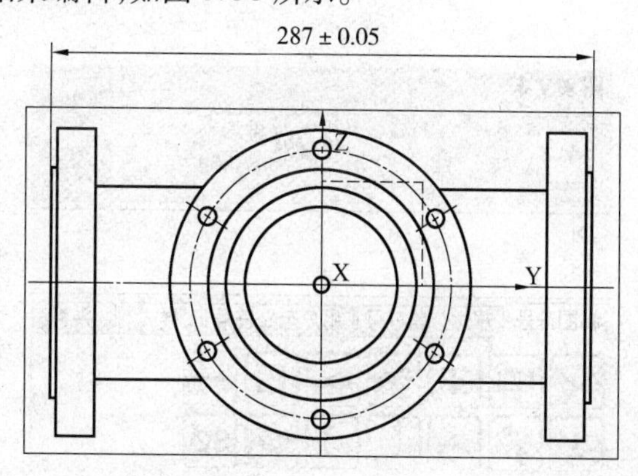

图 8.56　结束编辑

(5)创建竖直尺寸,即在两点间创建一个竖直尺寸。单击菜单“插入→尺寸→竖直”或单击尺寸工具栏上的“竖直”图标按钮,弹出“竖直尺寸”对话框,系统提示为竖直尺寸选择第一个对象或双击进行编辑,选择第一个对象端点,如图 8.57 所示。

系统提示选择竖直尺寸的第二个对象,选择第二个对象端点,如图 8.58 所示。

在“竖直尺寸”对话框中选择“注释编辑器”图标按钮,弹出“文本编辑器”对话框,

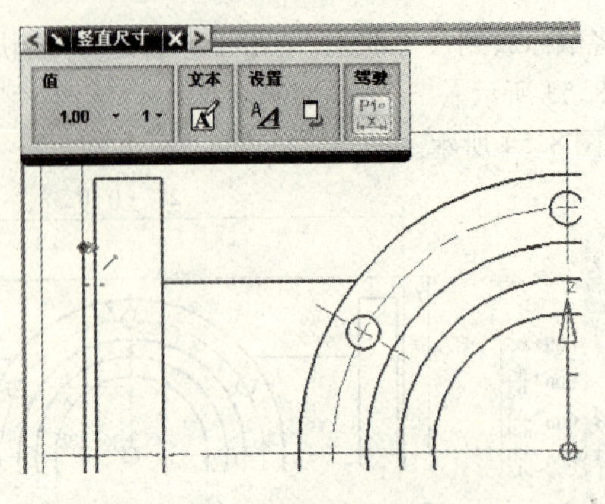

图 8.57　选择第一个对象端点

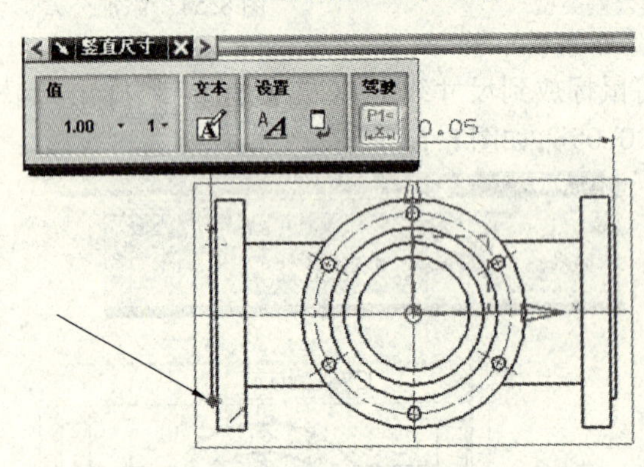

图 8.58　选择第二个对象端点

在“附加文本”中选择“在前面”图标按钮，在“制图符号”中选择“直径”图标按钮Ø，如图 8.59 所示。

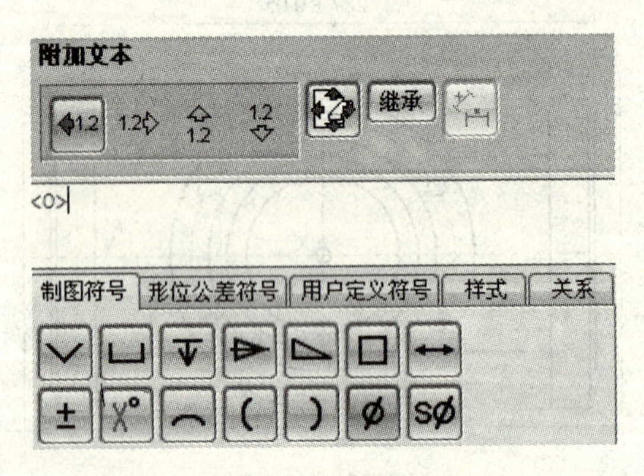

图 8.59　文本编辑器

单击确定按钮，在“竖直尺寸”对话框中选择“名义尺寸”下拉菜单中选择“0”，保留整数部分。系统提示定义尺寸位置，选择合适的位置，单击鼠标，生成尺寸 $\phi120$，如图 8.60所示。

(6)创建直径尺寸。单击菜单“插入→尺寸→直径”或单击尺寸工具栏上的“直径”

图标按钮，弹出“直径尺寸标注”对话框，系统提示为直径尺寸选择对象或双击进行编辑，选择对象，如图8.61所示。

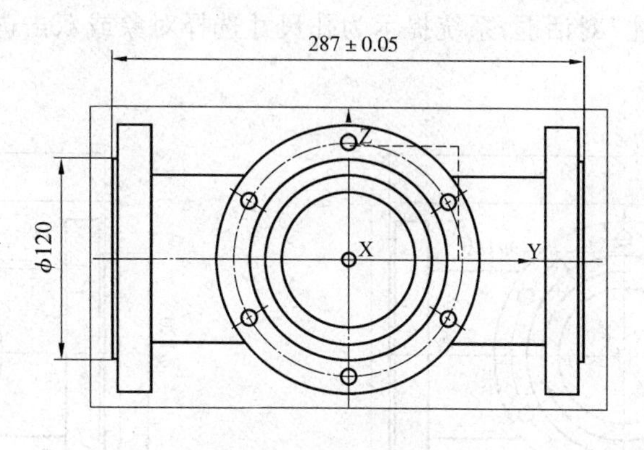

图8.60　标注竖直尺寸

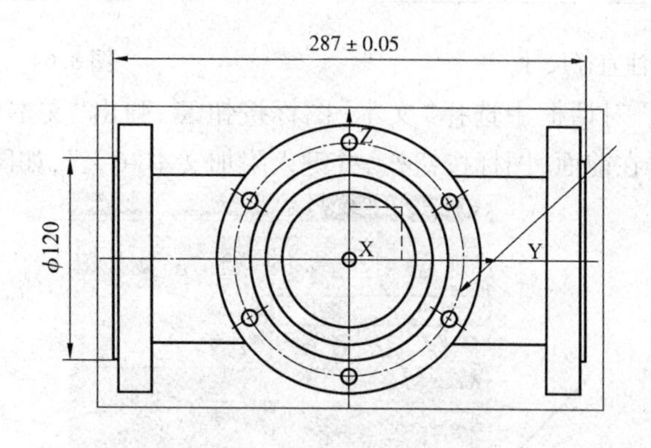

图8.61　选择对象

在“直径尺寸标注”对话框中选择“设置”图标按钮，弹出“尺寸样式”对话框，选择“尺寸”选项卡，在成角度的文本中选择“水平”图标按钮，在名义尺寸下拉菜单中选择“0”，如图8.62所示。

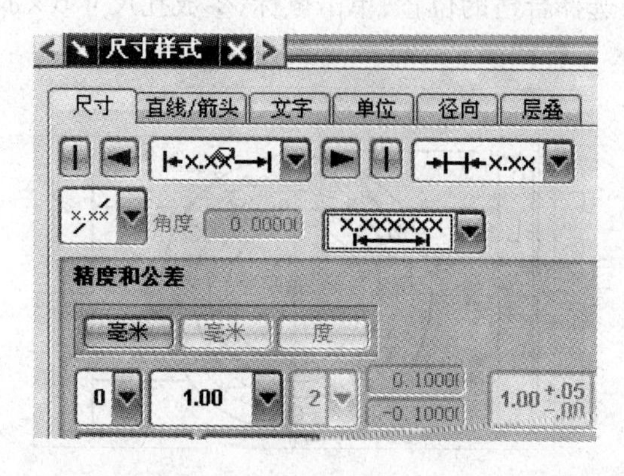

图8.62　设置直径尺寸标注

单击确定按钮，系统提示定义尺寸位置，选择合适的位置，单击鼠标，生成直径尺寸

ϕ140，如图 8.63 所示。

(7) 创建孔尺寸。单击菜单“插入→尺寸→孔”或单击尺寸工具栏上的“孔”图标按钮，弹出“孔尺寸标注”对话框，系统提示为孔尺寸选择对象或双击进行编辑，选择对象，如图 8.64 所示。

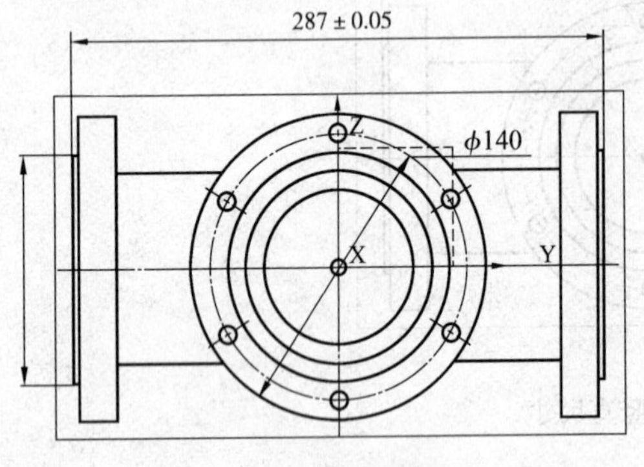

图 8.63　标注直径尺寸

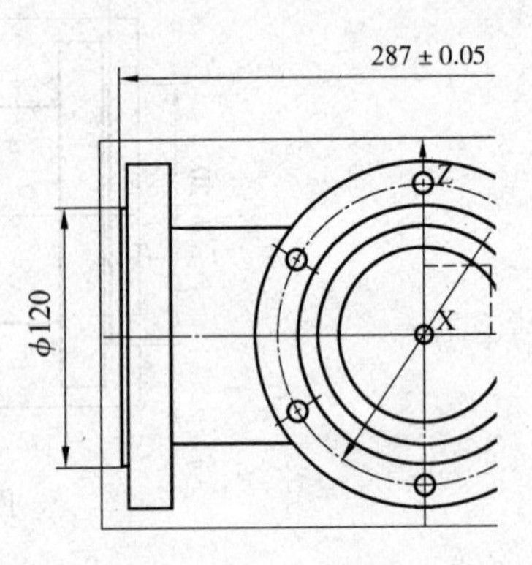

图 8.64　选择对象

在“孔尺寸标注”对话框中选择“文本”图标按钮，弹出“文本编辑器”对话框，在“附加文本”中选择“在前面”图标按钮，并键入附加文本“6 ×”，如图 8.65 所示。

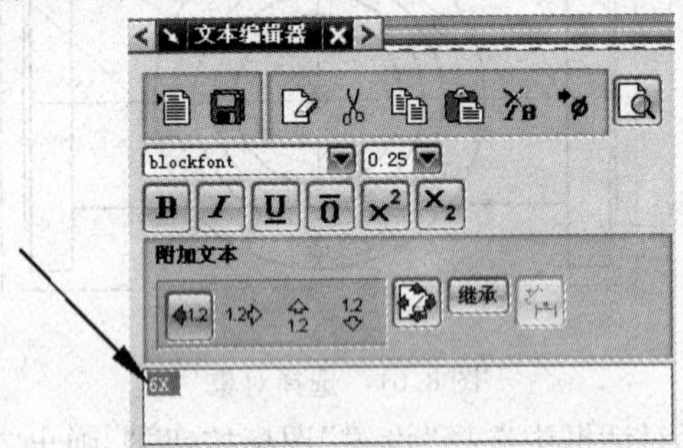

图 8.65　文本编辑器

单击确定按钮，在“孔尺寸标注”对话框中进行“名义尺寸”和“尺寸样式”设置。系统提示定义尺寸位置，选择合适的位置，单击鼠标，生成孔尺寸 6 × ϕ10，如图 8.66 所示。

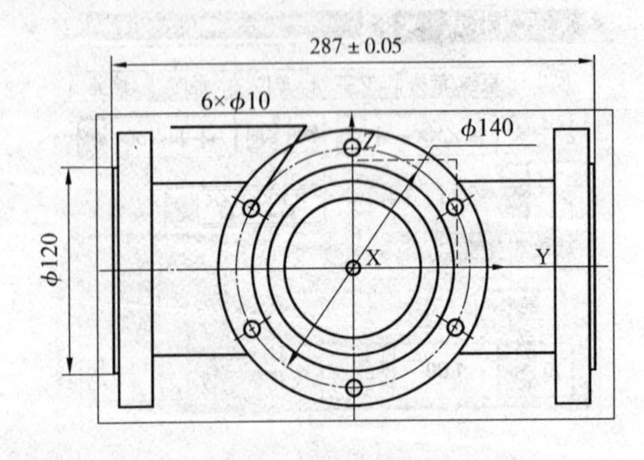

图 8.66　标注孔尺寸

8.4.2　形位公差标注

形位公差标注是将几何尺寸和公差符号组合在一起形成的组合标注，它用于表示标注对象相对于参考对象的形状和位置关系，通过选择形位公差框架、符号和字符，指出引出点和基准即可。

在图中标注形位公差时首先单击“开始单框”按钮，再单击形位公差符号按钮，输入公差数值，如果标注的是位置公差，再选择基准符号。

标注圆柱的同轴度为 ϕ0.025，操作步骤如下：

(1)单击菜单“插入→注释”或尺寸工具栏上的“注释”图标按钮，弹出“注释”对话框。在指引线面板中，在类型下拉列表框中选择“普通”，箭头样式下拉列表框中选择“填充的箭头”，如图 8.67 所示。

(2)在文本输入面板中，在类别下拉列表框中选择“形位公差”，在标准下拉列表框中选择“ISO 1101 1983”，如图 8.68 所示。

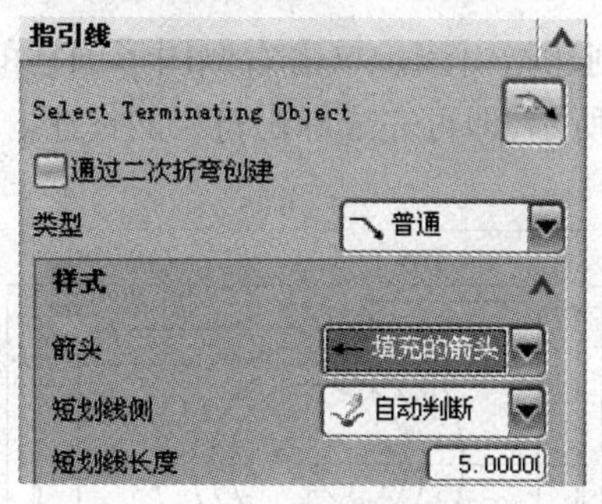

图 8.67　设置指引线参数

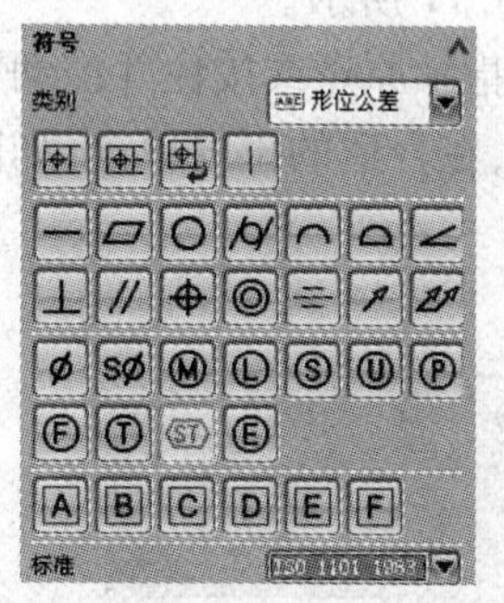

图 8.68　设置形位公差参数

(3)单击“插入单特征控制框”图标按钮，再单击“同轴度”符号按钮，再单击“直径”图标按钮，输入公差“0.025”，最后单击“插入框分割线”图标按钮，如图 8.69 所示。

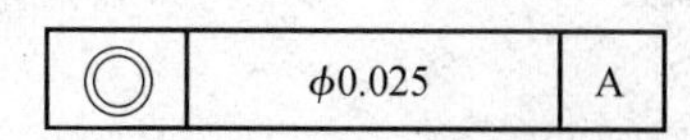

图 8.69　设置形位公差参数

(4)系统提示指示原点或按住并拖动对象以创建指引线。单击图形圆柱的边线，按住并拖动鼠标，在合适的位置单击，如图 8.70 所示，即可完成形位公差的标注。

8.4.3　插入符号

在 UGNX6.0 工程图模块中，系统还提供了多种符号的标注功能，下面介绍一些常用的功能。

1. 标识符号的插入

单击菜单“插入→符号→标识符号”或单击注释工具栏上的“标识符号”图标按钮，弹出“标识符号”对话框。在类型下拉列表框中选择“○圆”；指引线类型下拉列表框中选

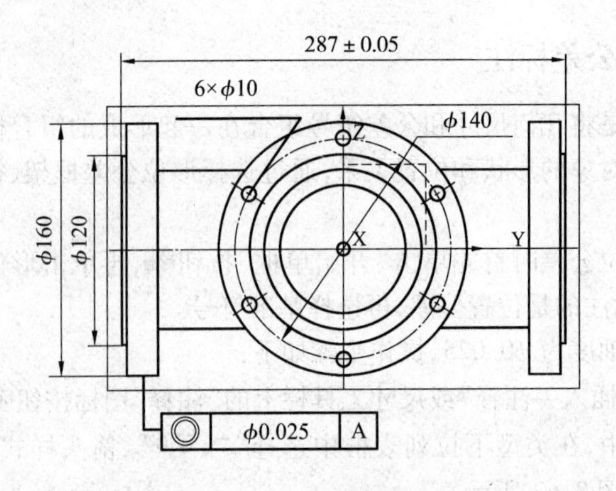

图 8.70　标注形位公差

择"无短划线";在箭头样式下拉列表框中选择"填充的箭头";在文本框中输入大写字母"C",如图 8.71 所示。

系统提示指示原点或按住并拖动对象以创建指引线。单击右侧图形圆柱的边线,按住并拖动鼠标,在合适的位置单击,如图 8.72 所示,即可完成标识符号的标注。

图 8.71　标识符号参数的设置

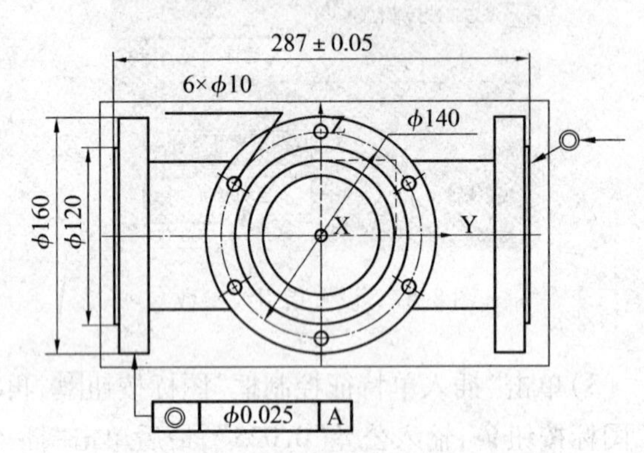

图 8.72　标识符号的插入

2. 基准特征符号的插入

单击菜单"插入→基准特征符号"或单击注释工具栏上的"基准特征符号"图标按钮,弹出"基准特征符号"对话框。在指引线类型下拉列表框中选择"基准";在箭头样式下拉列表框中选择"填充基准";在短划线侧下拉列表框中选择"自动判断";在文本框中输入大写字母"A",如图 8.73 所示。

系统提示指示原点或按住并拖动对象以创建指引线。单击图形圆柱的边线,按住并拖动鼠标,在合适的位置单击,如图 8.74 所示,即可完成基准特征符号的标注。

图 8.73 基准特征符号的设置

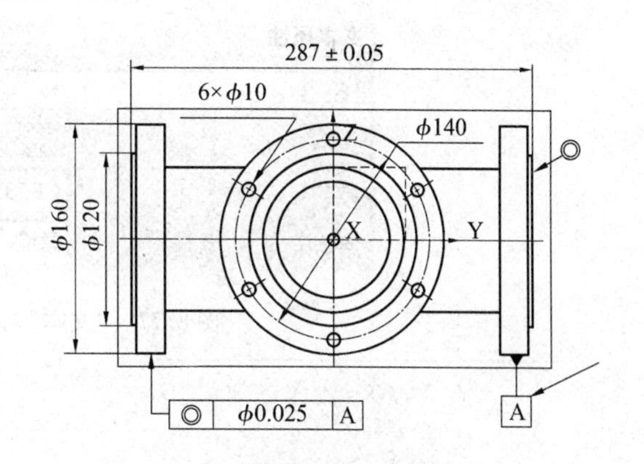

图 8.74 标识符号的插入

3. 表面粗糙度符号的插入

单击菜单"插入→符号→定制符号"或单击注释工具栏上的"定制符号"图标按钮，弹出"定制符号"对话框。在符号库下拉列表框中选择"NX Symbols"，即可进行表面粗糙度的标注。在弹出的符号库中选择所需要的表面粗糙度符号，如图 8.75 所示，即弹出表面粗糙度编辑对话框。

(1)设置角度

先单击"水平翻转"图标按钮，再单击"竖直翻转"图标按钮。在图上选择放置位置，如图 8.76 所示。

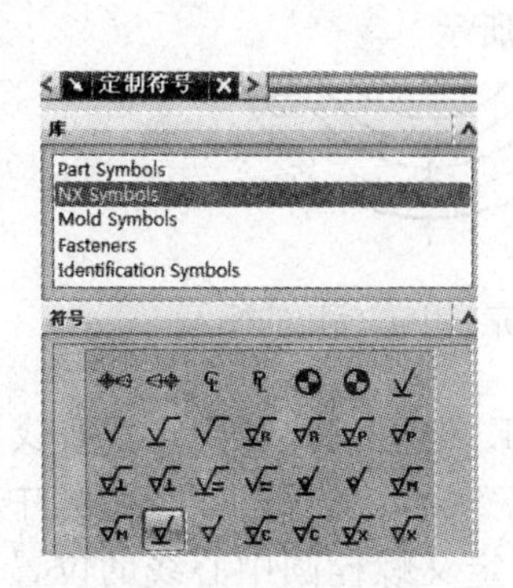

图 8.75 "定制符号"对话框

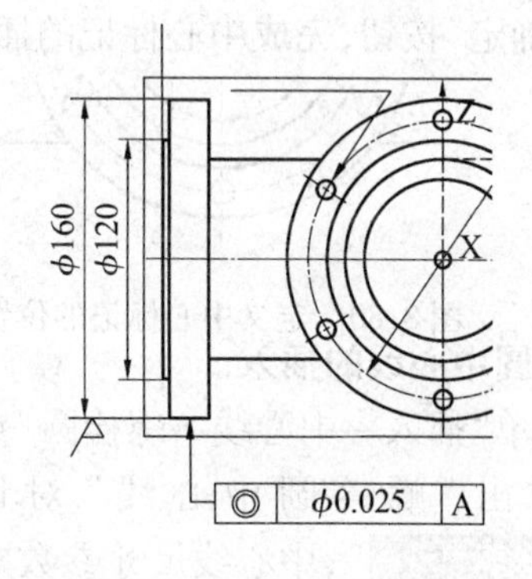

图 8.76 粗糙度符号的插入

(2)插入文本

单击菜单"插入→曲线→文本"或单击曲线工具栏上的"文本"图标按钮，弹出"文本"对话框。在文本框中输入"6.3"，在字体下拉列表框中选择"@仿宋_GB2312"，其余参数默认，如图 8.77 所示。

定位文本起点，在"锚点位置"下拉列表框中选择"左上"，在图中用鼠标左键按住锚点移动文本至指定位置，如图 8.78 所示。

单击"确定"按钮，完成插入文本如图 8.79 所示。

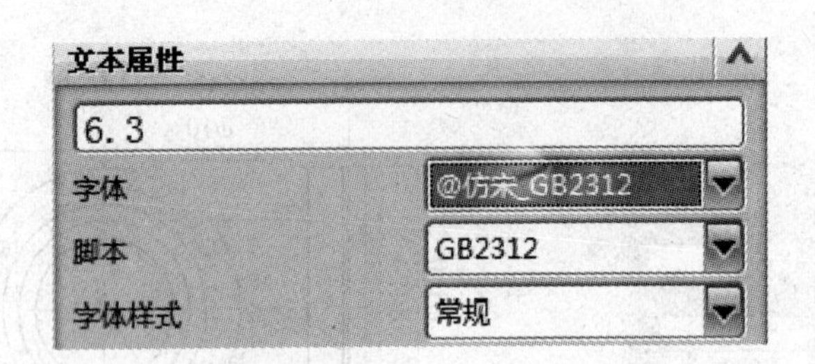

图 8.77 “文本”对话框

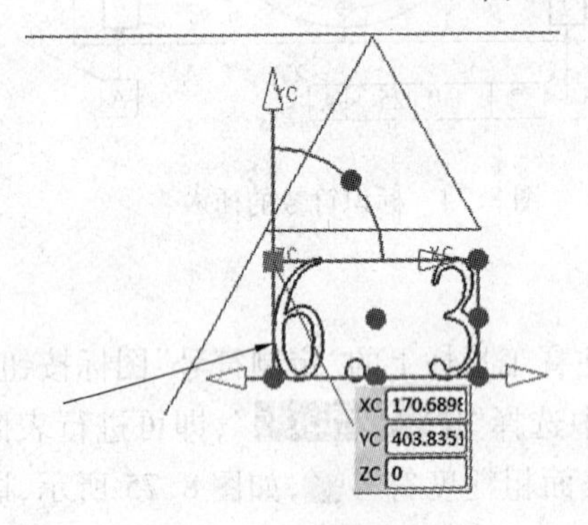

图 8.78 定位文本起点

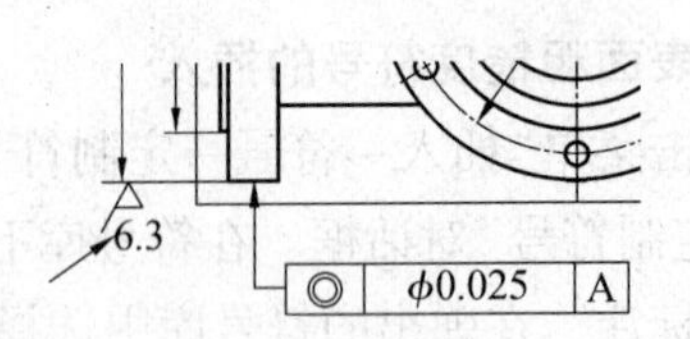

图 8.79 完成插入文本

4. 中心标记的插入

单击菜单“插入→中心线→中心标记”或单击中心线工具栏上的“中心标记”图标按钮，弹出“中心标记”对话框。系统提示定义中心标记的位置，选择圆弧，如图 8.80 所示。

单击“确定”按钮，完成中心标记的插入，如图 8.81 所示。

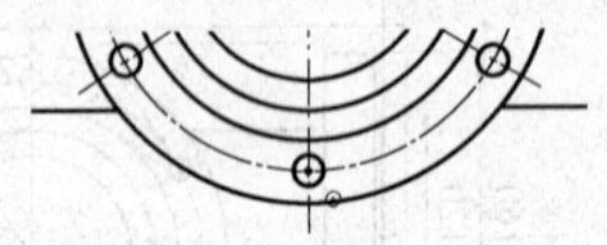

图 8.80 定义中心标记的位置　　图 8.81 完成中心标记的插入

5. 螺栓圆中心线的插入

单击菜单“插入→中心线→螺栓圆”或单击中心线工具栏上的“螺栓圆中心线”图标按钮，弹出“螺栓圆中心线”对话框。在中心线类型下拉列表框中选择“通过 3 个或更多点”，中心线尺寸参数默认，系统提示定义螺栓圆中心线的位置，选择圆弧 1，如图 8.82 所示。选择圆弧 2，如图 8.83 所示。

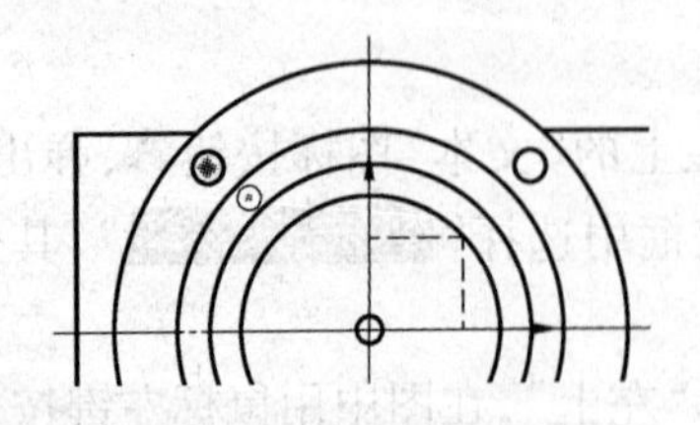

图 8.82 选择圆弧 1

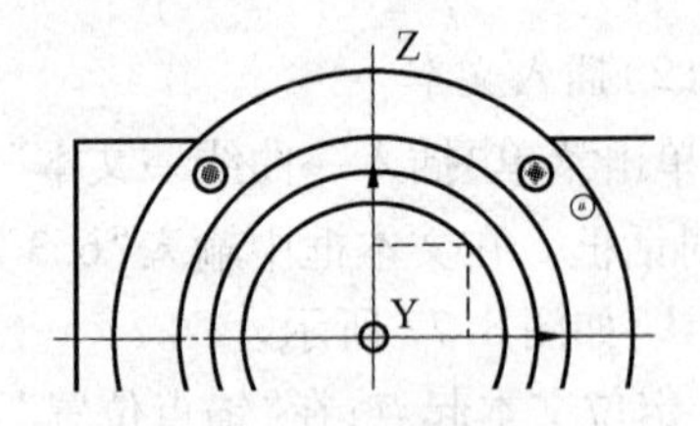

图 8.83 选择圆弧 2

选择圆弧3,如图8.84所示。

单击“确定”按钮,完成螺栓圆中心线的插入,结果如图8.85所示。

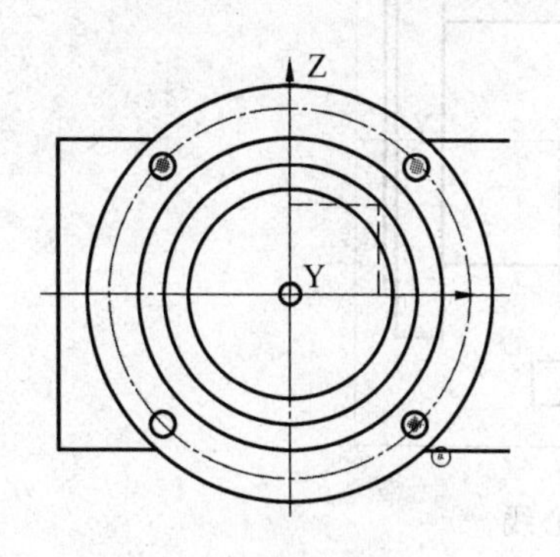

图8.84 选择圆弧3

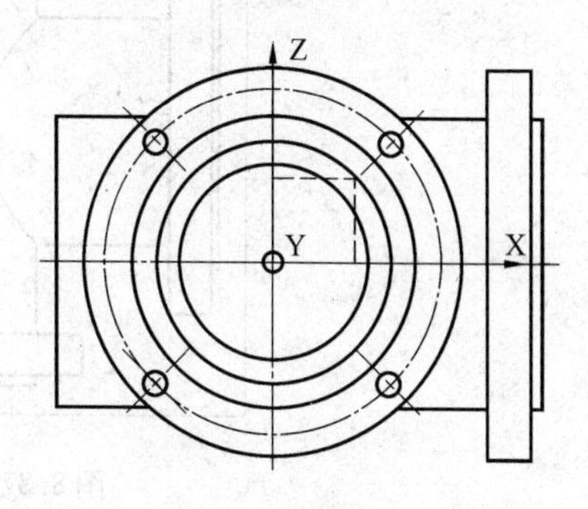

图8.85 生成螺栓圆中心线

6. 对称中心线的插入

单击菜单“插入→中心线→对称”或单击中心线工具栏上的“对称中心线”图标按钮,弹出“对称中心线”对话框。在中心线类型下拉列表框中选择“从面”,中心线尺寸参数默认,系统提示定义对称中心线的圆柱面,选择圆柱面,如图8.86所示。

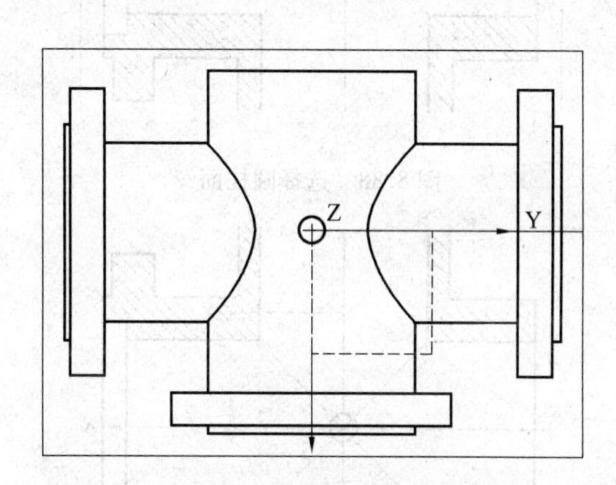

图8.86 选择圆柱面

单击“确定”按钮,完成对称中心线的插入,结果如图8.87所示。

7. 3D中心线的插入

单击菜单“插入→中心线→3D中心线”或单击中心线工具栏上的“3D中心线”图标按钮,弹出“3D中心线”对话框。系统提示选择面以定义中心线,选择圆柱面,如图8.88所示。

单击“确定”按钮,完成3D中心线的插入,结果如图8.89所示。

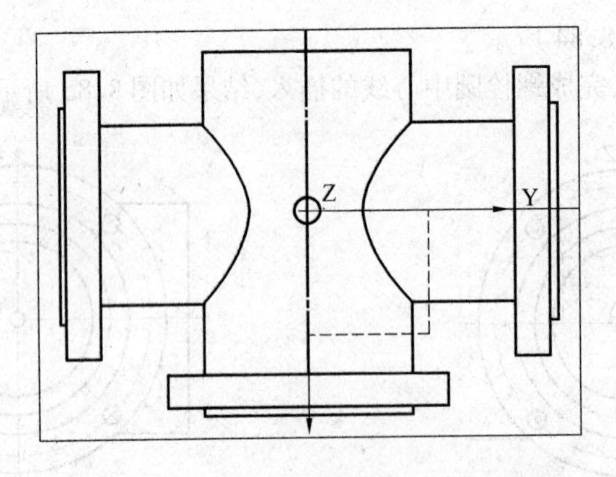

图 8.87　生成螺栓圆中心线

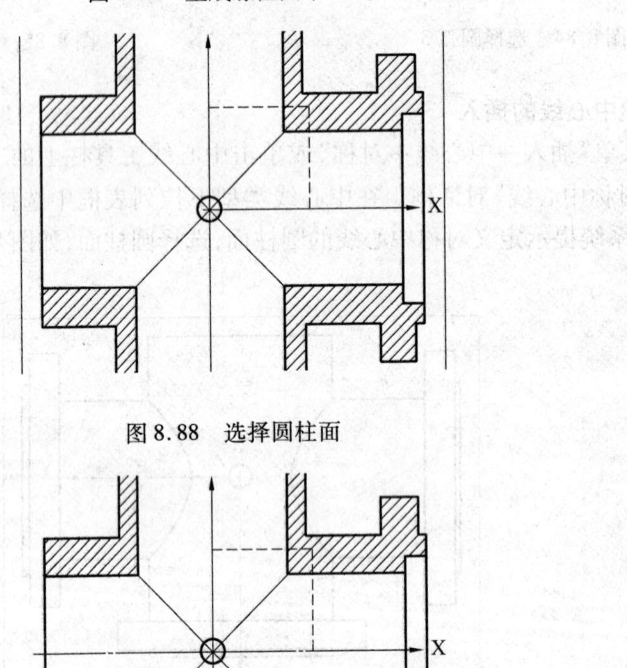

图 8.88　选择圆柱面

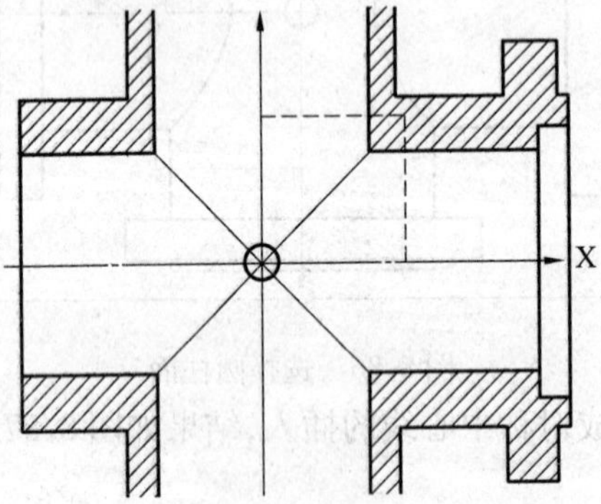

图 8.89　生成 3D 中心线

本章小结

本章主要介绍了 UGNX6.0 制图模块的常用功能，工程图是工程人员最为熟悉的二维图形，比较容易接受。通过本章的学习，应该掌握制图过程：图纸的添加与管理、视图的添加和视图的表达方法。能够使用 UG 制作工程图是学习 UG 的基本内容之一，而且也是必备的基本技能。

习 题

1. 根据如图 8.90 所示零件图对零件建模，然后按图所示标注尺寸。

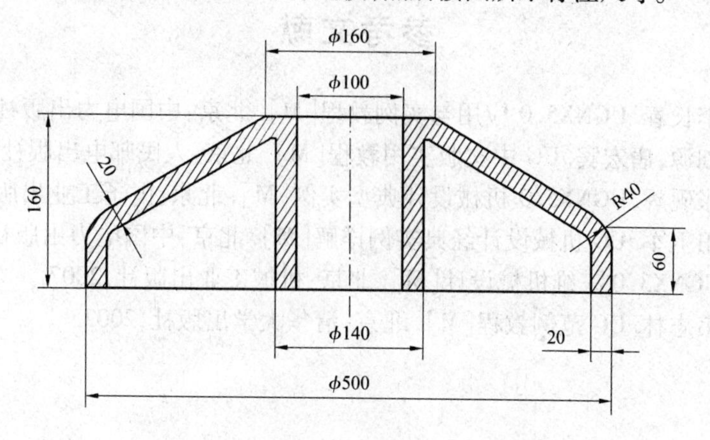

图 8.90 虎钳装配

2. 根据如图 8.91 所示零件图对零件建模，然后按图所示标注尺寸。

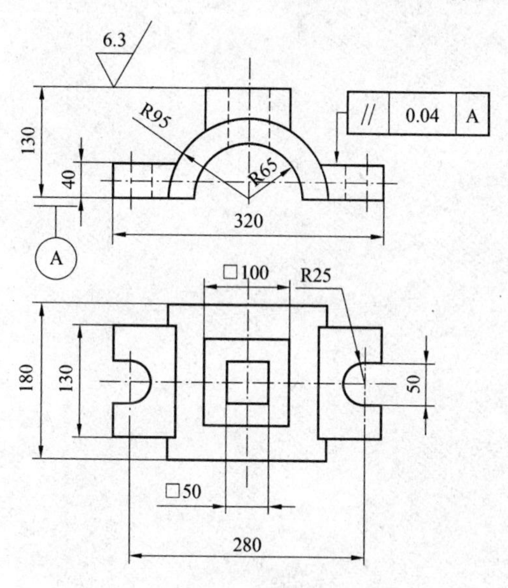

图 8.91 虎钳装配

参考文献

[1] 戴国洪,李长春.UGNX5.0应用与实例教程[M].北京:中国电力出版社,2008.
[2] 关振宇,刘源,唐宏宾.UG中文版实用教程[M].北京:人民邮电出版社,2009.
[3] 郭圣路,张砚辉.UGNX5.0机械设计典型实例[M].北京:电子工业出版社,2008.
[4] 任军学,田卫军.UG机械设计经典实例详解[M].北京:中国电力出版社,2008.
[5] 付本国.UGNX3.0三维机械设计[M].北京:机械工业出版社,2007.
[6] 黄贵东,韦志林.UG范例教程[M].北京:清华大学出版社,2002.

读者反馈表

尊敬的读者：

您好！感谢您多年来对哈尔滨工业大学出版社的支持与厚爱！为了更好地满足您的需要，提供更好的服务，希望您对本书提出宝贵意见，将下表填好后，寄回我社或登录我社网站(http://hitpress.hit.edu.cn)进行填写。谢谢！您可享有的权益：

☆ 免费获得我社的最新图书书目　　☆ 可参加不定期的促销活动

☆ 解答阅读中遇到的问题　　☆ 购买此系列图书可优惠

读者信息

姓名＿＿＿＿＿＿　□先生　□女士　年龄＿＿＿＿　学历＿＿＿＿

工作单位＿＿＿＿＿＿＿＿＿＿＿＿＿＿＿＿　职务＿＿＿＿＿＿

E-mail＿＿＿＿＿＿＿＿＿＿＿＿＿＿＿＿＿＿　邮编＿＿＿＿＿＿

通讯地址＿＿＿＿＿＿＿＿＿＿＿＿＿＿＿＿＿＿＿＿

购书名称＿＿＿＿＿＿＿＿＿＿＿＿＿＿＿　购书地点＿＿＿＿＿＿＿＿＿＿＿＿＿＿＿

1. 您对本书的评价

内容质量　□很好　□较好　□一般　□较差

封面设计　□很好　□一般　□较差

编排　□利于阅读　□一般　□较差

本书定价　□偏高　□合适　□偏低

2. 在您获取专业知识和专业信息的主要渠道中，排在前三位的是：

①＿＿＿＿＿＿　②＿＿＿＿＿＿　③＿＿＿＿＿＿

A. 网络 B. 期刊 C. 图书 D. 报纸 E. 电视 F. 会议 G. 内部交流 H. 其他：＿＿＿＿

3. 您认为编写最好的专业图书(国内外)

书名	著作者	出版社	出版日期	定价

4. 您是否愿意与我们合作，参与编写、编译、翻译图书？

＿＿＿＿＿＿＿＿＿＿＿＿＿＿＿＿＿＿＿＿＿＿＿＿＿＿＿＿＿＿

5. 您还需要阅读哪些图书？

＿＿＿＿＿＿＿＿＿＿＿＿＿＿＿＿＿＿＿＿＿＿＿＿＿＿＿＿＿＿

网址：http://hitpress.hit.edu.cn

技术支持与课件下载：网站课件下载区

服务邮箱 wenbinzh@hit.edu.cn　duyanwell@163.com

邮购电话 0451－86281013　0451－86418760

组稿编辑及联系方式　赵文斌(0451－86281226)　杜燕(0451－86281408)

回寄地址：黑龙江省哈尔滨市南岗区复华四道街10号　哈尔滨工业大学出版社

邮编：150006　传真 0451－86414049